AF342904

COURS

DE

GÉOMÉTRIE

ÉLÉMENTAIRE

PAR

F. P. LE ROUX

PROFESSEUR DE GÉOMÉTRIE ÉLÉMENTAIRE ET DESCRIPTIVE
A L'ÉCOLE DU CONSERVATOIRE DES ARTS ET MÉTIERS
ETC.

1re Partie

GÉOMÉTRIE PLANE

Comprenant l'étude des COURBES USUELLES

PARIS

F. SAVY, LIBRAIRE-ÉDITEUR

RUE BONAPARTE, 20

—

1862

F. SAVY, LIBRAIRE-ÉDITEUR
24, rue Hautefeuille, à PARIS

COURS

DE

GÉOMÉTRIE

ÉLÉMENTAIRE

PAR

F. P. LE ROUX

Docteur ès sciences,
Professeur de Géométrie élémentaire et descriptive à l'École du Conservatoire
des Arts et Métiers, Répétiteur de Physique à l'École Polytechnique,
Membre de la Société philomathique,
du Conseil de la Société d'Encouragement pour l'industrie nationale, etc.

1 volume grand in-18 de 500 pages, avec figures dans le texte
Prix broché : 6 fr.

L'auteur s'est proposé de faire un livre qui pût aussi bien être mis entre les mains des commençants qu'entre celles des élèves des classes supérieures de mathématiques. Ce Cours comprend, en effet, les parties de la Géométrie Élémentaire qui sont exigées des candidats à l'École polytechnique.

Ce n'est d'ailleurs pas en tronquant les démonstrations ou en glissant sur ce qu'elles peuvent présenter de délicat que l'auteur a cherché à se mettre à la portée des commençants; c'est au contraire en signalant les difficultés et leur source, en mettant par de courtes explications la mémoire des élèves en garde contre les confusions qui se produisent

le plus fréquemment, mais en expliquant certains termes
obscurs que l'usage a consacrés, en faisant faire, en un mot,
par le livre lui-même une partie de ce travail d'assimilation
qui ne s'opère dans l'esprit des élèves qu'après plusieurs
années d'études.

Il ne faut d'ailleurs pas chercher dans ce livre de ces in-
novations qui, fussent-elles dix fois heureuses, ont toujours
le tort de jeter de la perturbation dans l'esprit de l'élève,
car celui-ci a le plus souvent d'autres ouvrages entre les
mains, ou reçoit les leçons de professeurs qui suivent les
méthodes ordinaires. C'est la moyenne de celles-ci, si l'on
peut s'exprimer ainsi, que l'auteur de ce Cours a voulu exposer en n'y introduisant que des modifications de détail. Il y a
d'ailleurs presque toujours, surtout en matière d'enseignement, des raisons de suivre les sentiers battus; parti avec
l'intention de s'en écarter, l'auteur s'y est trouvé peu à peu
ramené par une étude plus approfondie.

Un grand nombre de propositions de géométrie exigent
l'emploi de formules algébriques ordinairement très-simples, mais qui, entrecoupées dans le texte par les raisonne-

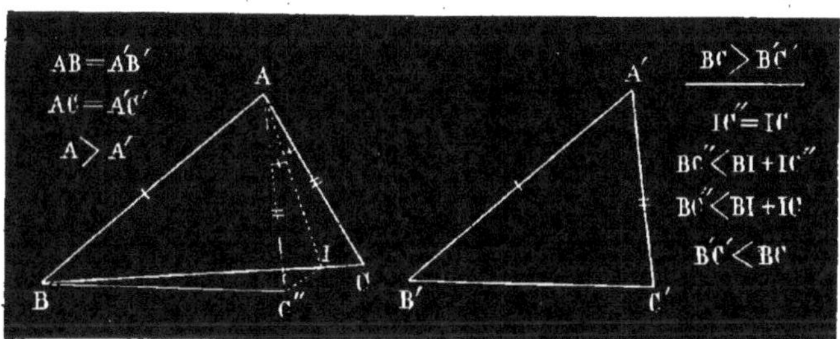

ments obligés, sont souvent pour l'élève une source d'em-
barras lorsqu'il s'agit de les reproduire au tableau. On a
jugé utile de donner une sorte d'image de ce tableau toutes

les fois que cela a pu se faire sans entraîner à trop de complications.

On a voulu aussi, par ce moyen, donner à l'élève l'habitude précieuse de mettre de l'ordre dans l'écriture des données d'une part et des conclusions de l'autre.

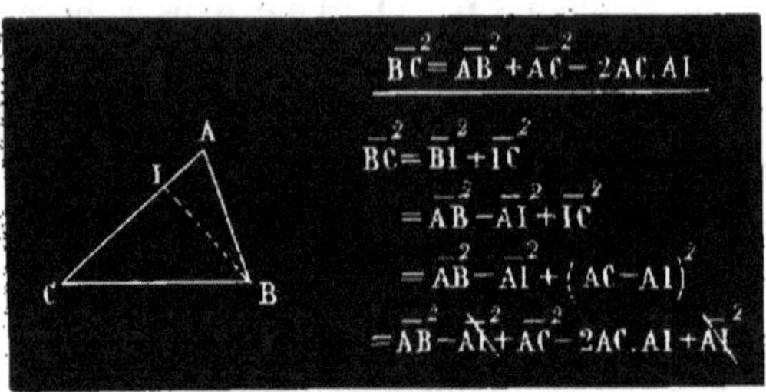

Enfin, il y a là pour les commençants un exercice utile analogue à celui des cartes muettes de la géographie; ils peuvent s'exercer, étant données la figure et les formules qui s'y rattachent, à compléter la démonstration par les raisonnements.

La première partie comprend la *Géométrie plane*; elle est divisée en cinq Livres.

Les quatre premiers contiennent la matière des quatre premiers Livres de Legendre; le cinquième est consacré aux

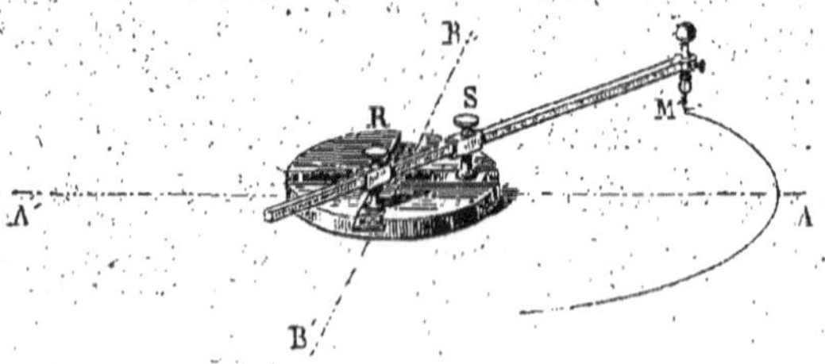

courbes usuelles, *ellipse*, *parabole*, *hyperbole*, étudiées géométriquement dans leurs propriétés fondamentales.

La seconde partie ou *Géométrie de l'espace* est divisée en quatre Livres.

Le premier traite du plan et de la ligne droite. — Dans la rédaction de ce Livre on a eu surtout en vue les applications à la Géométrie descriptive.

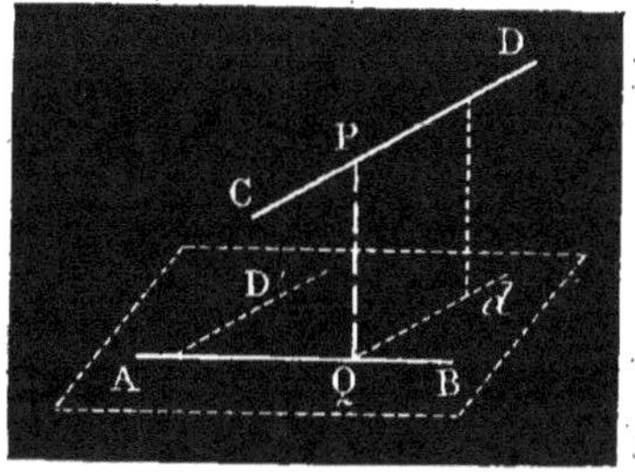 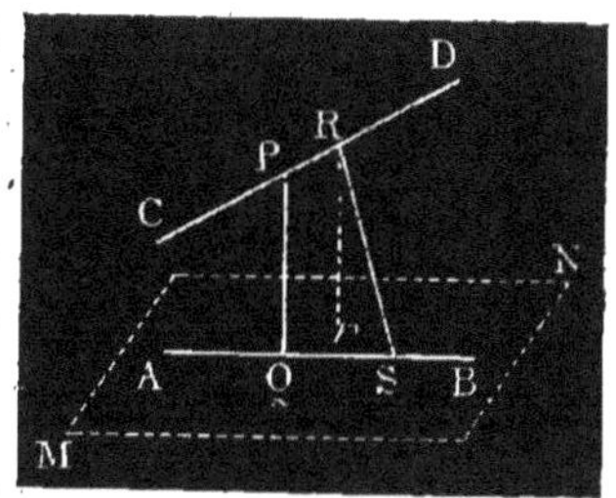

Le deuxième Livre de la *Géométrie de l'espace* traite de la mesure des solides terminés par des surfaces planes.

Le troisième est consacré à l'étude des propriétés de la surface sphérique.

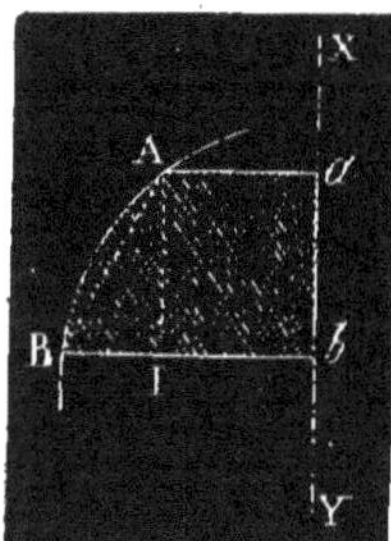 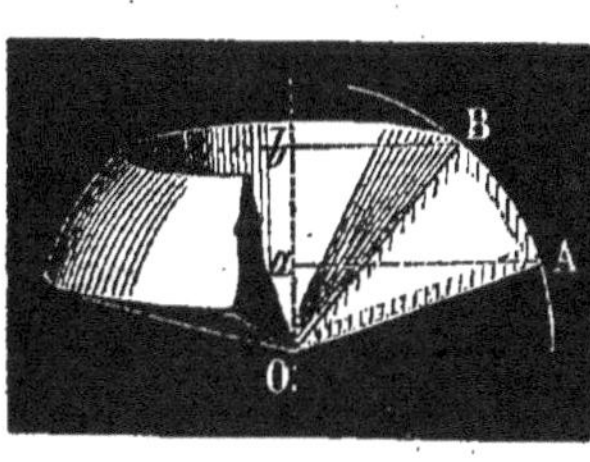 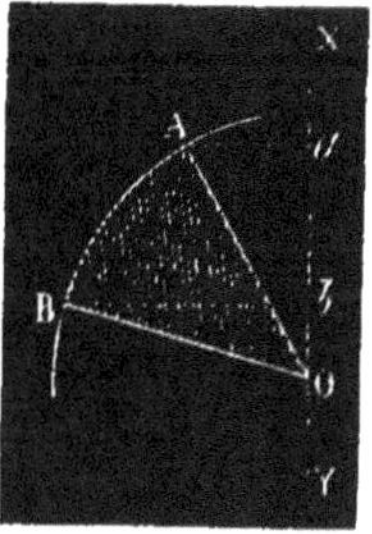

Enfin, le quatrième et dernier Livre traite de la mesure des surfaces et des volumes du Cylindre, du Cône et de la Sphère.

Dans tout le cours de l'ouvrage les matières qui sont du ressort des classes supérieures sont en petit caractère.

PARIS. — IMP. SIMON RAÇON ET COMP., RUE D'ERFURTH, 1.

COURS

DE

GÉOMÉTRIE

ÉLÉMENTAIRE

4645 — PARIS, IMPRIMERIE JOUAUST PÈRE ET FILS
RUE SAINT-HONORÉ, 338.

COURS

DE

GÉOMÉTRIE

ÉLÉMENTAIRE

PAR

F. P. LE ROUX

PROFESSEUR DE GÉOMÉTRIE ÉLÉMENTAIRE ET DESCRIPTIVE
A L'ÉCOLE DU CONSERVATOIRE DES ARTS ET MÉTIERS
ETC.

PARIS

F. SAVY, LIBRAIRE-ÉDITEUR

RUE BONAPARTE, 20

1862

—

AVANT-PROPOS

———

L'ouvrage que j'offre aujourd'hui aux jeunes gens qui veulent aborder l'étude de la Géométrie est le fruit de sept années d'enseignement à l'École du Conservatoire des Arts et Métiers.

J'ai cherché à mettre à profit les observations que j'ai pu faire sur la manière dont des intelligences, privées pour la plupart de toute préparation scientifique, peuvent cependant s'approprier assez facilement les vérités géométriques.

Il m'a semblé reconnaître :

Que, loin de chercher à dissimuler les difficultés, il fallait au contraire les mettre le plus possible en relief et indiquer nettement leur origine;

Qu'au lieu d'attendre qu'une longue pratique ait coordonné dans l'esprit de l'élève, et presque à son insu, les divers faits dont se compose la science, il y avait avantage à faire apparaître dès l'abord leur enchaînement logique;

Qu'enfin, contrairement à ce que pensent quelques personnes, il vaut mieux qu'un élève, si jeune qu'il soit, raisonne avant d'apprendre que d'apprendre avant de raisonner. Le tout est d'intéresser son esprit à l'étude. Or, que de jeunes gens se trouvent rebutés dans le commencement des études mathématiques, parce que, ne saisissant pas l'ordre de déduction, ils ne voient, dans les raisonnements qui doivent leur faciliter l'étude, que de vaines formalités inventées à plaisir.

C'est qu'en effet, ou bien il faut présenter la science comme une série de faits et s'abstenir de toute démonstration, ou bien on doit parcourir toutes les étapes d'un raisonnement rigoureux. Les démonstrations *par à-peu-près* embarrassent plus les élèves qu'elles ne les aident, et elles ébranlent en quelque sorte leur foi naissante.

Bien d'autres idées m'ont guidé dans la conception du plan de ce livre, mais leur développement m'entraînerait loin des limites d'un Avant-Propos. Qu'on me permette seulement de dire que, quoique cet ouvrage comprenne les matières des cours de Géométrie élémentaire les plus complets qui soient professés à Paris, j'ai la prétention d'avoir fait un livre destiné à être mis entre les mains des commençants.

Pour cela j'ai cherché à éviter, dans la rédaction, le langage trop technique qui a eu longtemps faveur dans l'enseignement des mathématiques; il m'a semblé qu'au lieu d'une sorte d'aide-mémoire souvent énigmatique par sa concision, il valait mieux que l'élève retrouvât dans son livre la plus grande partie des développements que comporte un enseignement oral.

Enfin, par une innovation dont j'espère que le lecteur tirera quelque utilité, j'ai voulu lui mettre sous les yeux, à côté de la figure, toutes les fois que cela a pu se faire par des formules, d'un côté l'objet de la démonstration, de l'autre les hypothèses faites sur les données. J'y ai joint en outre, très-souvent, le tableau des calculs au moyen desquels on parvient à la démonstration.

J'ai pensé qu'on trouverait dans cette disposition, que je crois entièrement nouvelle, un double avantage : d'une part, l'élève qui doit subir l'épreuve d'un examen oral s'habitue à mettre un ordre convenable dans la disposition de ce qu'il a à écrire sur le tableau ; de l'autre, il peut le plus souvent, à l'inspection de la figure seule d'un Théorème, embrasser l'ensemble des calculs sur lesquels repose sa démonstration, refaire les raisonnements qui motivent ces calculs ; en un mot, on peut dire qu'une figure ainsi disposée est à l'enseignement de la Géométrie ce qu'est la *carte muette* à celui de la Géographie.

Quoi qu'il en soit de mes bonnes intentions, je ne me flatte pas d'avoir pu produire du premier jet une œuvre irréprochable ; je prie donc les personnes compétentes de regarder ce livre avec indulgence : je suis d'ailleurs prêt à tenir le plus grand compte de toutes les critiques dont on voudra bien l'honorer.

Je ne terminerai pas sans remercier mon collègue, M. Wormser, professeur de dessin à l'École du Conservatoire des Arts et Métiers, de l'obligeance tout amicale avec laquelle il est venu à mon aide en dirigeant l'exécution des figures qui accompagnent le texte de ce Cours.

COURS

DE

GÉOMÉTRIE ÉLÉMENTAIRE

INTRODUCTION.

Tout ce qui tombe sous nos sens est désigné par le nom générique de *corps*.

Chaque corps occupe une certaine portion de l'*espace*.

L'*espace* ne se définit point; nous en avons le sentiment. L'idée de l'*espace* est une idée nécessaire comme celle du *temps*.

La géométrie fait abstraction de la matière des corps; elle ne considère que l'espace qu'ils occupent : c'est leur *volume*.

Tout le monde connaît la signification du mot *surface*; c'est le lieu de séparation d'un corps et de l'espace environnant. La *surface* n'a pas d'épaisseur.

La *ligne* résulte de l'intersection de deux surfaces; elle n'a donc ni largeur ni épaisseur.

Le *point* résulte de l'intersection de deux lignes; il n'a de dimensions dans aucun sens.

On appelle *figure* les volumes, lignes ou points, que l'on a à considérer.

1

La GÉOMÉTRIE est, comme on dit, la *science des figures*, c'est-à-dire qu'elle apprend à résoudre sur elles certaines questions dont les besoins de diverses sciences nous ont révélé l'utilité.

Nous allons commencer par définir un certain nombre de termes fréquemment employés dans l'étude de la géométrie.

DÉFINITION DE PLUSIEURS TERMES EMPLOYÉS EN GÉOMÉTRIE.

Axiome. — Un raisonnement est la mise en œuvre d'un certain nombre d'idées premières qui sont fournies à notre esprit par l'accomplissement de notre existence matérielle. Ces idées sont des vérités non susceptibles de démonstration ; elles sont parce qu'elles sont, ou plutôt parce que notre esprit ne peut concevoir le contraire. On les appelle des *axiomes*. D'ailleurs, les axiomes n'appartiennent pas exclusivement à telle ou telle science, c'est le fond de tout raisonnement sur n'importe quel sujet que ce soit.

On range souvent au nombre des axiomes des idées qui ne sont que le résultat de l'acception des mots : ainsi, quand on dit que *le tout est plus grand qu'une quelconque de ses parties*, ce n'est pas un véritable axiome, c'est une idée qui résulte de l'acception des mots *tout*, *plus grand*, *partie*.

Mais quand on dit : *La ligne droite est le plus court chemin d'un point à un autre*, voilà un véritable axiome, parce que cette phrase exprime une idée inhérente à la chose elle-même, et non aux mots employés.

Au reste, nous n'entrons dans ces détails que pour avoir l'occasion de dire que tout cela est d'une importance secondaire dans l'étude de la géométrie, et qu'il y suffit de se laisser guider par le bon sens. Il est inutile d'énumérer sous le nom d'axiomes des choses évidentes que les gens les plus illettrés savent mettre cependant chaque jour en pratique.

Demande ou *postulatum* [1]. — On appelle ainsi une vérité qui

---

[1] Le mot latin *postulatum* signifie *chose demandée*, chose que l'on prie celui auquel on s'adresse de vouloir bien accorder.

n'a pas le degré d'évidence de l'axiome, mais que l'on ne démontre pas, soit qu'il y ait impossibilité réelle, soit qu'on veuille éviter une complication plus embarrassante qu'utile pour ceux qui étudient.

Démonstration. — On appelle *démonstration* l'ensemble des raisonnements qu'on est obligé de faire pour que l'esprit soit pénétré de la vérité d'une chose que l'on avance.

Très-souvent, pour les besoins de la démonstration, il faut aux figures que l'on considère en ajouter d'autres ayant avec celles-ci des rapports déterminés; l'ensemble de ces figures additionnelles porte le nom de *construction.*

Théorème, corollaire, etc. — On appelle *théorème* l'énoncé d'une vérité qui va être l'objet d'une démonstration. Le théorème est souvent suivi d'un ou plusieurs *corollaires;* ce sont des conséquences plus ou moins immédiates du théorème.

Un *scholie* est une remarque faite sur quelque point.

Un *lemme* est une proposition d'un usage moins général que le théorème, et que l'on établit seulement pour parvenir à la démonstration d'un théorème ou à la solution d'un problème.

On appelle *problème* une question à résoudre. La réponse à un problème est la *solution* de ce problème; elle indique le moyen de faire ce que demande le problème.

Il ne faut pas croire que la division de la géométrie en théorèmes, corollaires, etc., soit absolue. Ce n'est qu'un moyen de grouper les faits dont se compose la science, de manière à fixer l'attention, aider à l'intelligence et soulager la mémoire.

Réciproques, manière de les former. — Un assez grand nombre de théorèmes que l'on appelle *réciproques* se déduisent d'autres que l'on nomme alors *directs,* par une sorte de renversement que nous allons essayer de faire comprendre.

On distingue dans tout théorème trois parties principales : les *données* ou *sujet,* l'*hypothèse* ou supposition faite sur les données, et la *conclusion.*

Prenons pour exemple ce théorème :

Dans tout triangle, à un plus grand angle est opposé un plus grand côté

On peut décomposer son énoncé comme il suit : *Données :* un triangle dans lequel on considère plus spécialement deux angles et les côtés opposés ; — *hypothèse :* l'un des angles est plus grand que l'autre ; — *conclusion :* le côté opposé au plus grand des deux angles est plus grand que le côté opposé au plus petit.

On formera la réciproque en conservant les mêmes données, mais en prenant pour hypothèse la conclusion, et pour conclusion l'hypothèse du théorème direct. On dira donc :

Réciproquement : *Dans tout triangle, à un plus grand côté est opposé un plus grand angle.*

Un théorème peut avoir plusieurs réciproques ; cela arrive lorsque la conclusion est multiple.

On n'énonce pas les réciproques de tous les théorèmes ; un grand nombre d'entre elles sont peu utiles, d'autres sont fausses. Il faut une certaine attention pour ne pas employer comme vraies des réciproques fausses. C'est ce que font le plus souvent les personnes qu'on dit vulgairement *avoir le raisonnement faux.* On voit facilement que, pour que la réciproque d'un théorème soit vraie, il faut que l'hypothèse et la conclusion soient telles que l'une entraîne l'autre d'une manière nécessaire. Il n'en serait plus ainsi si plusieurs hypothèses différentes et indépendantes menaient à la même conclusion, car en prenant cette conclusion pour hypothèse, on arriverait alors à des conclusions différentes.

Démonstration par l'absurde. — On emploie assez souvent, surtout pour les réciproques, un genre de démonstration dit *par l'absurde.* Il consiste à faire voir que, si on niait ce qu'il s'agit de démontrer, on arriverait par des raisonnements justes à des conclusions absurdes, c'est-à-dire en contradiction avec des vérités déjà établies.

Les démonstrations par l'absurde sont en général très-simples, mais elles exigent beaucoup de netteté dans l'établissement du raisonnement.

Cercle vicieux. — Nous n'entrerons pas en matière sans recommander aux commençants de bien se pénétrer de l'enchaînement des propositions, pour ne pas s'exposer à faire ce que l'on appelle un *cercle vicieux*, c'est-à-dire à s'appuyer sur un théorème qui ait besoin pour être prouvé de celui-là même qu'on est en train de démontrer.

Égalité, coïncidence, équivalence. — Le mot *égalité*, qui est un peu vague dans le langage ordinaire, prend en géométrie une signification précise. On dit que deux figures sont *égales* lorsqu'elles sont telles que toutes les parties de l'une puissent s'appliquer *à la fois* sur toutes les parties de l'autre ; on dit alors qu'elles peuvent *coïncider* ou *se superposer* dans toutes leurs parties.

Des figures peuvent être composées de parties égales et ne pas pouvoir coïncider ; c'est ce qui arrive lorsque ces parties ne sont pas disposées dans le même ordre dans les deux figures, qui alors sont dites seulement *équivalentes*.

On voit d'après cela que, lorsqu'il s'agira de démontrer l'égalité de certaines figures, on aura souvent recours à la superposition ; et que, pour démontrer leur équivalence, tout l'artifice consistera, dans bien des cas, à décomposer les figures en parties qui soient séparément superposables.

DE LA LIGNE DROITE.

Si ambitieux que soit l'esprit humain dans l'usage qu'il fait du raisonnement, il doit pourtant se résigner à laisser certaines choses sans définition, comme certaines vérités sans démonstration. C'est ce qui nous arrive au sujet de la *ligne droite*. Nous en avons la notion ; cette notion nous l'avons acquise par la contemplation habituelle des objets extérieurs. Toutes les définitions qu'on a pu essayer de donner de la ligne droite ne sont que des explications *a posteriori*, et je doute qu'aucune d'elles puisse jamais faire acquérir l'idée de la ligne droite à un homme qui serait privé à la fois du sens de la vue et de celui du toucher.

Nous nous contenterons de dire : Tout le monde a le sentiment de la *ligne droite*. Par l'idée même que nous en avons nous lui attribuons les propriétés suivantes :

1°. *Elle est partout identique et superposable à elle-même, de quelque manière qu'on la tourne.*

2°. *Elle est le plus court chemin entre deux quelconques de ses points.*

3°. *Par deux points donnés on ne peut faire passer qu'une seule ligne droite.*

On conclut de là que *deux droites distinctes ne peuvent avoir qu'un seul point commun*, car si elles avaient seulement deux points communs elles ne seraient plus distinctes.

Par l'idée même que nous avons de la ligne droite, nous la concevons indéfiniment prolongée dans ses deux sens.

On désigne une ligne droite, ou par abréviation une *droite*, par deux de ses points ; c'est ainsi qu'on dira *la droite* AB, c'est-à-dire la droite qui passe par les points A et B.

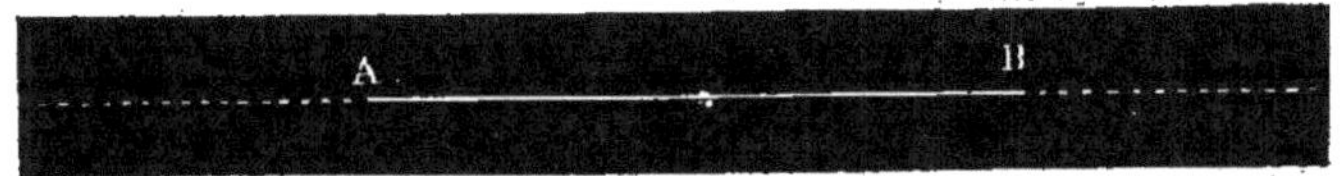

Si on avait à considérer plus particulièrement la portion comprise entre les deux points A et B, on devrait dire la *portion* ou *le segment de droite* AB ; mais très-souvent on dit, pour abréger, la *droite* AB, ou encore la *longueur* AB.

DES LIGNES AUTRES QUE LA LIGNE DROITE.

Une ligne composée de portions consécutives de droites diffé

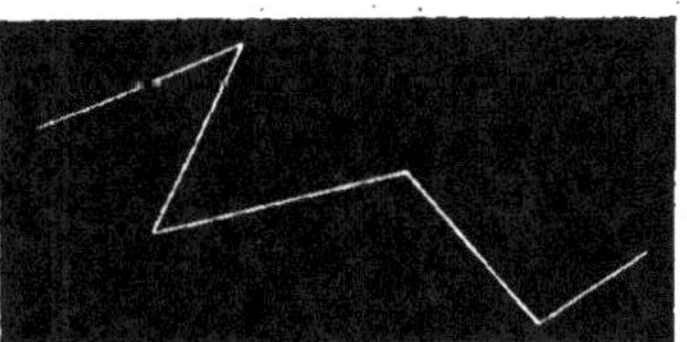

rentes s'appelle *ligne brisée* ou *polygonale*.

Toute ligne qui n'est ni droite ni brisée est une *ligne courbe* ; on dira souvent par abréviation *une courbe*.

On donne aux lignes soit brisées soit courbes certaines qua-
lifications qui dépendent de leur forme. C'est ainsi, par exemple,

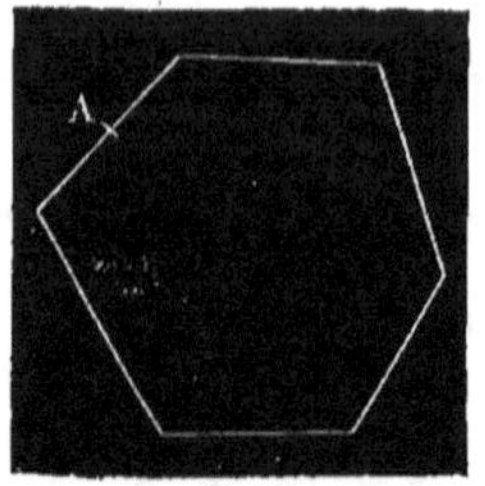
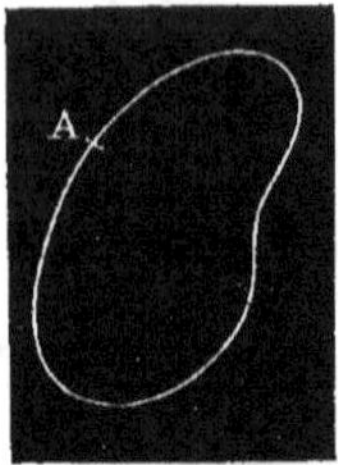

qu'une ligne est dite *fermée* lorsqu'en partant d'un point quelconque A de cette ligne et suivant son contour on retombe au
point de départ.

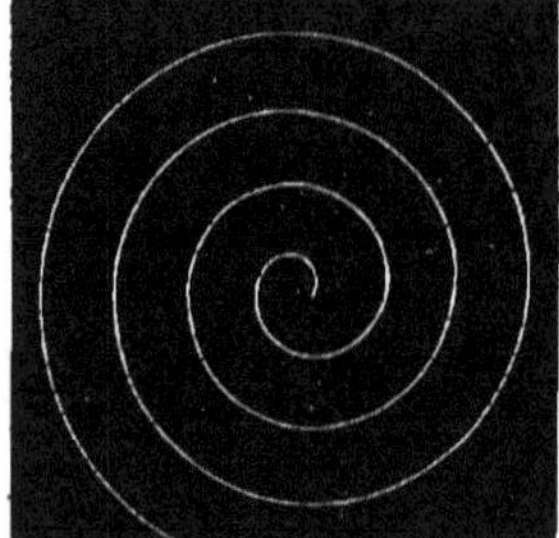

Une courbe est dite *ouverte* lorsqu'elle ne se ferme point.

Parmi les courbes ouvertes il en est
qui partent d'un point et s'éloignent
à l'infini ; telle est la *spirale d'Archimède,* qui est figurée ci-contre.

D'autres sont telles qu'elles s'éloignent à l'infini par les deux

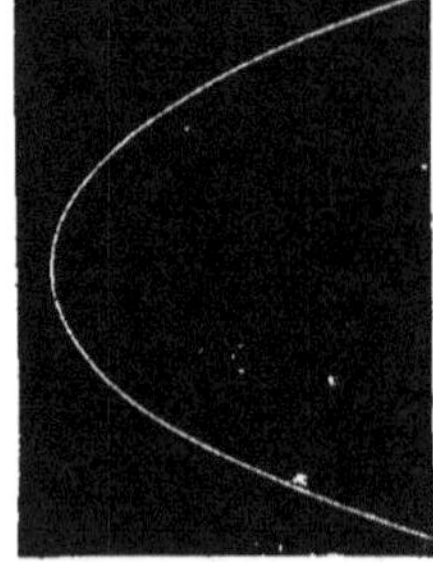

bouts ; par exemple, la courbe que nous
étudierons plus tard sous le nom de *parabole.*

Les courbes peuvent d'ailleurs présenter
bien d'autres circonstances remarquables
sous le rapport de la forme, mais nous
nous bornerons ici aux indications qui précèdent.

De la convexité des lignes. — On peut donner de la convexité
des lignes une définition rigoureuse, mais cela cesse d'appartenir aux éléments de la géométrie.

L'acception vulgaire des mots nous sera d'ailleurs ici suffisante. Tout le monde a une idée parfaitement déterminée de la signification des mots *convexité* ou *relief*, *concavité* ou *creux*.

C'est ainsi que personne n'hésitera à dire que la ligne AB tourne sa *concavité* vers l'œil placé en O, et que la ligne CD tourne sa *convexité* vers l'œil placé en O'.

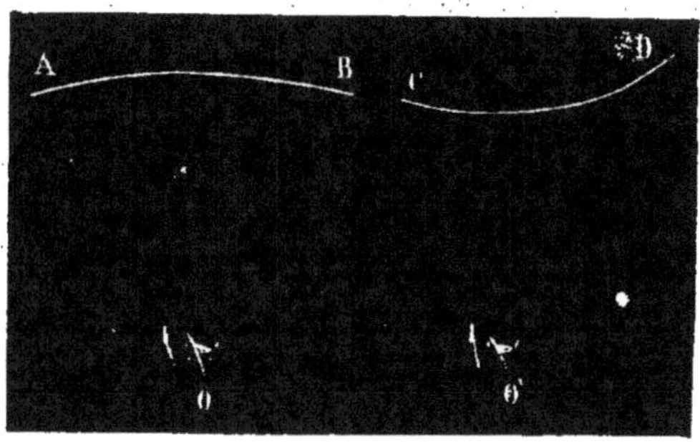

Cela posé, une ligne brisée ou courbe, fermée ou non, est dite *convexe* lorsqu'elle est telle qu'un œil supposé placé dans son intérieur voit toujours de la *concavité* de quelque côté qu'il se tourne ; ou bien, ce qui est évidemment la même chose, lorsqu'un œil situé extérieurement à la courbe, et en faisant le tour, voit toujours de la convexité. Les figures du haut de la page 7 satisfont évidemment à cette condition ; celles que voici n'y satisfont pas, elles sont dites *non convexes*.

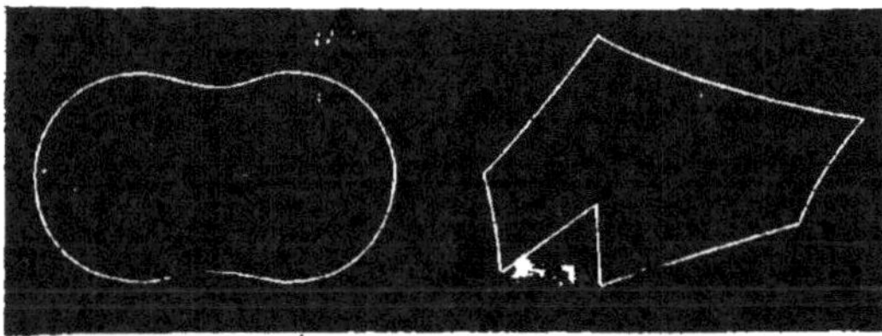

En partant de là, on peut se rendre compte de cette propriété dont jouissent les lignes convexes *de ne pouvoir être rencontrées par une ligne droite en plus de deux points*.

Si, en effet, une ligne quelconque rencontrait en trois points A, B, C, une même ligne droite, elle ne satisferait pas à la dé-

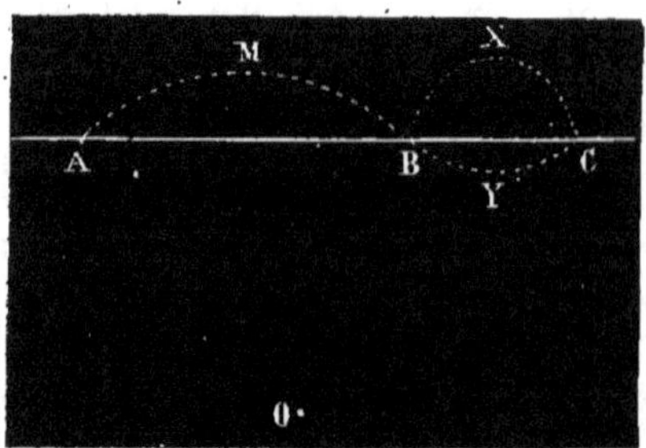

finition que nous avons donnée des lignes convexes. Il suffit pour le voir de faire les deux hypothèses possibles sur la manière dont cette ligne passe par ces trois points, à savoir : ou bien de A en B et de B en C, ou bien de A en C et de C en B. La figure ci-contre montre que dans la première hypothèse la ligne doit présenter une configuration telle que AMBYC ou que AMBXC, et que dans l'un et l'autre cas il y aura toujours quelque point O vers lequel une portion de la ligne tournerait sa convexité et une autre sa concavité. On discuterait de même la seconde hypothèse et on serait amené à la même conclusion, à savoir qu'une ligne brisée ou courbe assujettie à passer par trois points d'une droite ne saurait satisfaire à la définition que nous avons donnée des *lignes convexes*.

On prend souvent comme définition des lignes convexes la propriété que nous venons d'énoncer, et on dit :

On appelle lignes convexes *celles qui ne peuvent être rencontrées par une droite en plus de deux points.*

Nous n'avons pas voulu, dans ce qui précède, démontrer cette propriété des lignes convexes, mais montrer comment, de la notion naturelle que nous avons de ces lignes, on a pu être amené à concevoir l'existence de leur propriété fondamentale.

Il ne faut d'ailleurs pas s'étonner de la difficulté qu'on éprouve à raisonner *a priori* sur ce sujet, car la notion de la ligne droite et celle des lignes brisées ou courbes nous sont données simultanément par l'expérience; nous ne concevons une de ces deux espèces de lignes que par opposition à l'autre, et tandis que nous nous efforçons de raisonner *a priori* sur la condition de leur existence, nous ne le faisons en réalité qu'*a posteriori*.

DU PLAN.

On peut dire que le *plan* est aux surfaces ce que la ligne droite est aux lignes en général. Nous avons la notion du plan comme nous avons celle de la ligne droite.

On définit ordinairement le plan par une de ses propriétés, et on dit : *Le plan est une surface sur laquelle une droite peut s'appliquer dans tous les sens.* Cela ne prouve pas qu'une telle surface existe réellement ; mais la notion de son existence nous est fournie naturellement par la contemplation des objets extérieurs.

Il résulte de cette définition du plan et des propriétés de la ligne droite que :

1°. *Une ligne droite ne peut être en partie dans un plan et en partie au dehors ;*

2°. *Une ligne droite qui a deux de ses points dans un plan y est contenue tout entière.*

Nous nous contenterons pour l'instant de ces notions préliminaires sur le plan. Elles nous suffisent pour pouvoir diviser en deux grandes classes toutes les figures dont la géométrie peut avoir à s'occuper ; à savoir : les figures qui peuvent être contenues tout entières dans un même plan, ce sont les *figures planes* ou à *deux dimensions ;* et celles qui ne peuvent pas être contenues dans un même plan, ou figures à *trois dimensions.*

Nous partagerons donc ce cours en deux parties. La première, sous le nom de GÉOMÉTRIE PLANE, aura pour objet l'étude des figures planes, et la seconde, la GÉOMÉTRIE DE L'ESPACE, traitera des figures à trois dimensions.

GÉOMÉTRIE PLANE

LIVRE PREMIER

NOTIONS PRÉLIMINAIRES ET DÉFINITIONS

DE L'ANGLE ET DU PARALLÉLISME DES DROITES.

Deux lignes droites étant situées dans un même plan, il peut se présenter deux cas : 1°. elles se coupent lorsqu'on les prolonge suffisamment, 2°. elles ne se coupent pas si loin qu'on les suppose prolongées.

1er *cas.* — Lorsqu'elles se coupent, on obtient, en les prolongeant jusqu'à leur point de rencontre, une figure du genre de celle ci-contre, et que l'on appelle un *angle*.

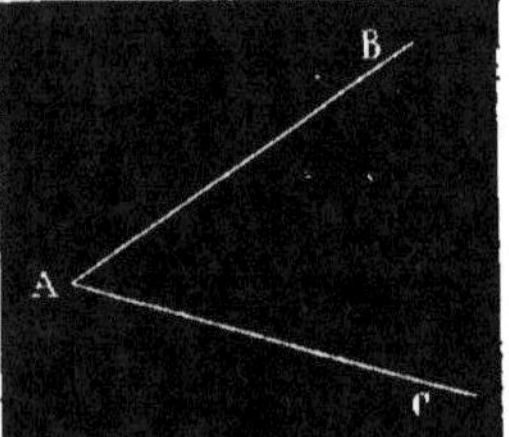

Les deux lignes AB et AC s'appellent les *côtés* de l'angle ; le point A, où les côtés se rencontrent, est son *sommet.*

On indique un angle au moyen de trois lettres : deux de ces trois lettres sont afférentes à chacun des côtés, la troisième est celle du sommet ; celle-là s'écrit et s'énonce toujours entre les deux autres ; c'est ainsi qu'on dira l'angle BAC.

Souvent aussi, lorsqu'il n'y a pas de confusion possible, on désigne un angle par une seule lettre, qui est alors celle de son sommet.

D'autres figures se nomment aussi par trois lettres, de telle sorte que, lorsqu'on peut craindre quelque confusion, on écrit *angle* BAC ou $\widehat{BAC}$, le signe $\wedge$ tenant lieu du mot *angle*.

Si un angle *bAc* est tel qu'en le transportant d'une manière convenable sur l'angle BAC on puisse lui faire prendre dans

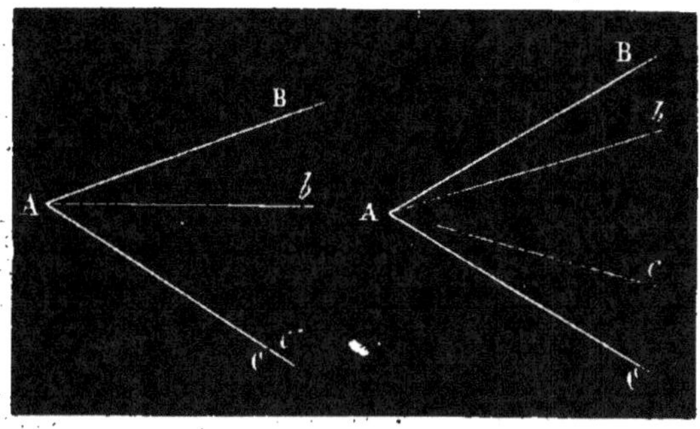

l'intérieur de ce dernier l'une des deux positions indiquées par la figure ci-contre, on dit que l'angle BAC est plus grand que l'angle *bAc*.

Les deux angles seraient égaux si on pouvait faire coïncider à la fois leurs deux côtés chacun à chacun.

2ᵉ *cas.* — Lorsque deux droites ne se rencontrent pas, si loin qu'on les suppose prolongées, on dit qu'elles sont *parallèles.* Il ne faut pas perdre de vue que nous avons supposé, en commençant, qu'il s'agissait de droites situées dans un même plan ; deux droites, pour être *parallèles,* doivent donc satisfaire à deux conditions : 1°. *être situées dans un même plan,* 2°. *ne pas se rencontrer, si loin qu'on les suppose prolongées.*

Puisque deux droites, lorsqu'elles se rencontrent, forment un angle, lorsqu'elles ne se rencontrent pas elles n'en forment pas. On dit qu'elles forment un angle nul. Ainsi, dire que deux lignes sont parallèles ou qu'elles forment un angle égal à zéro sera synonyme, et réciproquement, lorsqu'on aura vérifié que deux droites forment un angle nul, on en devra conclure qu'elles sont parallèles. Ceci d'ailleurs s'expliquera mieux plus tard.

SUITE DES DÉFINITIONS SUR LES ANGLES.

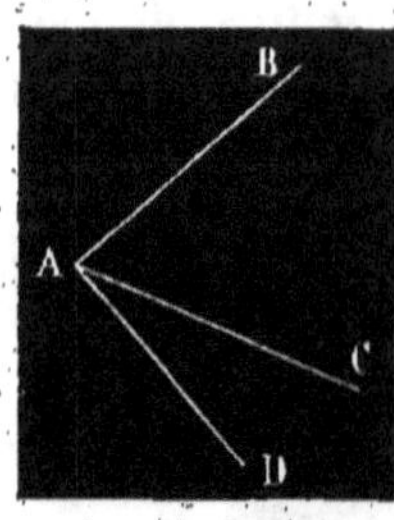

Angles adjacents. —Deux angles BAC, CAD, qui ont même sommet, sont dits *adjacents* lorsqu'ils ont un côté commun AC et que leurs autres côtés AB et AD sont situés l'un à droite et l'autre à gauche du côté commun. Si ces deux côtés étaient situés d'un même côté du côté commun, l'un des angles serait dit *intérieur* à l'autre.

Angles droits, droites perpendiculaires, obliques, etc. — Lors-

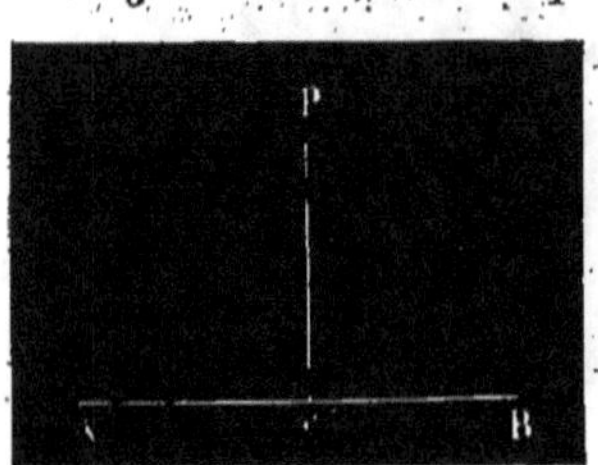

qu'une droite PC en rencontre une autre en faisant des angles ACP, BCP, égaux entre eux, ces deux angles sont appelés *angles droits*, et la droite PC est dite perpendiculaire sur AB.

Nous démontrerons plus bas que réciproquement AB est perpendiculaire sur CP.

Deux droites AB et CD qui se rencontrent sont dites *obliques*

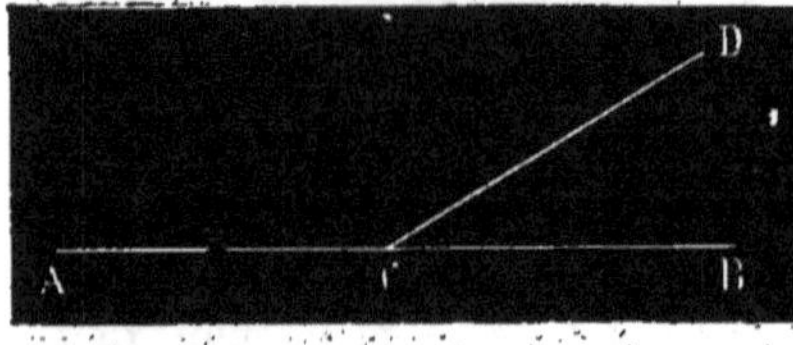

entre elles lorsqu'elles ne sont pas perpendiculaires, c'est-à-dire lorsque les deux angles adjacents ACD, DCB, qu'elles forment, ne sont pas égaux.

Angle aigu, angle obtus. — Un angle est dit *aigu* ou *obtus* suivant qu'il est plus petit ou plus grand qu'un angle droit.

Bissectrice. — Une droite qui est située entre deux autres, de manière à faire des angles égaux avec chacun d'elles, est dite bissecter, c'est-à-dire partager en deux parties égales, l'angle de ces droites. On l'appelle pour cette raison *bissectrice* de l'angle.

Angles supplémentaires, complémentaires. — Deux angles dont la somme est égale à deux droits sont dits *supplémentaires*.

On appelle angles *complémentaires* ceux dont la somme est égale à un droit.

DES FIGURES FORMÉES PAR LA RENCONTRE DE PLUSIEURS LIGNES DROITES.

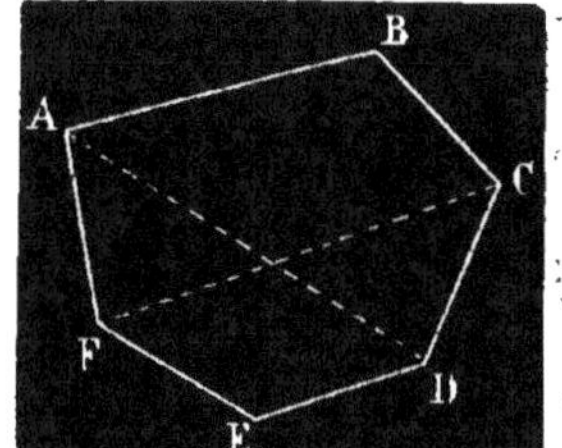

Lorsque plusieurs droites se rencontrent successivement de manière à limiter dans tous les sens une certaine portion de plan, telle que ABCDEF, elles forment ce que l'on appelle un *polygone*.

Les angles A, B, C, etc., sont les *angles* du polygone ; les portions de droite AB, BC, etc., sont les *côtés* du polygone ; l'ensemble des côtés forme le *contour* ou *périmètre* du polygone.

Dans tout polygone le nombre des côtés est évidemment le même que celui des angles.

On appelle *diagonale* toute ligne telle que AD ou FC, qui joint deux sommets quelconques d'un polygone.

Le nombre des côtés ou des angles des polygones forme un moyen naturel de classification de ces figures. On a donné des noms particuliers aux plus simples des polygones. On appelle

triangle	le polygone de	*trois* côtés,
quadrilatère	—	de *quatre* côtés,
pentagone	—	de *cinq* côtés,
hexagone	—	de *six* côtés.

On distingue encore par des noms particuliers les polygones de 8, 10 et 12 côtés : on les appelle *octogone*, *décagone* et *dodécagone*.

Variétés du triangle. — Un triangle est *équilatéral* lorsque ses trois côtés sont égaux ; *équiangle* lorsque ses trois angles sont égaux. — Nous démontrerons qu'un triangle équilatéral est en même temps équiangle.

Le triangle *isoscèle* est celui qui a deux côtés égaux. — Le troisième côté s'appelle la *base* du triangle.

Le triangle *scalène* est celui dont les trois côtés sont inégaux.

Lorsque dans un triangle un angle A (et nous verrons qu'il ne

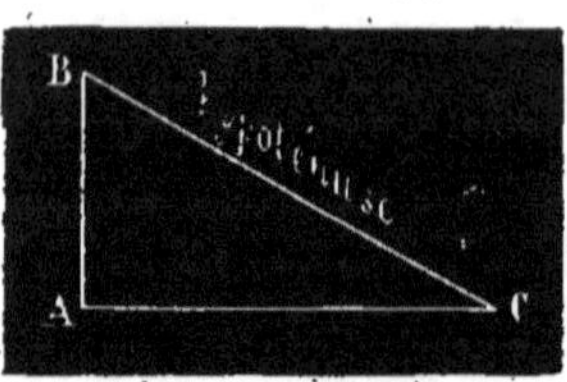

peut y en avoir qu'un) est droit, le triangle est dit *rectangle*. Les côtés AB, AC, qui comprennent cet angle, sont dits *côtés de l'angle droit;* le côté BC, qui lui est opposé, s'appelle *hypoténuse.*

Un triangle dans lequel il y a un angle *obtus* est dit *obtusangle.*

Un triangle dont tous les angles sont *aigus* est dit *acutangle.*

Notations usitées pour désigner les côtés et les angles d'un triangle. — Il y a toujours avantage à désigner les éléments d'une

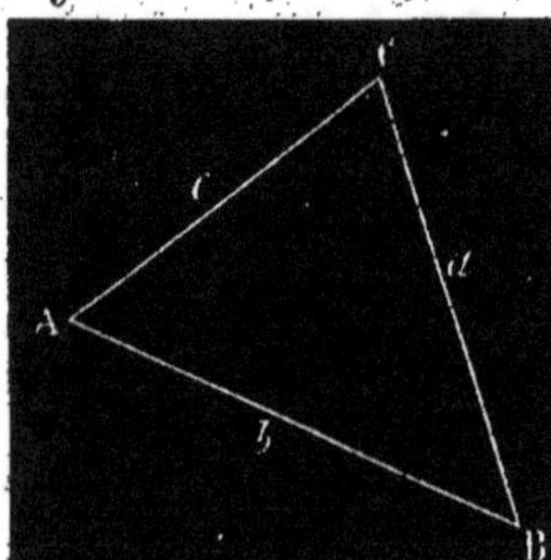

figure par les notations les plus simples, lorsque cela est possible. C'est ainsi, par exemple, que souvent on désigne les angles d'un triangle par la seule lettre de leur sommet. Quant aux côtés, on les désigne alors par la lettre minuscule correspondante à la lettre majuscule portée par le sommet opposé, ce qui n'offre aucune ambiguïté, puisque dans le triangle les côtés et les angles sont opposés deux à deux.

Variétés du quadrilatère. — Les principales variétés du quadrilatère que nous aurons à étudier sont les suivantes :

Le *parallélogramme*, dont les côtés opposés sont parallèles.

Le *rectangle*, dont les quatre angles sont droits.

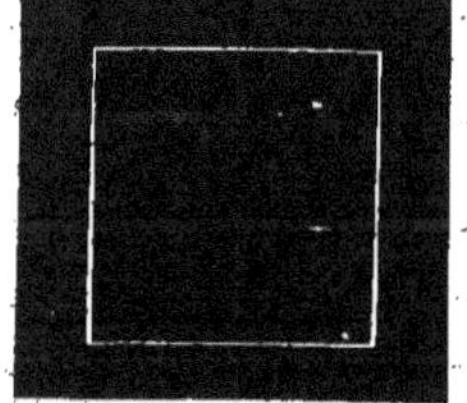

Le *carré*, qui est un rectangle dont les côtés sont tous égaux entre eux.

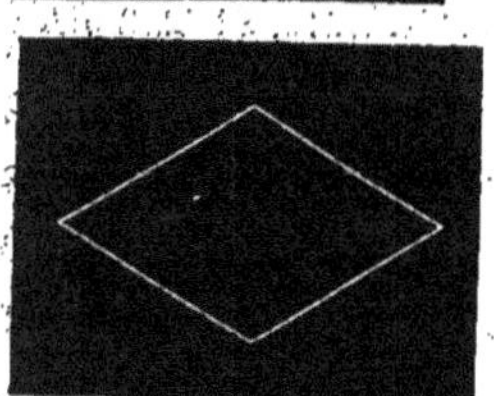

Le *losange* est un quadrilatère dont les côtés sont égaux entre eux. — Nous démontrerons plus tard que c'est un cas particulier du parallélogramme.

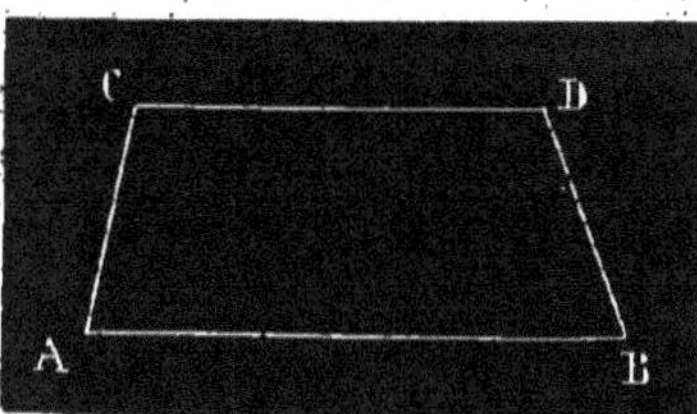

Le *trapèze* est un quadrilatère dont deux côtés seulement AB et CD sont parallèles; on les appelle les *bases* du trapèze.

Lorsque les deux côtés non parallèles AC, BD, sont égaux, le trapèze est dit *isoscèle*.

DES ANGLES FORMÉS PAR LA RENCONTRE DE DEUX DROITES.

THÉORÈME Iᵉʳ.

En un point quelconque C d'une droite AB on peut élever une perpendiculaire à cette droite, et on n'en peut élever qu'une.

1°. On en peut élever une.

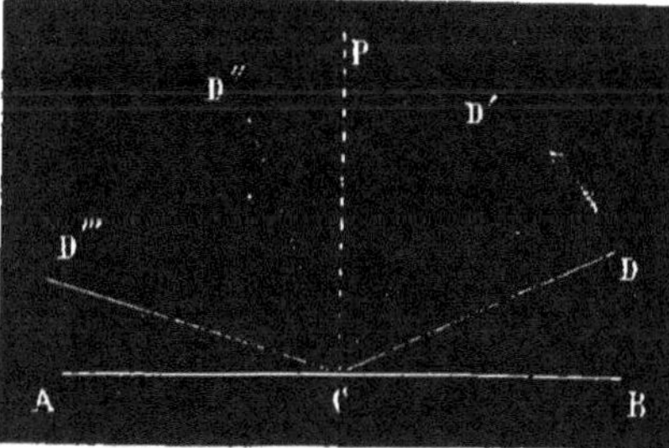

Supposons en effet une droite CD, mobile autour du point C, et qui, d'abord couchée sur CB, s'en écarte en se mouvant dans le sens indiqué par la flèche pour venir finalement s'appliquer sur CA.

Dans ce mouvement, cette droite passera d'une manière continue par une infinité de positions diverses, telles que CD, CD', CD", etc.

A une quelconque des positions de cette droite, CD' par exemple, correspondent deux angles adjacents ACD' et BCD' généralement inégaux. Or, au commencement du mouvement l'angle de droite est évidemment plus petit que l'angle de gauche; le contraire a lieu vers la fin de ce mouvement. On a donc là deux quantités, dont la première est d'abord plus petite que la seconde, puis plus grande. Comme d'ailleurs ces deux quantités ont varié d'une manière continue, c'est-à-dire ont passé par tous les rapports de grandeur intermédiaires entre ces deux-là, elles ont dû être égales à un certain moment; il y a donc une certaine position CP de la droite mobile telle que l'on a *angle* ACP $=$ *angle* BCP, ce qui veut dire (Défin., p. 13) que la droite CP est perpendiculaire sur AB.

2°. On n'en peut élever qu'une.

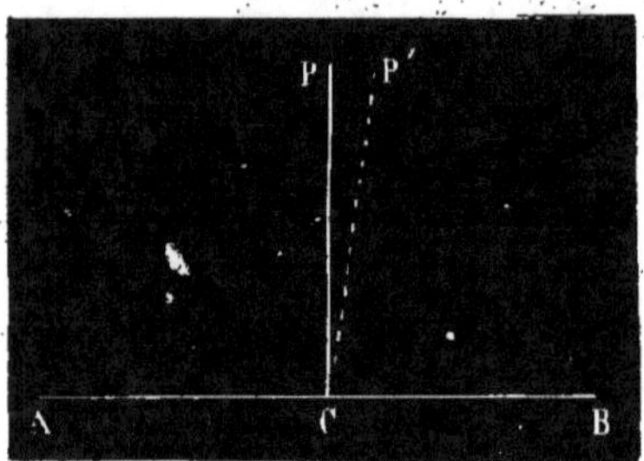

Car, si une autre droite CP' était aussi perpendiculaire à AB au point C, il faudrait que l'on eût, d'après la définition,

$$\textit{angle } \mathrm{ACP'} = \textit{angle } \mathrm{BCP'},$$

ce qui est évidemment inconciliable avec l'hypothèse que l'on a déjà *angle* ACP $=$ *angle* BCP.

Corollaire. — *Tous les angles droits sont égaux.*

Soient les lignes CP et CP' formant, l'une avec AB, l'autre avec A'B', des angles droits, je dis que les angles formés au point C sont égaux à ceux formés au point C'.

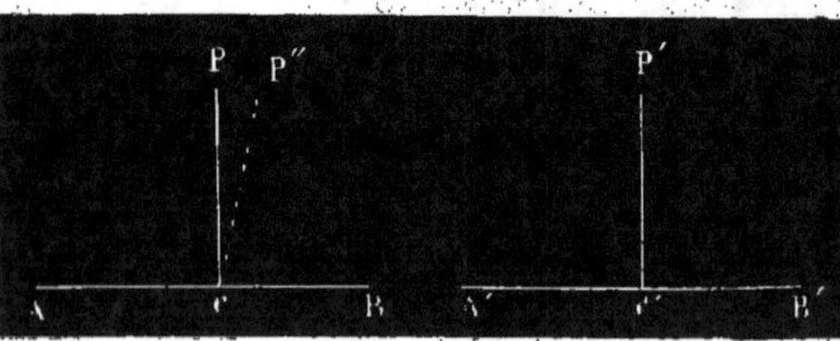

Pour le démontrer, portons la droite A′B′ sur AB, en ayant soin en outre de faire tomber le point C′ sur le point C. Si les angles B′C′P′, BCP, n'étaient pas égaux, la droite C′P′ prendrait une position telle que CP″. On aurait donc deux perpendiculaires CP, CP″, à une même droite AB en un même point C de cette droite, ce qui est contraire à la seconde partie du théorème que nous venons de démontrer.

THÉORÈME II.

Lorsqu'une droite CD en rencontre une autre AB, les deux angles adjacents ACD, DCB, ainsi formés, sont supplémentaires.

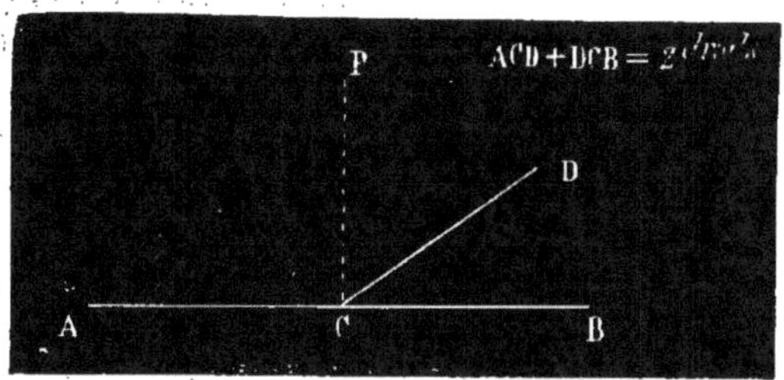

Menons la perpendiculaire CP ; la figure montre que l'on a

$$ACD + DCB = ACP + PCB = 2 \text{ droits.} \quad C.\ Q.\ F.\ D.$$

Corollaire 1er. — *Si l'un des angles est droit, l'autre l'est aussi.*

Corollaire 2e. — *Lorsqu'une droite CP est perpendiculaire à une autre AB, réciproquement celle-ci est perpendiculaire sur la première.*

C'est-à-dire que, si l'on prolonge la ligne PC en CP′, les deux

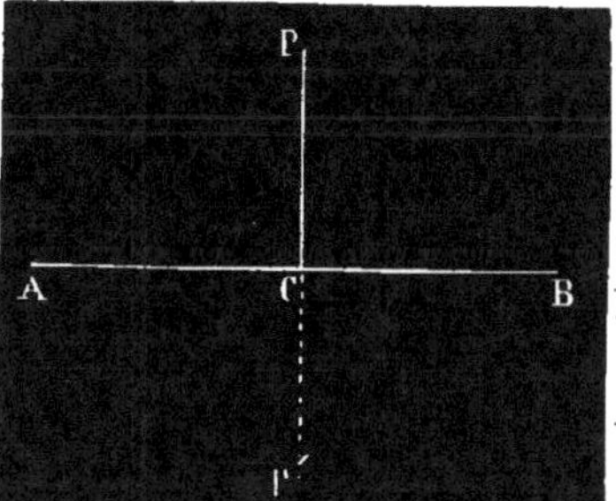

angles PCB, P′C B, sont égaux, conformément à la définition.

En effet, l'angle PCB étant droit, son adjacent P′CB l'est aussi, d'après le corollaire précédent, et les deux angles PCB, P′C B, sont égaux comme droits. (Th. 1er, coroll.)

Corollaire 3°. — *La somme de tous les angles consécutifs que l'on peut former d'un même côté d'une droite AB par des droites quelconques issues d'un point C de cette droite est égale à deux angles droits.*

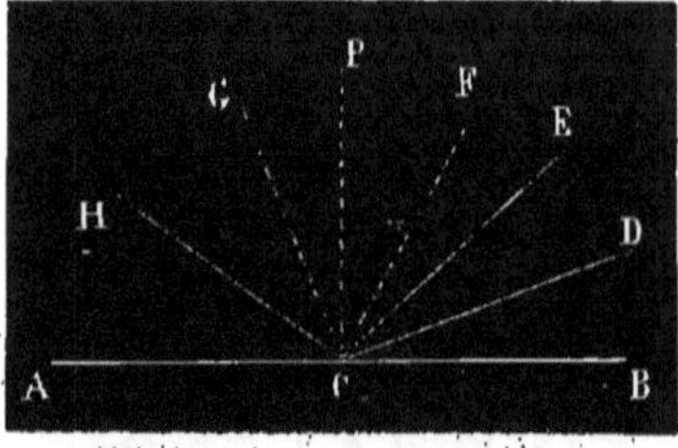

Si, en effet, on mène la perpendiculaire CP, les deux angles droits BCP, ACP, ainsi formés, comprennent tous les angles BCD, DCE, ECF, etc., que forment chacune des lignes CD, CE, etc., avec celles qui l'avoisinent.

Corollaire 4°. — *La somme de tous les angles consécutifs formés autour d'un même point O par des droites quelconques est égale à quatre angles droits.*

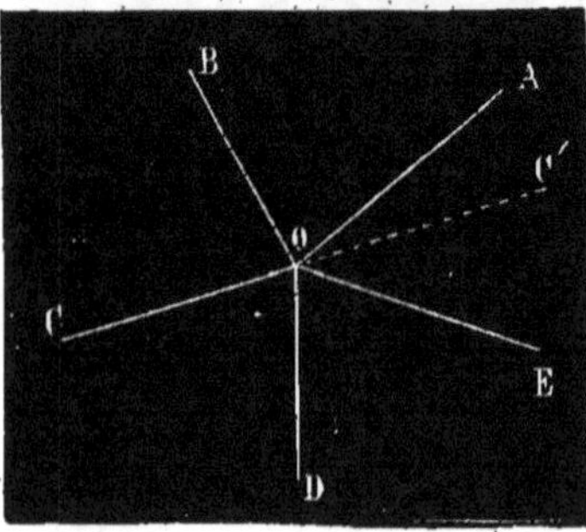

Prolongeons l'une quelconque OC de ces droites en OC'; tous les angles dont le sommet est en O se trouvent ainsi partagés en deux catégories, les uns étant formés au-dessus de la ligne CC', les autres au-dessous.

Or, d'après le corollaire 3°, la somme des angles de chacune de ces deux catégories est égale à deux droits; l'ensemble de tous les angles dont le sommet est en O est donc égal à quatre droits, *C. Q. F. D.*

Réciproque du Théorème II.

Lorsque deux angles adjacents ACD, DCB, sont supplémentaires, leurs côtés extérieurs sont en ligne droite.

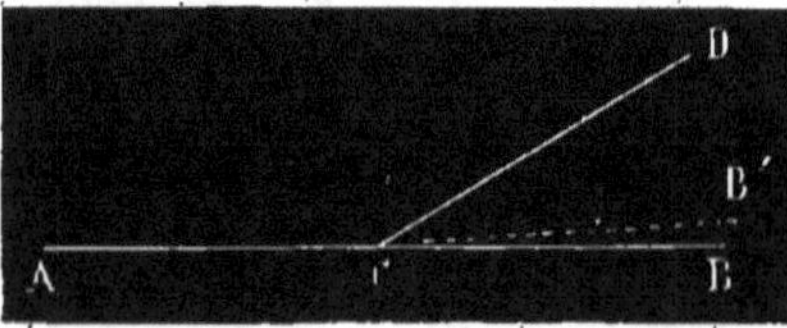

Soit CB' le prolongement de AC, si cette ligne était différente de CB; on aurait à la fois :

D'après l'hypothèse,

$$ACD + DCB = 2 \text{ droits},$$

et, d'après le théorème,

$$ACD + DCB' = 2 \text{ droits},$$

d'où

$$ACD + DCB = ACD + DCB',$$

et, en supprimant la quantité ACD, commune aux deux membres de cette égalité, il reste

$$DCB = DCB',$$

ce qui ne saurait avoir lieu qu'autant que la ligne CB' coïncidera avec CB; autrement dit la ligne CB doit être elle-même le prolongement de AC, ce qu'il fallait démontrer.

Corollaire. — *Lorsque deux droites AB et CD se coupent, les bissectrices des quatre angles qu'elles forment sont perpendiculaires entre elles.*

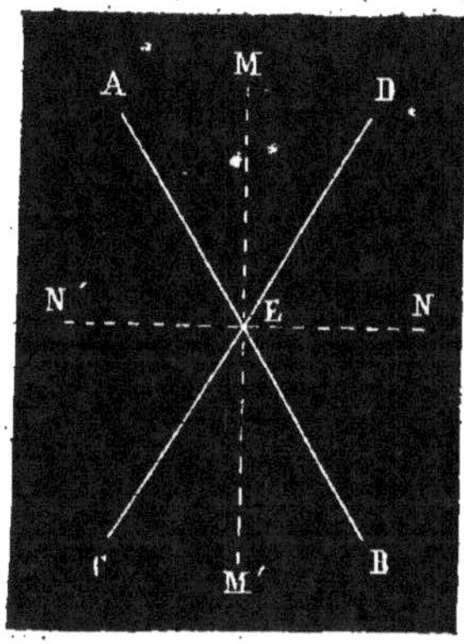

En effet, l'angle MEN, par exemple, est égal à MED + DEN, c'est-à-dire à

$$\frac{1}{2}AED + \frac{1}{2}DEB.$$

On a d'ailleurs, d'après le théorème,

$$AED + DEB = 2 \text{ droits},$$

et par conséquent

$$\frac{1}{2}AED + \frac{1}{2}DEB = 1 \text{ droit}.$$

L'angle MEN est donc droit.

Il en est de même de l'angle M'EN.

Remarque. — On voit en outre que, les deux angles MEN et M'EN valant en somme deux droits, les lignes EM et EM' sont dans le prolongement l'une de l'autre, autrement dit la bissectrice d'un angle AED est aussi la bissectrice de l'angle opposé par le sommet; de sorte que les quatre bissectrices des quatre angles formés au point de rencontre de deux droites ne forment que deux droites distinctes.

THÉORÈME III.

Lorsque deux droites AB et CD se coupent, les angles opposés par le sommet AED et BEC [ou bien encore AEC et BED] sont égaux.

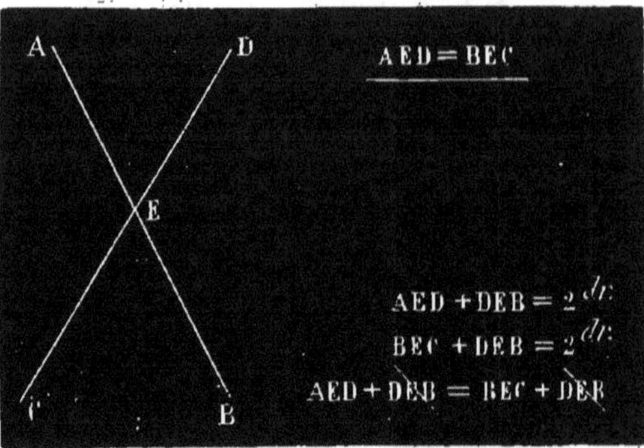

On a, en effet, d'après le théorème II,

$$AED + DEB = 2 \text{ droits} \quad \text{et} \quad DEB + BEC = 2 \text{ droits};$$

d'où
$$AED + DEB = DEB + BEC;$$

et, en supprimant la quantité DEB, commune aux deux membres de l'égalité, il reste $AED = BEC$.

On démontrerait de même que $AEC = DEB$.

Réciproquement, — *Lorsque par un point E d'une droite AB on mène de part et d'autre de cette droite des droites EC et ED, faisant avec elle des angles opposés par le sommet égaux, ces deux droites sont dans le prolongement l'une de l'autre.*

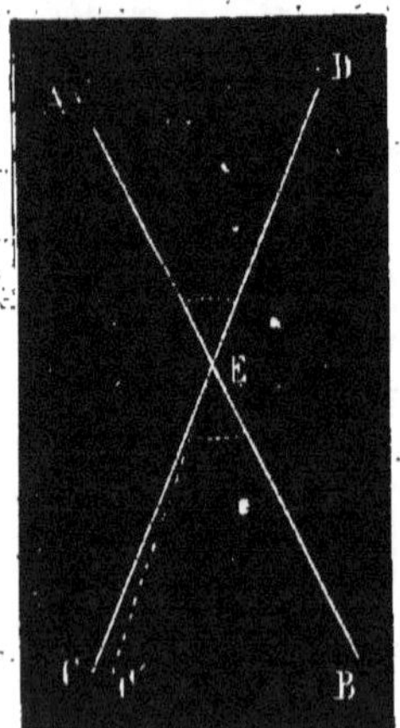

Soit EC' le prolongement de DE, je dis que EC et EC' se confondent. En effet, on a, d'après le théorème,

$$AED = BEC',$$

et, d'après l'hypothèse,

$$AED = BEC;$$

d'où l'on conclut

$$BEC = BEC'$$

c'est-à-dire que le prolongement de DE doit se confondre avec EC.

THÉORÈMES SUR LES LIGNES BRISÉES.

THÉORÈME IV.

Dans tout triangle un côté quelconque est :
1°. Plus petit que la somme des deux autres ;
2°. Plus grand que leur différence.

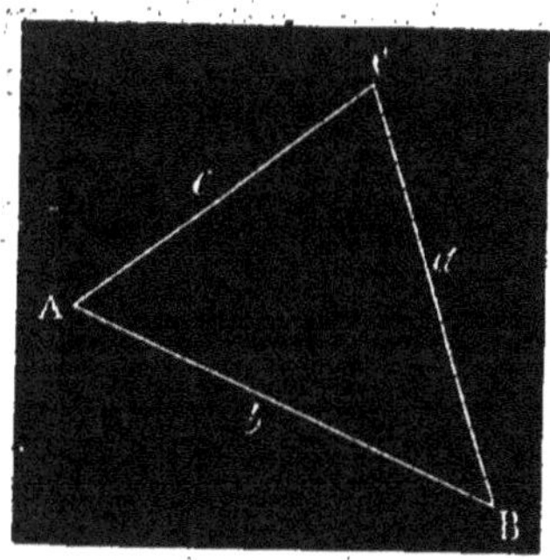

1°. Le côté BC, par exemple, est plus petit que la somme AB+AC des deux autres ; car BC, ligne droite, est le plus court chemin entre les points B et C (Introd., p. 6).

On a donc les inégalités suivantes :

$$BC < AB + AC$$
$$AB < AC + BC$$
$$AC < AB + BC$$

2°. Prenons l'une de ces inégalités, la seconde par exemple,

$$AB < AC + BC$$

On sait que, si on retranche des deux termes d'une inégalité une même quantité, l'inégalité subsiste toujours dans le même sens. Retranchons AC des deux membres de celle-ci, elle deviendra

$$AB - AC < BC,$$

ce qui démontre la seconde partie du théorème pour le côté BC. Il en serait de même pour les deux autres côtés.

Remarque. — En faisant usage, pour abréger l'écriture, des conventions indiquées ci-dessus (Préliminaires, p. 15), le théorème ci-dessus se trouverait représenté par les six inégalités suivantes :

$$[1] \quad \begin{cases} a < b + c \\ b < a + c \\ c < a + b \end{cases}$$

et

$$[2] \quad \begin{cases} a > b - c \\ b > a - c \\ c > a - b \end{cases}$$

Le système [1] correspond à la première partie du théorème, et le système [2] à la seconde.

Or, d'après la démonstration ci-dessus, on voit que les inégalités [1] se déduisent des inégalités [2] : il n'y a donc rien dans les trois dernières qui ne soit contenu dans les trois premières, et réciproquement.

L'un quelconque de ces deux systèmes d'inégalités exprime donc les conditions nécessaires pour que l'on puisse former un triangle avec trois droites données *a*, *b* et *c*. Nous verrons plus tard que ces conditions sont suffisantes.

Ces conditions sont d'ailleurs, ainsi qu'il est facile de le vérifier, toutes renfermées dans l'énoncé suivant : *Le plus grand côté est plus petit que la somme des deux autres.*

THÉORÈME V.

Lorsque d'un point D pris dans l'intérieur d'un triangle on mène des droites DB, DC, aux extrémités d'un même côté, la somme de ces deux lignes est moindre que la somme des deux autres côtés.

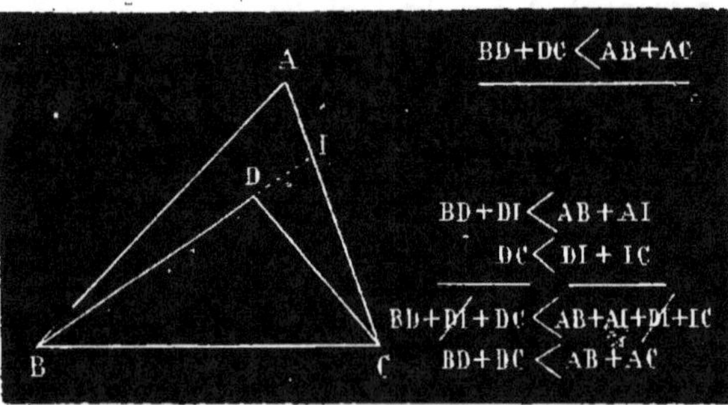

Prolongeons BD jusqu'à sa rencontre en I avec le côté AC.

D'après le théorème précédent, on aura dans le triangle BAI, BI ou $BD + DI < AB + AI$, et dans le triangle DIC, $DC < DI + IC$.

Additionnant membre à membre ces deux inégalités, et supprimant DI, partie commune aux deux membres de l'inégalité résultante, il reste $BD + DC < AB + AC$, *C. Q. F. D.*

THÉORÈME VI.

Toute ligne polygonale convexe ABCDE est moindre qu'une ligne brisée quelconque AMNOE qui l'enveloppe de toutes parts et qui est terminée aux mêmes extrémités.

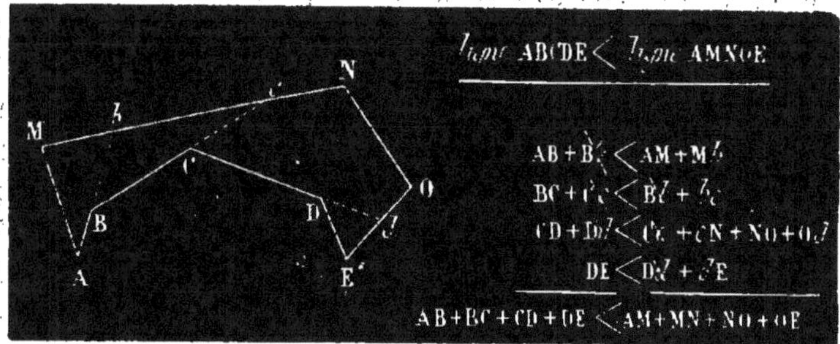

Prolongeons *dans un même sens* tous les côtés de la ligne intérieure ABCDE jusqu'à leur rencontre aux points b, c, d, avec le contour de la ligne extérieure.

Les lignes droites Ab, Bc, etc., étant plus courtes que tout autre chemin terminé aux mêmes extrémités, on pourra écrire la suite d'inégalités

$$AB + Bb < AM + Mb$$
$$BC + Cc < Bb + bc$$
$$CD + Dd < Cc + cN + NO + Od$$
$$DE < Dd + dE$$

En additionnant ces inégalités membre à membre, supprimant les parties communes aux deux membres de l'inégalité résultante, et réunissant les termes qui appartiennent à un même côté, il vient

$$AB + BC + CD + DE < AM + MN + NO + OE;$$

c'est-à-dire   ligne ABCDE < ligne AMNOE,   C. Q. F. D.

Corollaire. — *Une ligne polygonale convexe est moindre qu'une ligne polygonale quelconque qui l'enveloppe de toutes parts.*

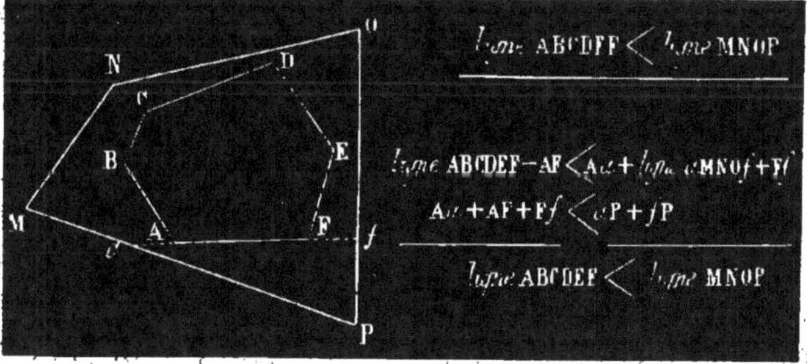

Prolongeons dans les deux sens un côté quelconque AF de la ligne extérieure jusqu'à sa rencontre en a et f avec la ligne extérieure.

En vertu du théorème que nous venons de démontrer on aura

$$\text{ligne ABCDEF} - \text{AF} < \text{A}a + \text{ligne } a\text{MNO}f + \text{F}f,$$

et aussi
$$\text{A}a + \text{AF} + \text{F}f < a\text{P} + f\text{P}.$$

En additionnant membre à membre ces deux inégalités, il vient, après réductions,

$$\text{ligne ABCDEF} < \text{ligne MNOP},\qquad C.\ Q.\ F.\ D.$$

DE LA PERPENDICULAIRE ET DES OBLIQUES MENÉES A UNE DROITE PAR UN POINT EXTÉRIEUR.

THÉORÈME VII.

D'un point C pris hors d'une droite AB on peut abaisser une perpendiculaire sur cette droite, et on n'en peut abaisser qu'une.

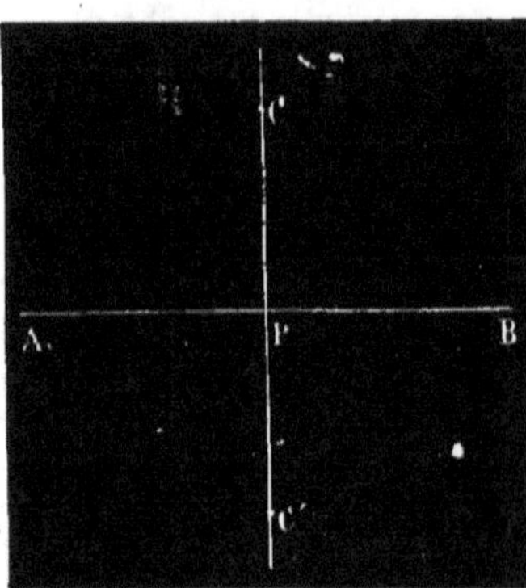

1°. On peut en abaisser une. Imaginons que l'on fasse tourner autour de la droite AB, comme charnière, la partie supérieure du plan du tableau, de manière à la rabattre sur la partie inférieure.

Ce mouvement étant effectué, le point C sera venu tomber quelpart en C′.

Cela posé, je dis que la droite CC′ est perpendiculaire sur AB.

Soit, en effet, P le point où la droite CC′ rencontre la ligne AB, il est facile de voir que les deux angles CPB, C′PB, sont égaux. Car, si nous rabattons de nouveau la partie supérieure sur la partie inférieure du plan, le point C viendra retomber sur C′, et les deux lignes PC et PC′ coïncideront. Comme les deux angles CPB, C′PB, ne cessent d'ailleurs pas d'avoir le côté PB commun, on voit qu'ils sont égaux, puisque leurs côtés peuvent être amenés simultanément en coïncidence.

La ligne AB est donc perpendiculaire sur CC′, et réciproquement (Th. II, Coroll. 2°) CC′ est perpendiculaire sur AB.

2°. On ne peut en abaisser qu'une. C'est-à-dire qu'aucune droite CQ, différente de la ligne CP déterminée comme nous venons de le faire, ne peut être perpendiculaire sur AB.

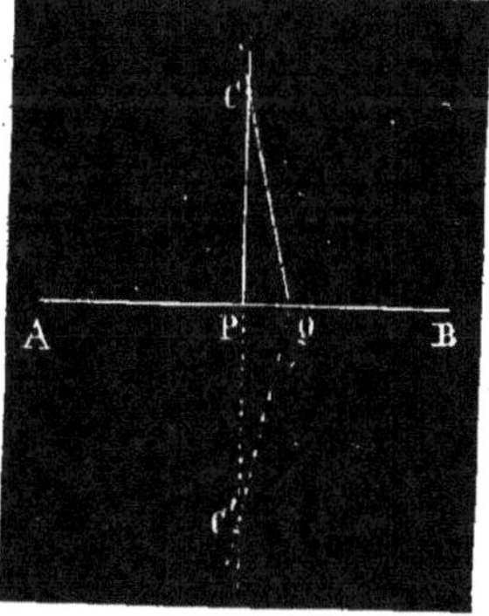

Si, en effet, la ligne CQ était perpendiculaire sur AB, l'angle CQB serait droit, et, en rabattant, comme nous l'avons fait ci-dessus, la partie supérieure sur la partie inférieure du plan, l'angle C'Q B serait égal aussi à un droit.

Il en résulterait que, les deux angles CQB, C'QB, étant adjacents et valant en somme deux droits, leurs côtés extérieurs QC et QC' seraient en ligne droite (Réc. du Th. II), ce qui est inadmissible : car la ligne CPC' est droite par construction, et par deux points donnés C et C' on ne peut faire passer qu'une seule ligne droite (1).

Scholie. — Deux points C et C' qui sont ainsi placés sur une même perpendiculaire à une droite AB, de telle sorte que l'on ait CP = PC', sont dits *symétriques l'un de l'autre par rapport à la droite AB*.

THÉORÈME VIII.

Lorsque par un point pris hors d'une droite on mène à cette droite une perpendiculaire et plusieurs obliques,

1°. La perpendiculaire est plus courte que toute oblique;

2°. Deux obliques également éloignées du pied de la perpendiculaire sont égales;

3°. De deux obliques inégalement éloignées du pied de la perpendiculaire la plus éloignée est la plus grande.

---

(1) Le moyen qui vient d'être indiqué pour abaisser une perpendiculaire sur une droite ne serait pas souvent praticable dans les applications de la géométrie. Plus bas, dans les problèmes qui terminent le livre II, se trouvent exposés les procédés pratiques pour mener des perpendiculaires.

1°. La perpendiculaire CP est plus courte que toute oblique CQ. Nous venons de voir, en effet, dans la seconde partie du théorème VII, que la ligne CQC' était nécessairement une ligne brisée ; on aura donc

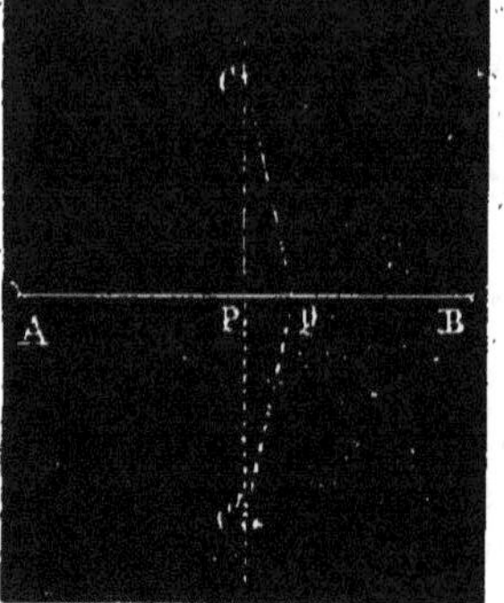

$$CP + C'P < CQ + C'Q$$

Mais comme d'ailleurs on a d'après la construction elle-même de la figure

$$CP = C'P \quad \text{et} \quad CQ = C'Q$$

il en résulte $\qquad CP < CQ \qquad\qquad C.\ Q.\ F.\ D.$

2°. Deux obliques CQ et CQ', dont les pieds Q et Q' sont également éloignés du pied de la perpendiculaire, sont égales.

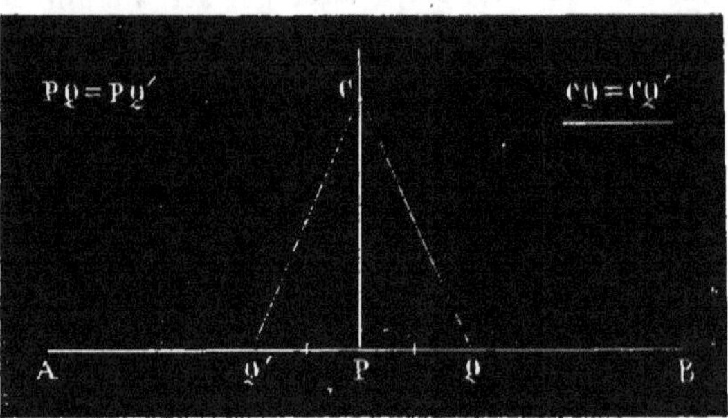

Plions le plan suivant la ligne CP comme charnière, de manière à rabattre la partie de gauche, par exemple, sur la partie de droite. Les deux angles en P étant égaux comme droits, la ligne PA viendra tomber sur PB, et comme, par hypothèse, la distance PQ' est égale à PQ, le point Q' tombera sur le point Q. Comme d'ailleurs, dans ce mouvement, le point C ne change pas de place, on voit que la ligne CQ' coïncidera complétement avec CQ. Puisque CQ et CQ' peuvent coïncider dans toute leur longueur, elles sont égales. $C.\ Q.\ F.\ D.$

3°. De deux obliques CQ et CR inégalement éloignées du pied de la perpendiculaire, la plus éloignée CR est la plus grande.

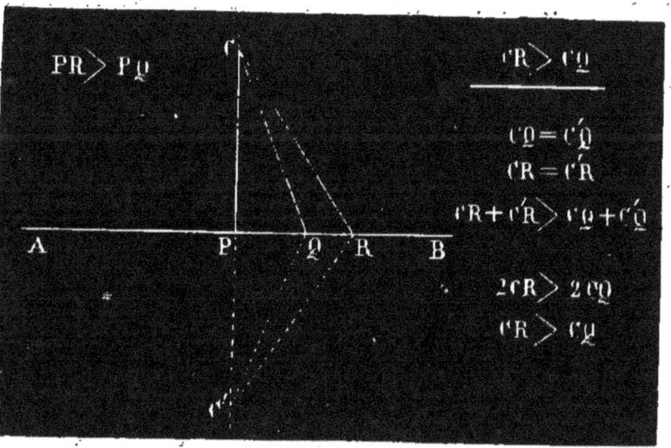

Rabattons, comme nous l'avons déjà fait, la partie supérieure du plan sur la partie inférieure; le point C tombera en C', et les lignes CP, CQ, CR, prendront la position C'P, C'Q, C'R. Cela étant fait, le point Q se trouvera intérieur au triangle CC'R; on aura donc (Th. V)

$$CR + C'R > CQ + C'Q$$

ou $\qquad 2CR > 2CQ \quad$ ou enfin $\quad CR > CQ \qquad$ *C. Q. F. D.*

Remarque. — Nous avons supposé que les deux obliques que nous comparions étaient situées d'un même côté de la perpendiculaire; cela nous est évidemment permis, d'après la 2e partie du théorème.

Corollaire 1er. — Réciproquement, *deux obliques égales sont également éloignées du pied de la perpendiculaire.*

Car si elles étaient inégalement éloignées du pied de la perpendiculaire, elles seraient, d'après la troisième partie du théorème, inégales, ce qui est contraire à l'hypothèse.

Corollaire 2e. — Réciproquement, *de deux obliques inégales la plus grande est la plus éloignée du pied de la perpendiculaire.*

Car si elle n'était pas plus éloignée du pied de la perpendiculaire que l'autre, elle serait moins éloignée ou elle le serait également. Or, si elle était également éloignée du pied de la perpendiculaire, elle serait égale à l'autre; si elle était moins éloignée, elle serait plus petite que cette autre : conclusions qui sont toutes deux contraires à l'hypothèse.

Corollaire 3ᵉ. — *D'un même point pris hors d'une droite on ne peut mener à cette ligne plus de deux droites égales.*

On ne peut, en effet, trouver sur cette droite que deux points, l'un à droite et l'autre à gauche du pied de la perpendiculaire, qui soient à une même distance donnée de ce pied.

Scholie. — *Définition de la distance d'un point à une droite.*

Puisque la perpendiculaire abaissée d'un point sur une droite est la ligne la plus courte que l'on puisse mener de ce point à la droite, il est naturel de prendre cette ligne pour mesure de la distance du point à la droite. On appelle donc *distance d'un point à une droite* la longueur de la perpendiculaire abaissée du point sur la droite.

THÉORÈME IX.

Lorsqu'on élève une perpendiculaire MD *sur le milieu* M *d'une droite* AB,

1°. *Tout point* D *pris sur la perpendiculaire est inégalement distant des extrémités* A *et* B *de la droite;*

2°. *Tout point pris hors de la perpendiculaire est inégalement distant des extrémités* A *et* B.

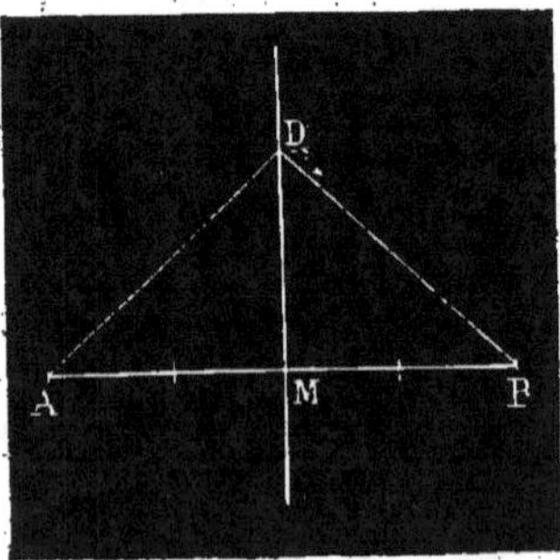

1°. On aura AD═BD, car, le point M étant le milieu de la droite AB, il s'ensuit que ces deux droites sont deux obliques qui s'écartent également du pied de la perpendiculaire : elles sont donc égales (Th. VIII, 2°).

2° Soit un point C situé en dehors de la perpendiculaire MD, on aura BC < AC.

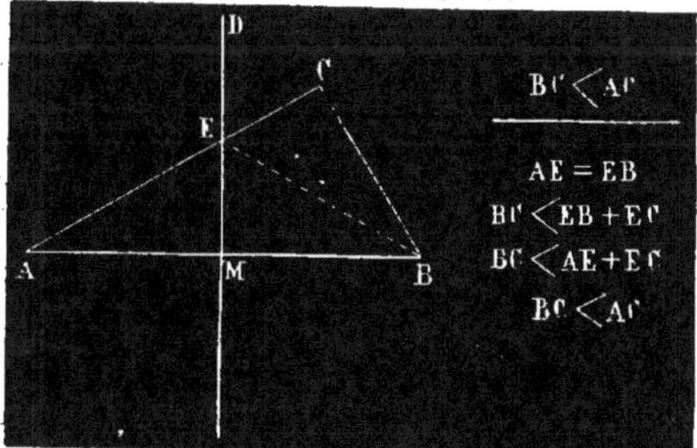

Pour le démontrer, joignons EB ; on a dans le triangle BEC

$$BC < EB + EC.$$

Comme d'ailleurs EB = AE, il vient

$$BC < EB + AE, \quad \text{c'est-à-dire} \quad BC < AC.$$

Scholie. — On peut abréger l'énoncé de ce théorème en disant : La perpendiculaire élevée sur le milieu d'une droite est le *lieu géométrique* des points équidistants du milieu de cette droite.

On appelle, en effet, *lieu géométrique* un ensemble de points satisfaisant à des conditions données, à l'exclusion de tous les autres points du plan lorsqu'il s'agit de figures planes, ou de tous les autres points de l'espace quand il s'agit de figures à trois dimensions.

DES CAS D'ÉGALITÉ DES TRIANGLES RECTANGLES.

THÉORÈME X.

Deux triangles rectangles ABC, A'B'C', sont égaux quand ils ont l'hypoténuse égale et un côté de l'angle droit égal.

Soit   AC = A'C'   et   AB = A'B'.

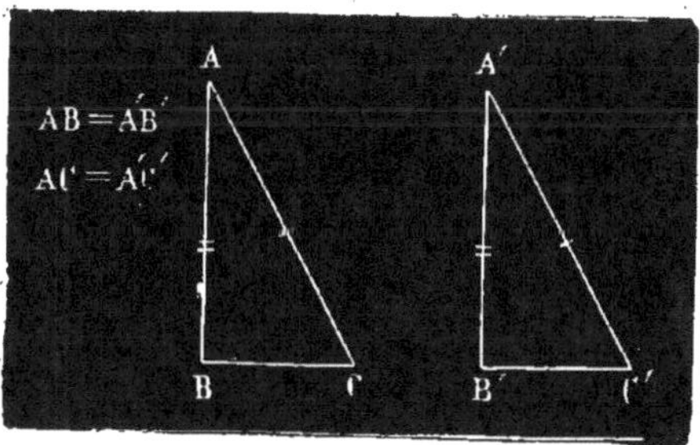

Portons le triangle A'B'C' sur le triangle ABC, de manière à faire coïncider d'abord les angles droits B et B' de ces triangles.

Comme par hypothèse AB = A'B', le point A' tombera en A.

Je dis de plus que le point C′ tombera aussi en C, car les deux obliques A′C′ et AC, menées d'un même point A, étant égales, elles doivent s'éloigner également du pied de la perpendiculaire (Th. VIII, cor. 1er) : ce qui exige que le point C′ tombe sur le point C.

Les deux triangles sont donc égaux, puisque leurs sommets et par conséquent leurs côtés peuvent coïncider.

THÉORÈME XI.

Deux triangles rectangles sont égaux quand ils ont l'hypoténuse égale et un angle aigu égal.

Soit   angle C = angle C′   et   AC = A′C′.

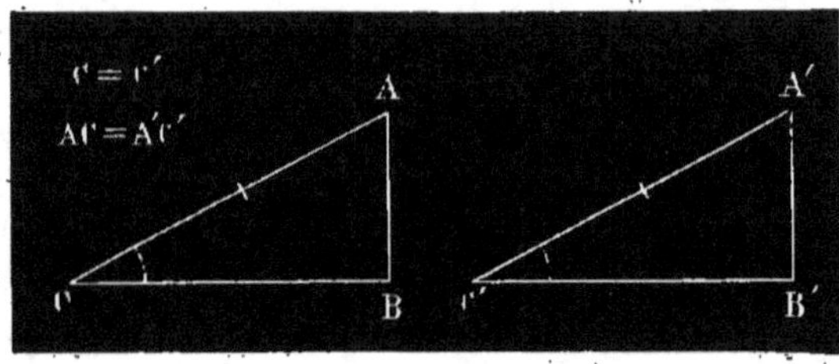

Portons le triangle A′B′C′ sur le triangle ABC, en faisant d'abord coïncider les angles égaux C et C′. Comme par hypothèse les côtés AC, A′C′, sont égaux, le point A′ tombera au point A.

Cela posé, je dis que le côté A′B′ coïncidera aussi avec le côté AB, car, par hypothèse, les angles B et B′ sont droits, et d'un point A on ne peut abaisser qu'une perpendiculaire sur une droite CB.

Les deux triangles sont donc superposables et par conséquent égaux.

DE LA BISSECTRICE D'UN ANGLE.

THÉORÈME XII.

Lorsqu'on divise un angle BAC en deux parties égales,

1º. Tout point M pris sur la bissectrice est équidistant des côtés de l'angle;

2° *Tout point N pris en dehors de la bissectrice est inégalement distant des côtés de l'angle.*

1° Tout point M de la bissectrice est également distant des côtés de l'angle, c'est-à-dire que les perpendiculaires MP et MQ sont égales.

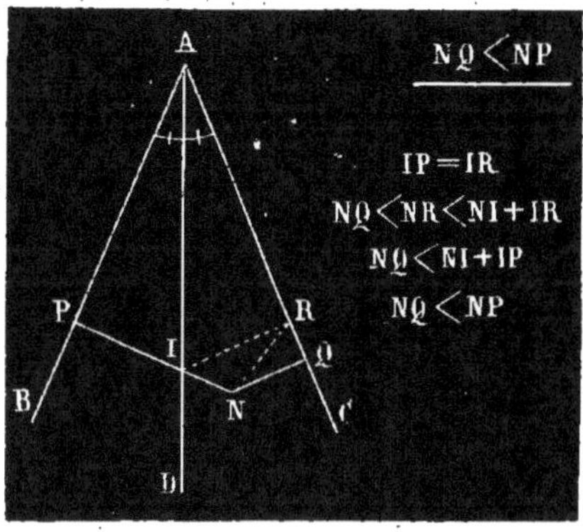

Plions le plan du tableau suivant la bissectrice AD comme charnière, de manière à rabattre, par exemple, la portion de gauche sur celle de droite; l'angle BAC étant, d'après l'hypothèse, partagé en deux parties égales, le côté AB viendra tomber sur AC, et, comme d'un point M on ne peut abaisser qu'une perpendiculaire sur une droite, la droite MP coïncidera avec MQ : ces deux lignes sont donc égales.

2° Soit un point N situé en dehors de la bissectrice, on aura $NQ < NP$.

Soit I le point où la ligne NP rencontre la bissectrice; abaissons IR perpendiculaire sur AC : on aura, d'après la première partie du théorème, IP = IR. Cela posé, joignons NR.

La perpendiculaire NQ est plus petite que l'oblique NR ; or, dans le triangle INR un côté quelconque NR est plus petit que la somme des deux autres NI + IR : donc *a fortiori* la distance NQ est plus petite que NI + IR, ou, ce qui est la même chose que NI + IP, c'est-à-dire NP.

Scholie. — On peut résumer les deux parties de ce théorème en un seul énoncé en disant : *La bissectrice d'un angle est le lieu géométrique des points également distants des côtés de cet angle.*

DES CAS D'ÉGALITÉ DES TRIANGLES QUELCONQUES. — PROPRIÉTÉS DU TRIANGLE ISOSCÈLE. — RELATION DE GRANDEUR ENTRE LES CÔTÉS ET LES ANGLES D'UN TRIANGLE.

THÉORÈME XIII.

Deux triangles qui ont un angle égal compris entre deux côtés égaux chacun à chacun sont égaux.

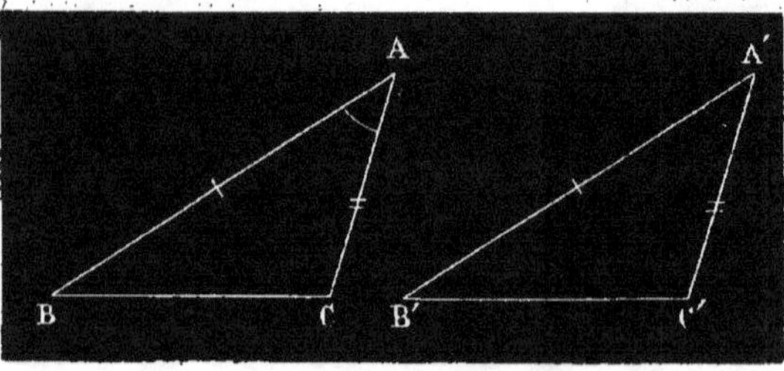

Supposons   angle A $=$ angle A′
$$AB = A'B'$$
$$AC = A'C'.$$

Portons le triangle A′B′C′ sur le triangle ABC de façon à faire coïncider les côtés des deux angles A et A′, ce qui est possible puisque, par hypothèse, ces deux angles sont égaux. Comme d'ailleurs la longueur A′B′ est égale à AB, le point B′ tombera sur le point B; pour la même raison, le point C′ tombera sur le point C.

Les deux triangles sont donc superposables, et par conséquent égaux.

THÉORÈME XIV.

Deux triangles qui ont un côté égal adjacent à deux angles égaux chacun à chacun sont égaux.

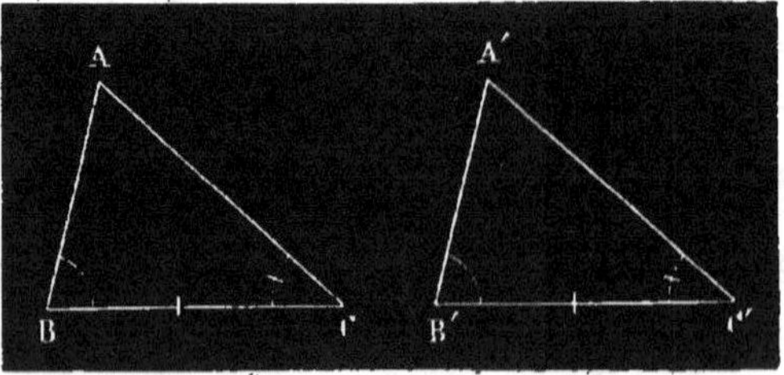

Supposons   *angle* B $=$ *angle* B′
                        angle C $=$ *angle* C′
                        BC$=$B′C′.

Portons le triangle A′B′C′ sur le triangle ABC en faisant coïncider d'abord les sommets B′ et B, C′ et C, ce qui est possible puisque, par hypothèse, B′C′$=$BC. Comme d'ailleurs l'angle B′ est supposé aussi égal à l'angle B, le côté B′A′ prendra la direction BA; pour une raison identique, le côté C′A′ prendra la direction CA; le point A′, devant se trouver alors à la fois sur les lignes BA et CA, devra tomber sur le point A, intersection de ces deux lignes.

Les deux triangles sont donc superposables, et par conséquent égaux dans toutes leurs parties.

THÉORÈME XV.

Lorsque deux triangles ont un angle inégal compris entre deux côtés égaux chacun à chacun, le côté opposé au plus grand angle est plus grand que le côté opposé au plus petit angle.

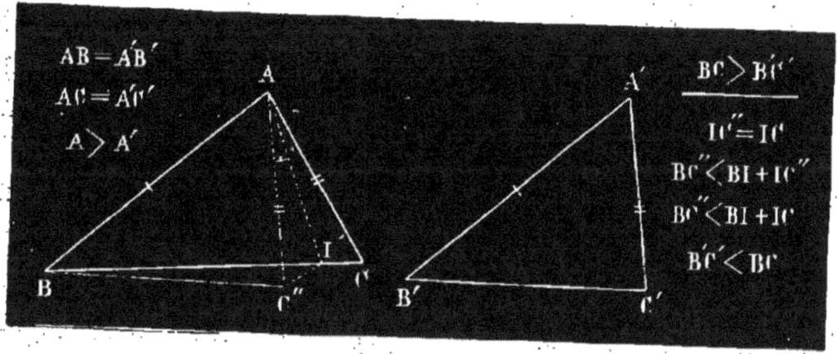

Supposons que dans les deux triangles ABC, A′B′C′, on ait AB $=$ A′B′, AC $=$ A′C′, et *angle* A $>$ *angle* A′, il s'agit de prouver que le côté BC est plus grand que le côté B′C′.

Pour cela, portons le triangle A′B′C′ sur le triangle ABC, de manière à faire coïncider l'un des côtés A′B′ du plus petit angle avec le côté égal AB du plus grand. A cause de l'inégalité des deux angles le côté A′C′ tombera en AC″ dans l'intérieur de l'angle A, et le triangle A′B′C′ prendra la position ABC″.

Il pourrait se présenter trois cas : 1º. le point C″ tomberait sur le côté BC, alors le théorème serait immédiatement démontré ; 2º. il tomberait au-dessus de BC ; 3º. il tomberait en dessous ; la démonstration est la même dans ces deux cas ; d'ailleurs rien dans ce qui suit ne suppose que le point C″ soit dans l'une ou l'autre de ces deux positions.

Cela posé, menons une ligne qui partage en deux parties égales l'angle CAC″ et prolongeons cette ligne jusqu'à sa rencontre en I avec le côté BC. Joignons C″I.

Les deux triangles AIC″ et AIC sont égaux, car leurs angles en A sont égaux comme moitiés d'un même angle ; le côté AI est commun et les deux côtés AC et AC″ sont égaux par hypothèse : ces deux triangles ont donc un angle égal compris entre côtés égaux chacun à chacun. De leur égalité on déduit IC″ = IC.

Mais la ligne droite BC″ est plus petite que la ligne brisée BI + IC″, ou, ce qui est la même chose, que BI + IC, c'est-à-dire BC. Comme d'ailleurs BC″ est, par construction, égal à B′C′, on voit que le côté B′C′ est plus petit que BC, ce qu'il fallait démontrer.

Réciproquement, — *Lorsque deux triangles ABC, A′B′C′, ont deux côtés égaux chacun à chacun et un côté inégal, l'angle A, opposé au plus grand côté BC, est plus grand que l'angle A′, opposé au plus petit côté B′C′.*

Si l'angle A n'était pas plus grand que l'angle A′, il faudrait qu'il lui fût égal ou qu'il fût plus petit.

Les deux angles ne peuvent pas être égaux, car, s'ils étaient égaux, les deux triangles auraient un angle égal compris entre côtés égaux chacun à chacun, et par conséquent seraient égaux ; mais alors on aurait BC = B′C′, ce qui est contre l'hypothèse.

L'angle A ne peut pas davantage être plus petit que l'angle A′, car alors, d'après la proposition directe, le côté BC devrait être plus petit que le côté B′C′, ce qui est aussi contre l'hypothèse.

Il faut donc que l'angle A soit plus grand que l'angle A′, puisqu'on ne peut admettre qu'il lui soit égal ou qu'il soit plus petit.

THÉORÈME XVI.

Deux triangles qui ont les trois côtés égaux chacun à chacun sont égaux.

Soient A et A' deux angles de ces triangles placés entre des côtés égaux. Je dis que ces deux angles doivent être égaux.

Ils ne peuvent, en effet, être différents, car s'ils étaient différents, les côtés qui leur sont opposés seraient aussi différents, d'après la réciproque du théorème précédent, et cela serait en contradiction avec l'hypothèse d'après laquelle tous les côtés sont égaux.

Puisque les angles A et A' sont égaux, les deux triangles ont un angle égal compris entre côtés égaux chacun à chacun : ils sont donc égaux (Th. XII).

THÉORÈME XVII.

Dans un triangle isocèle ABC les angles B et C, opposés aux côtés égaux AB et AC, sont égaux.

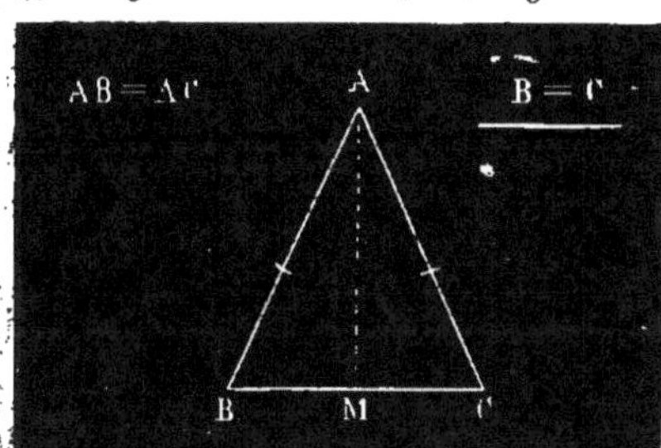

Joignons le sommet A, opposé à la base BC, au milieu M de cette base.

Le triangle ABC est ainsi partagé en deux triangles AMB et AMC, qui sont égaux comme ayant les trois côtés égaux chacun à chacun, savoir : les côtés AB et AC égaux par hypothèse, le côté AM commun, et les côtés MB et MC égaux par construction.

Il en résulte que les angles B et C, compris entre des côtés égaux chacun à chacun dans ces deux triangles, sont égaux. *C. Q. F. D.*

Corollaire. — *Un triangle équilatéral est en même temps équiangle.*

Réciproquement, — *Lorsque dans un triangle ABC deux angles B et C sont égaux, les côtés opposés AC et AB sont égaux, et par conséquent le triangle est isocèle.*

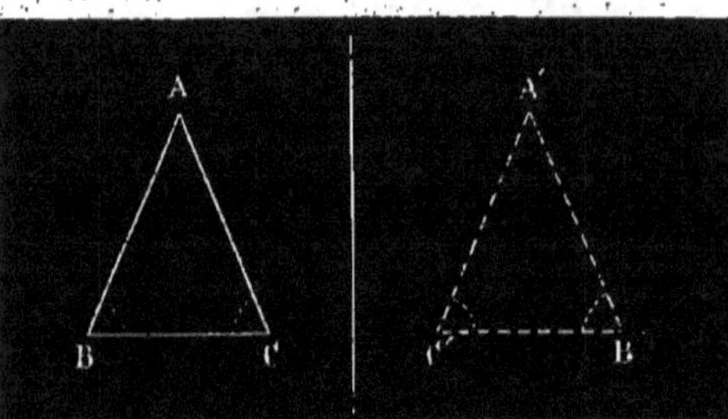

Imaginons qu'on plie le plan du tableau autour d'une droite quelconque, de manière à venir appliquer le triangle ABC sur une portion quelconque du plan : le côté AC tombera en A'C', le côté AB en A'B', et BC en B'C'.

Cela posé, transportons le triangle A'C'B' sur le triangle ABC, de manière à faire tomber d'abord le point C' sur le point B, et le point B' sur le point C. Le côté C'A' prendra alors la direction BA, car l'angle C' est, par construction, égal à l'angle C, lequel est par hypothèse égal à l'angle B ; par la même raison, le côté B'A' prendra la direction CA ; le point A' devant se trouver à la fois sur BA et sur CA, il tombera donc sur le point A.

Donc le côté A'C' est égal au côté AB ; mais le côté A'C', d'après la construction, n'est autre chose que le côté AC : le côté AB et le côté AC sont donc égaux.   C. Q. F. D.

Corollaire. — *Un triangle équiangle est en même temps équilatéral.*

Scholie I. — D'après la démonstration qui a été donnée du théorème XVI, les deux triangles ABM et ACM étant égaux, les angles en M sont aussi égaux, c'est-à-dire que la droite AM est perpendiculaire sur BC.

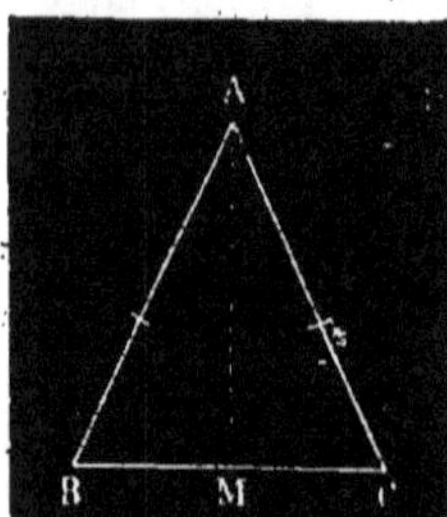

Les angles BAM, MAC, sont aussi égaux, c'est-à-dire que cette droite AM est aussi la bissectrice de l'angle A.

On peut donc dire que *dans un triangle isoscèle la ligne qui joint le milieu de la base au sommet opposé est perpendiculaire sur la base et divise l'angle des deux autres côtés en deux parties égales.*

Scholie II. — La droite AM satisfait à plusieurs conditions : 1°. elle passe par le sommet A ; 2°. elle passe par le milieu de la base ; 3°, elle est perpendiculaire sur cette base ; 4°, elle divise en deux parties égales l'angle au sommet.

Deux conditions déterminant une droite, il est facile de comprendre que c'est à la qualité du triangle ABC d'être isocèle que la droite AM doit de pouvoir satisfaire à cette multiplicité de conditions. On pourra donc former des réciproques que nous laissons au lecteur le soin d'énoncer et de démontrer ; par exemple :

1°. *Lorsque dans un triangle la droite qui joint un sommet au milieu du côté opposé est perpendiculaire sur cette base, le triangle est isocèle.*

2°. *Lorsque dans un triangle la bissectrice d'un angle est perpendiculaire sur le côté opposé, le triangle est isocèle.*

Etc., etc.

THÉORÈME XVIII.

Lorsque dans un triangle deux angles sont inégaux, au plus grand angle est opposé le plus grand côté.

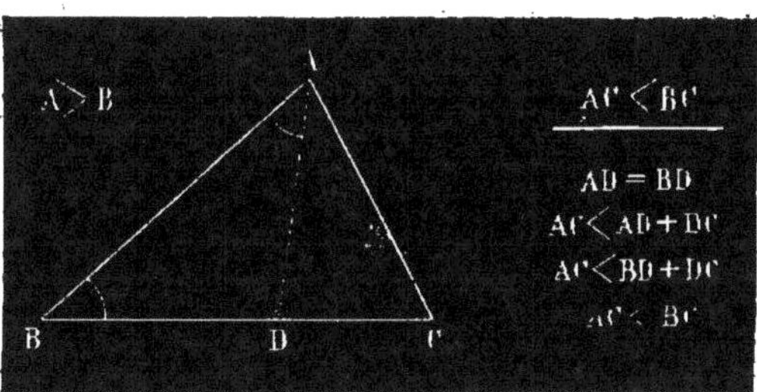

Soit dans le triangle ABC l'angle A, supposé plus grand que l'angle B, il s'agit de démontrer que le côté BC, opposé à l'angle A, est plus grand que le côté AC, opposé à l'angle B.

Puisque l'angle A est plus grand que l'angle B, on pourra toujours mener dans l'intérieur de cet angle A une droite AD, faisant, avec le côté AB, un angle égal à l'angle B ; cette droite étant située dans l'intérieur de l'angle A, elle rencontrera le côté BC en un point D, situé entre les extrémités B et C de ce côté.

Cela posé, le triangle ABD ayant par construction deux angles égaux, il est isocèle, et on a AD = BD. Mais la ligne droite AC est plus courte que la ligne brisée AD + DC, ou, ce qui est la même chose, que BD + DC, c'est-à-dire que BC.

Le côté BC est donc plus grand que AC.   *C. Q. F. D.*

Réciproquement. — *Lorsque dans un triangle deux côtés sont inégaux, au plus grand côté est opposé le plus grand angle.*

Soit BC > AC, on doit avoir A > B.

On ne peut, en effet, avoir A = B, car alors on devrait (Th. XVI, réc.) avoir aussi BC = AC, ce qui est contraire à l'hypothèse.

On ne saurait non plus avoir A < B, car alors on aurait, d'après le théorème, BC < AC, ce qui est aussi contraire à l'hypothèse.

Puisqu'on ne peut avoir ni A = B, ni A < B, il faut que l'on ait A > B.   *C. Q. F. D.*

THÉORIE DES PARALLÈLES.

Ainsi que nous l'avons fait remarquer en commençant, le point de départ de la géométrie est la notion naturelle que nous avons des propriétés de la ligne droite. Cette notion peut être résumée en disant que la ligne droite est, jusqu'à l'infini, identique à elle-même. Dans toutes les applications que nous avons faites jusqu'ici de la notion naturelle de la ligne droite l'idée d'infini qui y est contenue est restée pour ainsi dire latente; mais lorsqu'il s'agit d'étudier *les parallèles*, c'est-à-dire *les systèmes de droites qui, étant situées dans un même plan, ne se rencontrent pas, si loin qu'on les suppose prolongées,* cette idée d'infini vient dominer le sujet.

Or, l'infini, dans l'espace comme dans le temps, est une de ces idées dont l'esprit humain peut bien se faire une sorte d'image, mais qu'il lui est défendu de jamais posséder entières : bornés, nous ne pouvons concevoir que des bornes ou limites.

De là vient cette sorte de moment d'hésitation dans l'enseignement de la géométrie, lorsqu'il faut pour la première fois invoquer l'idée de l'infini; nous sommes obligés d'appeler encore une fois à notre secours le sentiment naturel, à défaut du raisonnement. Telle est la cause qui force tous les auteurs, les modernes comme les anciens, à édifier la théorie des parallèles sur un *Postulatum*.

Un grand nombre des auteurs qui ont succédé à Euclide [1] ont cherché à tourner la difficulté et à prendre pour point de départ quelque fait dont la démonstration fût facilement accessible.

Mais toutes ces tentatives ont été peu heureuses, parce que la difficulté, étant de celles que l'on ne peut supprimer, ne faisait que se déplacer. Nous avons cru qu'au lieu de dissimuler une difficulté inévitable, il valait mieux la mettre en évidence et signaler au lecteur son origine.

A l'exemple de plusieurs auteurs modernes, nous baserons la théorie des parallèles sur le théorème que voici, dont nous ferons un Postulatum :

THÉORÈME XIX. — **Postulatum.**

Par un point pris hors d'une droite on ne peut mener qu'une parallèle à cette droite.

Corollaire 1er. — *Lorsque deux droites sont parallèles, toute droite qui rencontre l'une d'elles, étant suffisamment prolongée, rencontre nécessairement l'autre.*

Car si une droite rencontrait la première des deux parallèles

---

[1] Euclide voulait qu'on admît comme évident que, *si deux droites rencontrées par une troisième formaient avec elle des angles intérieurs d'un même côté, dont la somme fût plus petite que deux angles droits, ces deux droites, suffisamment prolongées, se rencontraient du côté où les deux angles intérieurs étaient moindres que deux angles droits.*

Cette proposition était bien compliquée pour un Postulatum. Aussi, dans l'enseignement moderne, lui a-t-on souvent substitué l'énoncé que voici : *Deux droites, l'une perpendiculaire, l'autre oblique à une troisième, se rencontrent nécessairement si on les prolonge suffisamment.*

Le Postulatum que nous avons adopté l'a été avant nous par un grand nombre d'auteurs. Il offre, à notre avis, l'avantage de mieux traduire qu'aucun autre le sentiment naturel.

en un point A par exemple, sans rencontrer la seconde, elle lui serait aussi parallèle, et alors par le point A on aurait pu faire passer deux parallèles à une même droite, ce que le Postulatum déclare impossible.

Corollaire 2e. — *Deux droites* AB *et* CD, *parallèles à une troisième* EF, *sont parallèles entre elles.*

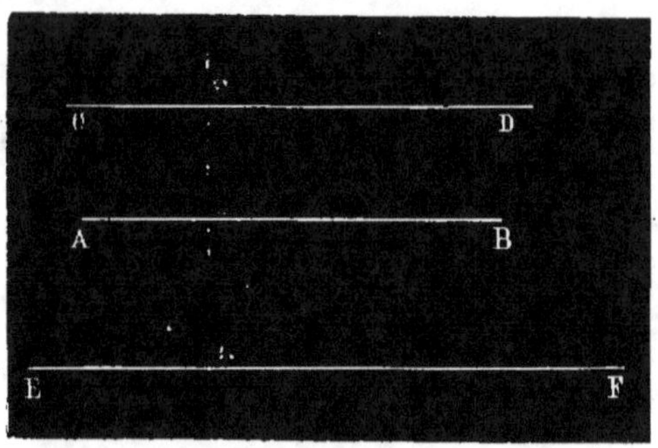

Si, en effet, elles ne l'étaient pas, elles se rencontreraient, et si elles se rencontraient, il en résulterait que d'un même point on pourrait mener deux parallèles à une même droite, ce qui est contraire au Postulatum.

THÉORÈME XX.

Deux droites AB *et* CD, *perpendiculaires à une troisième* AC, *sont parallèles entre elles.*

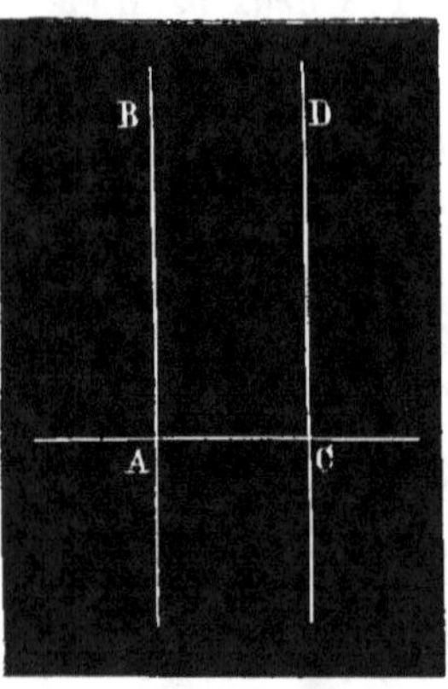

Si, en effet, elles n'étaient pas parallèles, elles se rencontreraient, et si elles se rencontraient, il s'ensuivrait que de leur point de rencontre on pourrait abaisser deux perpendiculaires sur une même droite AC, ce qui est contraire au théorème VII.

Corollaire. — *Lorsque deux droites AB et CI sont l'une AB perpendiculaire, l'autre CI oblique à une même droite AC, ces deux droites suffisamment prolongées se rencontrent.*

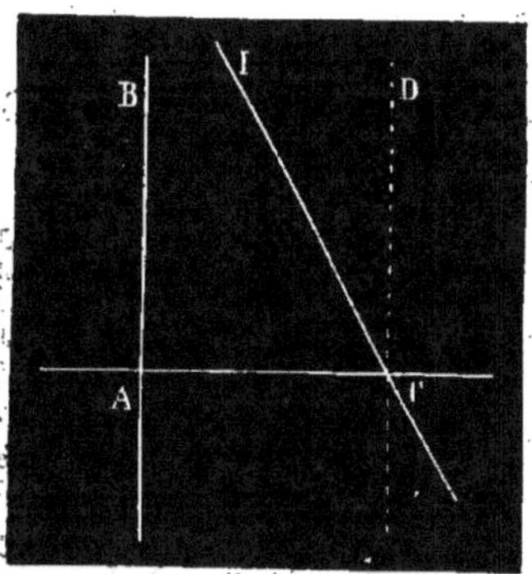

Au point C, pied de l'oblique, élevons une perpendiculaire CD à la ligne AC ; cette ligne CD sera, d'après le théorème ci-dessus, parallèle à AB, et comme, d'après le Postulatum, on ne peut d'un point C mener qu'une parallèle CD à la ligne AB, il s'ensuit que l'oblique CI ne peut être parallèle à AB, et par conséquent que ces deux droites doivent se rencontrer.

Réciproque du théorème.

Lorsque deux droites AB et CD sont parallèles, toute droite PQ perpendiculaire à l'une AB est aussi perpendiculaire à l'autre CD.

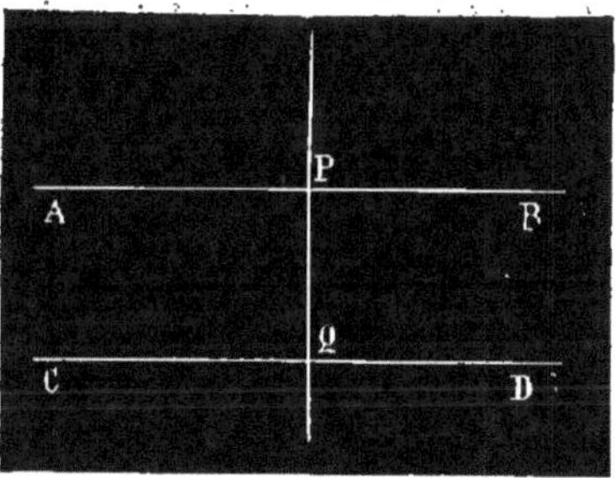

Si en effet PQ n'était pas perpendiculaire sur CD, réciproquement CD serait oblique à PQ ; mais, d'après le corollaire, elle devrait alors rencontrer la perpendiculaire AB, ce qui est contre l'hypothèse, puisque nous avons supposé les deux droites AB et CD parallèles.

Définitions de quelques termes.

Lorsque deux droites, parallèles ou non, telles que AB et CD, sont coupées par une troisième RS, on donne souvent à cette troisième le nom de *sécante* ou *transversale*.

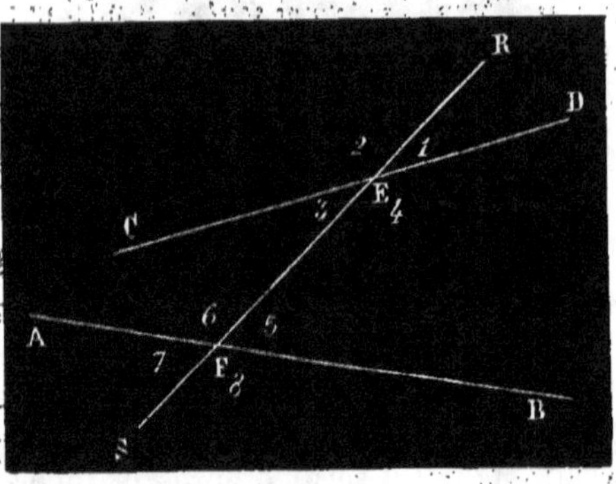

Par la rencontre de la transversale avec les deux droites aux points E et F se trouvent formés huit angles. On groupe ordinairement deux par deux ces angles en leur donnant des noms propres à rappeler leur position par rapport à la transversale et aux lignes AB et CD. Voici le tableau de ces divers groupes; on remarquera que chacun d'eux doit se composer d'un des angles en E et d'un autre en F.

Angles 1 et 5 — 2 et 6 — 3 et 7 — 4 et 8	*correspondants.*	Parce qu'ils se *correspondent*, étant situés de la même manière par rapport à la ligne transversale et à chacune des lignes AB et CD.
Angles 4 et 6 — 3 et 5	*alternes-internes.*	*Alternes*, parce qu'ils sont placés l'un d'un côté, l'autre de l'autre de la transversale; et *internes*, parce qu'ils sont situés à l'intérieur des deux droites.
Angles 1 et 7 — 2 et 8	*alternes-externes.*	Cette dénomination s'explique comme la précédente.
Angles 4 et 5 — 3 et 6	*intérieurs d'un même côté.*	Il faut sous-entendre *de la sécante.*
Angles 1 et 8 — 2 et 7	*extérieurs d'un même côté.*	Idem.

THÉORÈME-XXI.

Lorsque deux parallèles sont coupées par une sécante :

1°. Les angles alternes-internes sont égaux [deux à deux];

2°. Les angles correspondants sont égaux [deux à deux];

3°. Les angles alternes-externes sont égaux [deux à deux];

4°. Les angles intérieurs d'un même côté sont supplémentaires.

5°. Les angles extérieurs d'un même côté sont supplémentaires.

1°. Démontrons d'abord que deux angles alternes-internes tels que AES et RFD sont égaux.

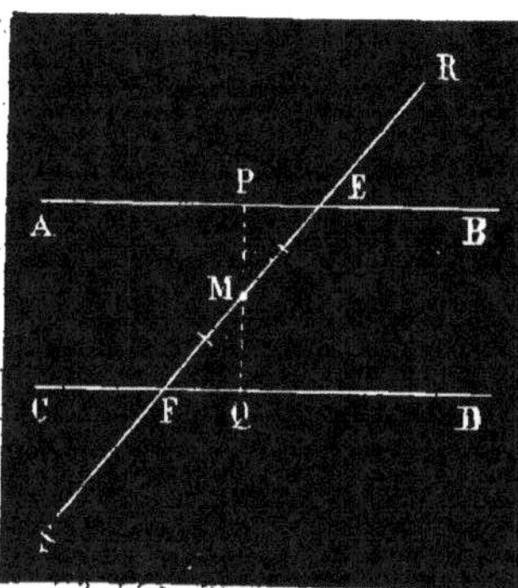

Pour cela prenons le milieu M de la portion EF de la sécante interceptée entre les deux parallèles, et par le point M menons une ligne PQ perpendiculaire à AB, et qui par conséquent le sera aussi à CD (Th. XIX, réc.).

Cela posé, les deux triangles MPE, MQF, sont rectangles en P et en Q, ont les angles en M égaux comme opposés par le sommet, et les hypoténuses ME et MF égales par construction : ils sont donc égaux (Th. XI).

Il en résulte que les angles AES et RFD qui appartiennent à ces triangles sont égaux. 			*C. Q. F D.*

Les deux autres angles alternes-internes BES, CFR, sont évidemment aussi égaux, car ils sont supplémentaires de ceux dont nous venons de démontrer l'égalité.

2°. Les angles correspondants REB, RFD, sont égaux. En effet les deux angles REB et AES sont égaux comme opposés par le sommet; et comme nous avons démontré que AES = RFD, il s'ensuit que REB = RFD.

On démontrerait d'une manière analogue que les autres angles correspondants sont aussi égaux deux à deux.

3°, 4° et 5°. — L'objet de ces derniers paragraphes se déduirait de même de l'égalité des angles alternes-internes.

Réciproquement, — *Lorsque deux droites AB et CD coupées par une sécante RS forment avec elle, ou bien*

1°. *Des angles alternes-internes égaux, ou bien*

2°. *Des angles correspondants égaux, ou bien*

3°. *Des angles alternes-externes égaux, ou bien*

4°. *Des angles intérieurs d'un même côté supplémentaires, ou bien enfin*

5°. *Des angles extérieurs d'un même côté supplémentaires, ces deux droites sont parallèles.*

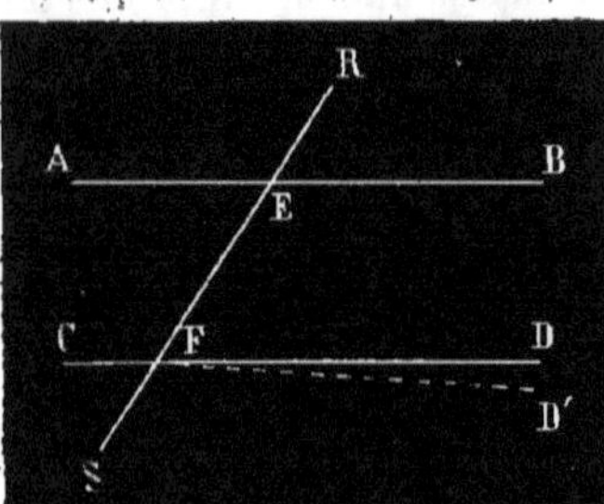

Nous allons démontrer cette réciproque pour le cas, par exemple, où les deux angles alternes-internes AES et RFD sont supposés égaux.

Si, dans ce cas, les deux droites AB et CD n'étaient pas parallèles, on pourrait, par le point F, par exemple, mener FD′ parallèle à AB. Mais alors, d'après le théorème, on aurait : angle AES = angle RFD′; d'où il faudrait que l'angle RFD′ fût égal à l'angle RFD, ce qui est évidemment absurde.

APPLICATION DE LA THÉORIE DES PARALLÈLES. — CONDITIONS D'ÉGALITÉ DES ANGLES TIRÉES DE LA SITUATION RELATIVE DE LEURS COTÉS.

THÉORÈME XXII.

Deux angles qui ont leurs côtés parallèles sont :

Ou bien 1°. *égaux* [lorsque les côtés parallèles sont deux à deux dirigés à la fois dans le même sens ou à la fois en sens contraire];

Ou bien 2°. *supplémentaires* [lorsque les côtés parallèles sont dirigés deux dans le même sens et les deux autres en sens contraire l'un de l'autre].

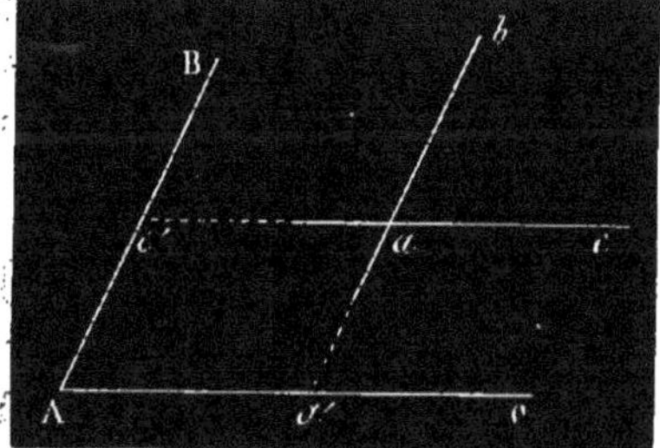

1°. Soient les deux angles BAC et *bac*, qui ont leurs côtés parallèles et dirigés à la fois dans le même sens : je dis qu'ils sont égaux.

Pour le démontrer, prolongeons le côté *ba* jusqu'à sa rencontre en *a'* avec le côté AC; les deux angles *bac*, *ba'*C sont égaux comme correspondants; les deux angles *ba'*C et BAC sont aussi égaux pour la même raison : les deux angles *bac* et BAC, égaux à un troisième, sont donc égaux entre eux.

La figure montre que l'angle *c'a a'*, qui a ses côtés tous deux dirigés en sens contraire de ceux de l'angle BAC, est aussi égal à cet angle, car il est égal à l'angle *bac* comme lui étant opposé par le sommet.

2°. L'angle *bac'*, qui est dans la condition indiquée par l'énoncé du second cas, est évidemment supplémentaire de l'angle *bac*, qui, nous venons de le voir, est égal à l'angle BAC.

THÉORÈME XXIII.

Deux angles qui ont leurs côtés perpendiculaires chacun à chacun sont égaux [s'ils sont aigus tous les deux], *ou bien supplémentaires* [s'ils sont l'un aigu, l'autre obtus].

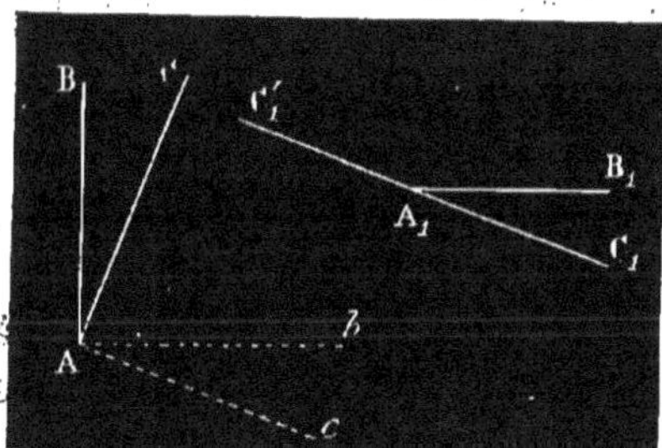

1°. Soient les deux angles BAC, $B_1A_1C_1$, tous deux aigus, qui ont les côtés perpendiculaires chacun à chacun : je dis qu'ils sont égaux.

Pour le démontrer, menons par le point A, sommet de l'angle BAC, des parallèles A*b*, A*c*, aux côtés A_1B_1, A_1C_1, de l'angle $B_1A_1C_1$. L'angle *b*A*c* que l'on forme ainsi est égal à l'angle $B_1A_1C_1$, puisqu'il a ses côtés parallèles à ceux de cet angle.

Cela posé, remarquons que, d'après la construction, les angles BA*b* et CA*c* sont droits; ils sont donc égaux. Il en résulte que, si on en retranche la partie CA*b* qu'ils ont commune, les restes, c'est-à-dire les angles BAC et *b*A*c* sont égaux. Il en est de même des deux angles BAC et $B_4A_4C_4$.

2° Si on prolonge l'un des deux côtés de l'angle $B_4A_4C_4$ en A_4C_1', l'angle obtus $B_4A_4C_1'$ que l'on forme ainsi est supplémentaire de l'angle $B_4A_4C_4$: il est donc aussi supplémentaire de l'angle BAC, ce qui justifie la seconde partie du théorème.

THÉORÈMES SUR LA SOMME DES ANGLES D'UN TRIANGLE, — D'UN POLYGONE CONVEXE QUELCONQUE.

THÉORÈME XXIV.

Dans tout triangle la somme des angles intérieurs est égale à deux angles droits.

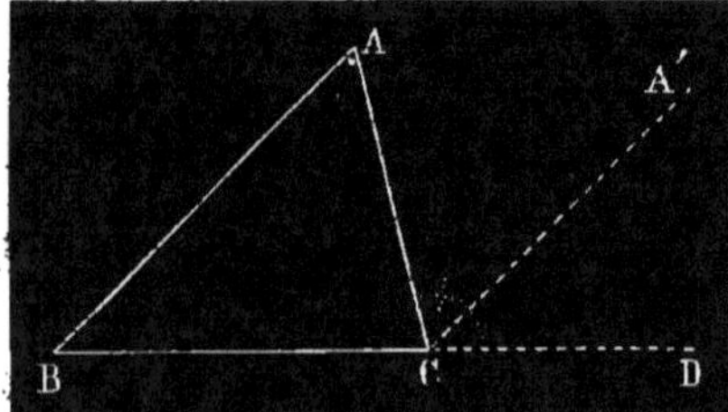

Prolongeons en CD l'un des côtés du triangle ABC, le côté BC, par exemple; puis, par le sommet C menons une parallèle CA' au côté opposé BA. Cela fait, les angles BAC et A'CA' sont égaux comme occupant la position d'alternes-internes par rapport aux deux parallèles AB et CA'; les deux angles ABC, A'CD, sont égaux comme correspondants : les trois angles en C sont donc égaux aux trois angles du triangle.

Or la somme des angles en C est (Th. 2, coroll. 3) égale à 2 droits : il en est donc de même de la somme des angles du triangle.

En suivant les notations adoptées, on pourra donc écrire :

$$A + B + C = 2\ droits.$$

Corollaire 1er. — *Dans tout triangle il ne peut y avoir qu'un seul angle droit, et à plus forte raison qu'un seul angle obtus.*

Corollaire 2º. — *Dans un triangle rectangle, la somme des deux angles adjacents à l'hypoténuse est égale à un droit.*

Corollaire 3º. — *Lorsque deux triangles ont deux angles égaux chacun à chacun, les troisièmes angles sont aussi égaux.*

Soient A, B, C, les angles de l'un des triangles ; A', B', C', ceux de l'autre ; on a, d'après le théorême :

$$A + B + C = 2 \ droits \quad et \quad A' + B' + C' = 2 \ droits.$$

On en déduit :

$$A + B + C = A' + B' + C' \qquad [1].$$

Si on suppose $A = A'$, $B = B'$, on pourra supprimer ces quantités aux deux termes de l'égalité [1], et il restera $C = C'$.

Corollaire 4º. — *L'angle extérieur* [formé par un côté d'un triangle et le prolongement du côté adjacent] *est égal à la somme des deux angles intérieurs opposés.*

L'angle ACD, par exemple, est égal à la somme des deux angles A et B. Cela résulte immédiatement de l'inspection de la figure qui nous a servi à la démonstration du théorême.

THÉORÈME XXV.

La somme des angles intérieurs d'un polygone convexe est égale à autant de fois deux droits qu'il y a de côtés moins deux.

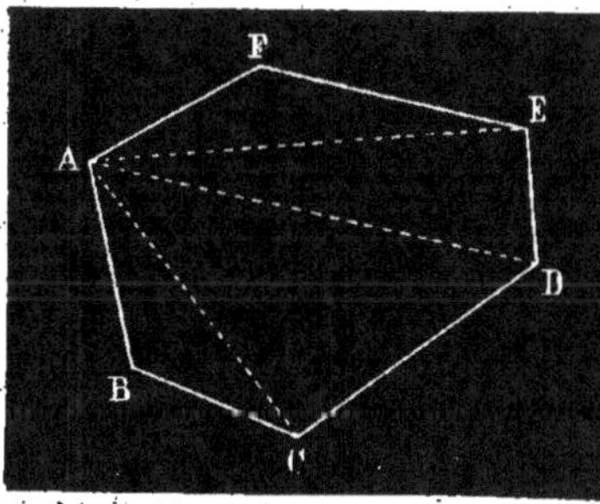

Pour le démontrer, joignons un quelconque A des sommets du polygone à tous les autres. Nous partagerons ainsi le polygone en autant de triangles qu'il y a de côtés moins deux. Si n représente le nombre des côtés, $(n - 2)$ sera le nombre de ces triangles.

Or, d'après la figure, la somme des angles du polygone est égale à celle des angles des triangles. La somme des angles de tout triangle étant égale à 2 *droits*, celle des angles des $(n-2)$ triangles sera égale à $(n-2)$ fois 2 *droits* : la somme des angles du polygone aura donc cette même valeur.

Scholie. — D'après cela, la somme S des angles intérieurs d'un polygone convexe de n côtés est représentée par la formule :

$$S = (n-2)\ 2\ droits.$$

En effectuant la multiplication, on trouve

$$S = 2\,n\ droits - 4\ droits.$$

On voit que cette somme sera toujours un nombre pair d'angles droits.

En appliquant cette formule au quadrilatère on trouve $S = 4$ *droits*. Nous aurons occasion de nous servir de cette valeur.

Dans le cas où tous les angles d'un polygone seraient égaux entre eux, comme il y a autant d'angles que de côtés, la valeur de l'un quelconque A de ces angles sera donnée par l'expression :

$$A = \frac{n-2}{n}\ 2\ droits.$$

Corollaire. — *Lorsqu'on prolonge dans un même sens tous les côtés d'un polygone convexe, la somme des angles extérieurs ainsi formés est égale à 4 angles droits.*

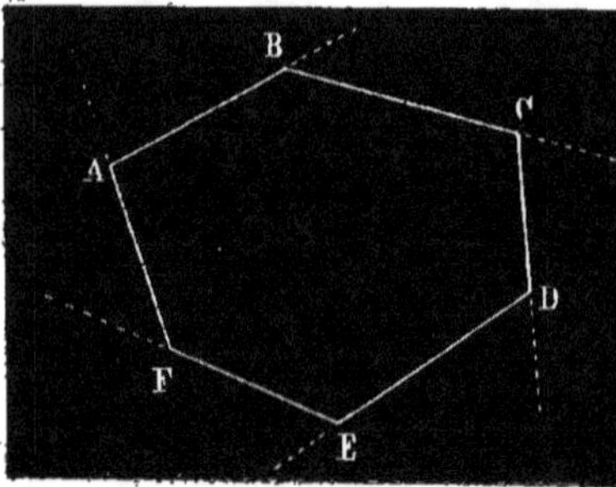

En effet, à chaque sommet du polygone correspondent deux angles adjacents, l'un intérieur, l'autre extérieur, et dont la somme est égale à 2 *droits* ; s'il y a n côtés et par conséquent n sommets, on aura donc :

Somme des angl. extér. + *Somme des angl. intér.* $= 2\,n$ *droits.*

Nous venons de voir d'ailleurs que l'on a pour la valeur de la somme des angles intérieurs : $S = 2\,n$ *droits* $- 4$ *droits* ; nous voyons donc qu'en ajoutant aux angles intérieurs, soit la somme des angles extérieurs, soit 4 droits, on a toujours le même résultat. Cela veut dire que

Somme des angles extérieurs $= 4$ *droits.*

PROPRIÉTÉS DU PARALLÉLOGRAMME, DU LOSANGE, DU TRAPÈZE.

THÉORÈME XXVI.

Dans un parallélogramme ABCD les côtés opposés AB et CD, AC et BD, sont égaux ; les angles opposés sont aussi égaux.

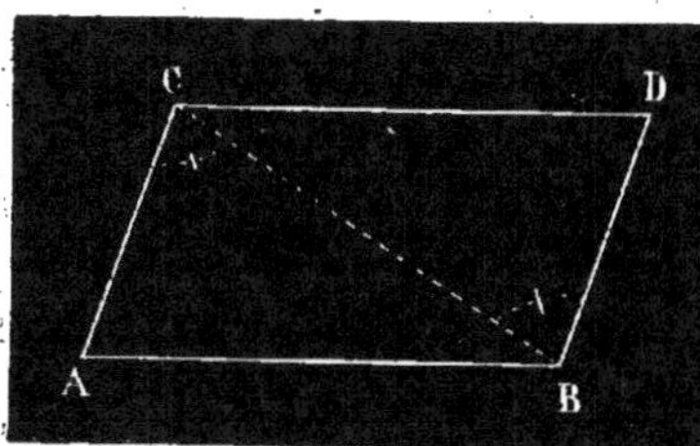

Menons l'une quelconque des diagonales du parallélogramme, CB par exemple ; nous formons ainsi deux triangles, les triangles ABC et BCD, qui sont égaux comme ayant un côté égal adjacent à deux angles égaux chacun à chacun. Ils ont en effet le côté CB commun, les angles DCB et ABC égaux comme alternes-internes, puisque les côtés AB et CD sont parallèles, et par la même raison les angles ACB et CBD égaux aussi.

De l'égalité de ces triangles résulte l'égalité des côtés CD et AB, AC et BD. On voit aussi par là que les angles A et D sont égaux ; il en est d'ailleurs de même pour les angles C et B, qui, d'après la figure, sont composés de parties égales.

Corollaire 1ᵉʳ. — *Les portions de diverses lignes parallèles AB, CD, EF, comprises entre deux parallèles RS et PQ, sont égales.*

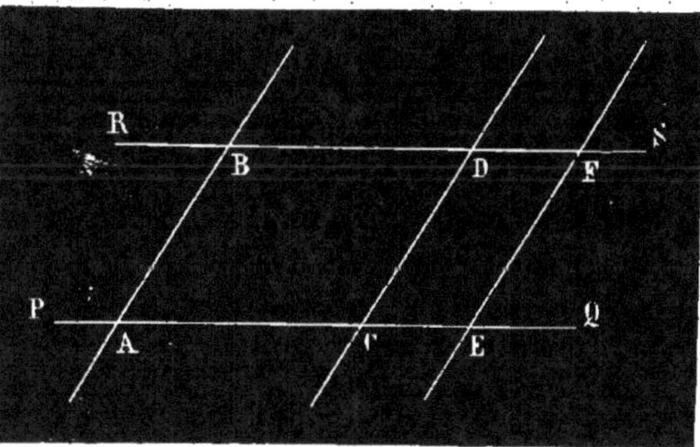

En effet le quadrilatère ABCD, ayant ses côtés parallèles deux à deux, est un parallélogramme. Les côtés opposés AB, CD, sont donc égaux.

Pour la même raison CD = EF, par conséquent AB = CD = EF.

Corollaire 2°. — *Lorsque deux droites AB, CD, sont parallèles, tous les points de l'une sont à la même distance de l'autre.*

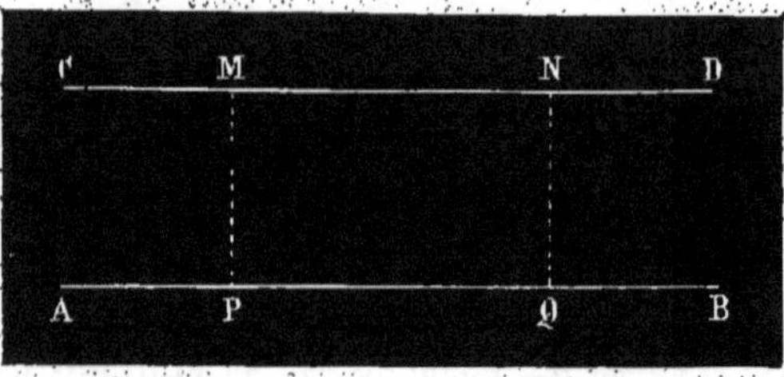

C'est-à-dire que, si de divers points M, N, etc., de l'une, on abaisse des perpendiculaires MP, NQ, sur l'autre, ces perpendiculaires sont égales.

Ces lignes MP, MQ, sont en effet parallèles, comme étant perpendiculaires à une même droite; le corollaire précédent leur est donc applicable. On a donc MP = NQ.

Scholie. — On appelle *distance de deux parallèles* la longueur de la perpendiculaire abaissée d'un point de l'une sur l'autre. D'après le corollaire précédent on voit que cette longueur est partout la même.

THÉORÈME XXVII.

Lorsque dans un quadrilatère ABCD deux côtés opposés AB et CD sont égaux et parallèles, les deux autres côtés sont aussi égaux et parallèles, et le quadrilatère est un parallélogramme.

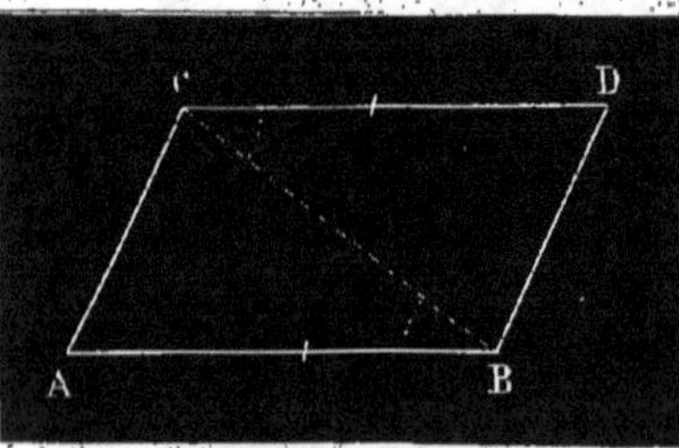

Pour le démontrer, menons une quelconque des deux diagonales du quadrilatère, BC par exemple; nous formons ainsi deux triangles ABC, BCD, qui ont les angles DCB, CBA, égaux comme alternes-internes, puisque par hypothèse les côtés CD, AB, sont parallèles; comme de plus ces mêmes côtés sont égaux et que le côté CB est commun, les deux angles ont un angle égal compris entre côtés égaux chacun à chacun, ils sont donc égaux.

THÉORÈME XXVIII.

Lorque dans un quadrilatère les côtés opposés sont égaux, les côtés sont parallèles et le quadrilatère est un parallélogramme.

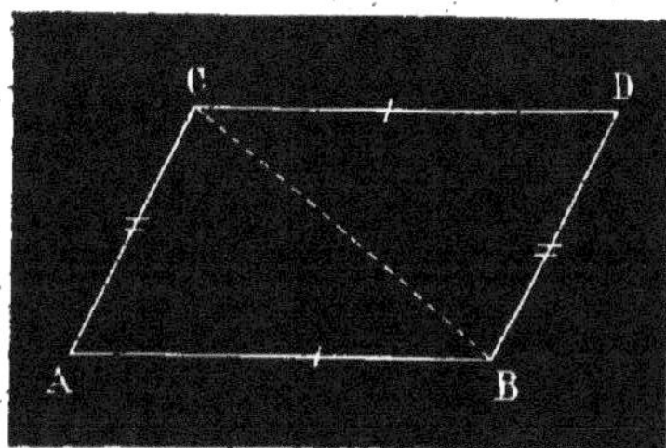

Supposons que dans le quadrilatère ABCD on ait AC $=$ BD, AB $=$ CD.

Menons la diagonale BC. Les deux triangles ABC, BCD, sont égaux comme ayant les trois côtés égaux chacun à chacun. Il en résulte que les angles DCB, ABC, sont égaux, et que, par conséquent, les lignes AB et CD sont parallèles. Il en est évidemment de même pour les côtés AC et BD.

THÉORÈME XXIX.

Dans un parallélogramme ABCD les diagonales AD et BC se coupent mutuellement en deux parties égales.

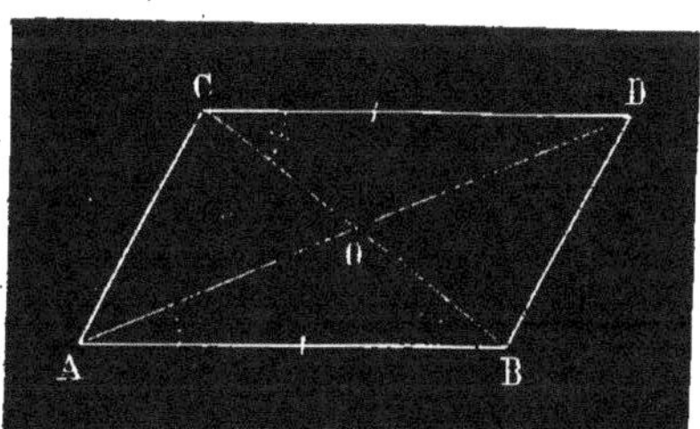

Les côtés AB et CD étant égaux et parallèles, les deux triangles AOB, COD, sont égaux, comme ayant un côté égal compris entre deux angles égaux chacun à chacun. De l'égalité de ces deux triangles on déduit OC $=$ OB, et AO $=$ OD, c'est-à-dire que le point O est le milieu de chacune des diagonales.

Scholie. — *Centre du parallélogramme.* Le point O où se rencontrent les deux diagonales d'un parallélogramme porte le nom de *centre* du parallélogramme. Il doit ce nom à la propriété qu'il possède de diviser en deux parties égales la portion MN, interceptée par le contour du parallélogramme, de toute ligne qui passe par ce point.

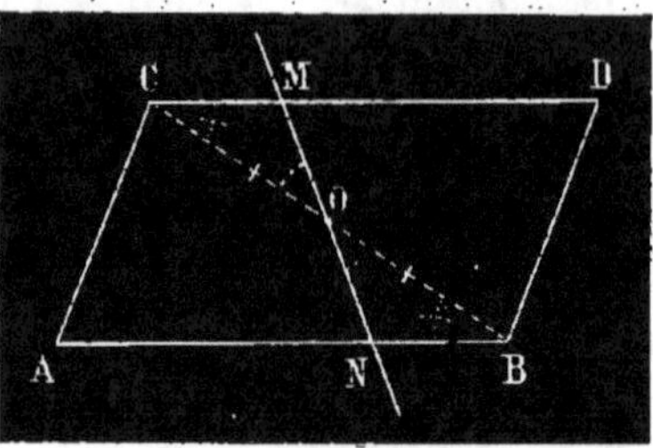

En effet, les deux triangles COM et NOB sont égaux comme ayant un côté égal, CO = OB, compris entre deux angles égaux chacun à chacun. Il résulte de l'égalité de ces triangles que OM = ON.

Il est facile de démontrer aussi que toute ligne telle que MN qui passe par le point O partage le parallélogramme en deux quadrilatères MCAN et MDBN égaux.

Réciproquement, — *Un quadrilatère est un parallélogramme lorsque ses diagonales se coupent mutuellement en deux parties égales.*

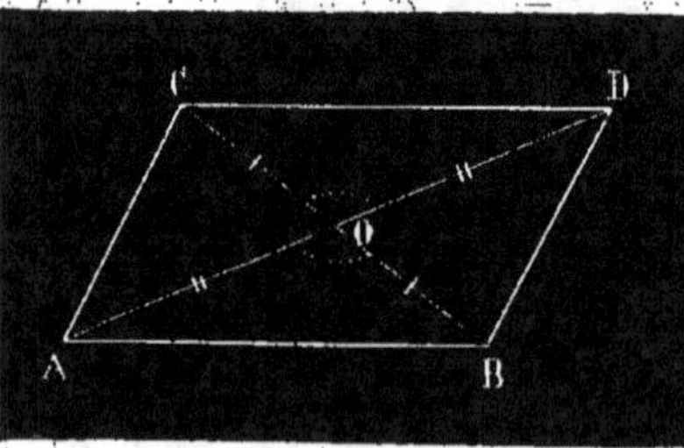

Si nous supposons que le point O soit le milieu des deux diagonales AD et BD du quadrilatère ABCD, les deux triangles AOB et COD sont égaux comme ayant un angle égal compris entre côtés égaux chacun à chacun. Il en résulte que les angles alternes-internes DCB et ABC sont égaux, et par conséquent les côtés AB et CD sont parallèles. On démontrerait de même que les côtés AC et BD sont aussi parallèles.

Ce quadrilatère est donc un parallélogramme.

THÉORÈME XXX.

Les diagonales du losange se coupent à angle droit et sont les bissectrices des angles opposés.

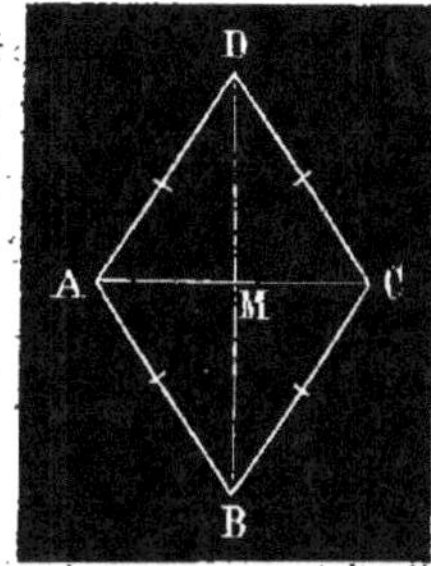

Le losange étant un parallélogramme, ses diagonales se coupent en leur milieu. Comme d'ailleurs tous les côtés du losange sont égaux, le triangle ADC est isoscèle, et on sait (Th. 16, Sch.) que la ligne DM qui joint le sommet d'un triangle isoscèle au milieu de la base est perpendiculaire sur le milieu de cette base et partage l'angle au sommet en deux parties égales.

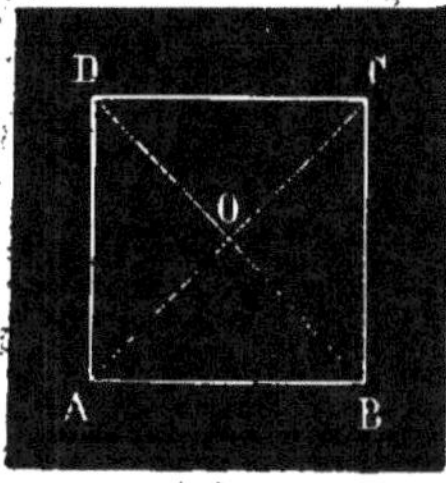

Scholie. — Le *carré* étant aussi un losange, il jouit de la même propriété; en outre, les diagonales étant égales, les lignes OA, OB, OC, OD, sont toutes égales entre elles.

THÉORÈME XXXI.

Dans un trapèze ABCD, la droite MM', qui joint les milieux des côtés non parallèles, est

1°. Parallèle aux deux bases;

2°. Égale à leur demi-somme,

3°. Également distante de chacune d'elles.

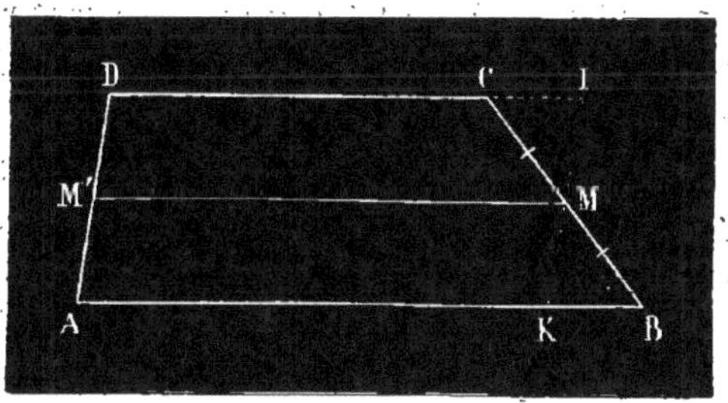

1°. Menons par le point M la droite IK, parallèle à DA, et prolongeons DC jusqu'à sa rencontre en I avec cette droite.

Les deux triangles MIC et MKB sont é-

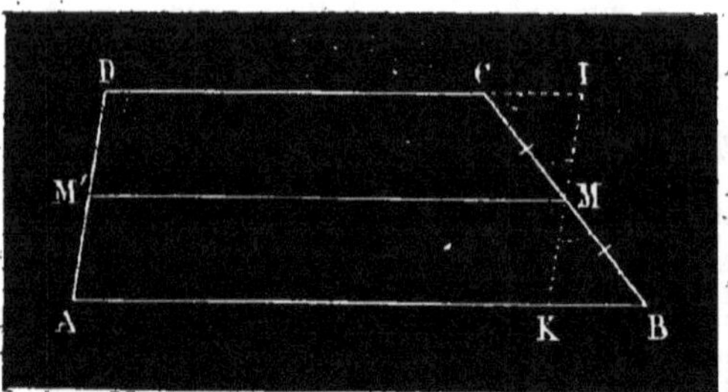

gaux, car ils ont les côtés MC $=$ MB compris entre deux angles égaux chacun à chacun, les angles en M étant égaux comme opposés par le sommet, et les angles C et B égaux comme alternes-internes, puisque les deux bases sont parallèles.

De l'égalité de ces triangles résulte celle des lignes MI et MK : le point M est donc le milieu de IK. Mais on a IK $=$ AD comme parallèles comprises entre parallèles : la figure MM'DI est donc un parallélogramme, puisqu'elle a deux de ses côtés, M'D et MI, égaux et parallèles (Th. XXVII). La ligne MM' est donc parallèle à DI, et, par conséquent, aussi à AB.

2°. La ligne MM' est équidistante de AB et de CD. En effet, les deux parallélogrammes MM'DI et MM'AK sont égaux ; ils sont donc superposables, et par conséquent la ligne MM' est équidistante des lignes DI et AK.

3°. On a
$$MM' = DI = CD + CI$$

et
$$MM' = AK = AB - KB$$

En additionnant ces deux valeurs de MM', il vient
$$2MM' = AB + CD + CI - KB.$$

Mais de l'égalité démontrée ci-dessus des deux triangles MCI et MKB on déduit l'égalité des lignes CI et KB, de sorte qu'il reste
$$2MM' = AB + CD \quad \text{ou} \quad MM' = \frac{AB + CD}{2}.$$

CONSIDÉRATIONS GÉNÉRALES SUR LA RÉSOLUTION DES PROBLÈMES.

Les questions ou problèmes sont de deux sortes : ou bien il faut démontrer la vérité d'un théorème dont on donne l'énoncé, ou bien il faut trouver les moyens de construire quelque figure satisfaisant à des conditions déterminées.

On ne peut donner de règle précise à l'aide de laquelle on puisse déterminer immédiatement la marche à suivre pour arriver à la solution d'une question proposée. C'est à la sagacité de chacun de trouver les rapports qui peuvent exister entre les éléments d'une question et les vérités déjà acquises.

On peut indiquer cependant pour la recherche de ces rapports une marche générale à suivre. Voici en quoi elle consiste :

S'il s'agit de démontrer un théorème, on le regarde d'abord comme vrai, et on cherche à en tirer toutes les conséquences possibles, jusqu'à ce qu'il s'en trouve une qui soit déjà connue ou plus facile à démontrer que la question proposée. Lorsqu'on est arrivé à ce point, il suffit, pour fournir la démonstration demandée, de prendre pour point de départ cette même conséquence et de remonter dans un ordre inverse jusqu'au théorème à démontrer.

Lorsqu'il s'agit d'un problème proprement dit, on suppose, comme on dit, le problème résolu, c'est-à-dire qu'on suppose fait ce que le problème demande de faire. En énumérant alors les propriétés de la figure qui satisfait à la question, on finit par en trouver quelqu'une qui donne le moyen de la construire.

Cette manière de procéder, à laquelle on donne le nom d'*analyse*, peut être vraiment dite générale ; car elle est nécessaire : un esprit pénétrant et exercé peut voir presque immédiatement la solution d'une question et paraître en avoir omis l'analyse ; il n'en est rien cependant, il a pu seulement effectuer cette analyse avec une grande rapidité.

Dans l'exposé de la solution d'une question on supprime le plus souvent l'analyse par raison de brièveté, ou on se contente de l'indiquer en quelques mots ; mais il ne faut pas perdre de vue que l'analyse a toujours dû précéder la solution d'une question, et c'est un excellent exercice pour les commençants de reconstruire cette analyse dans tous ses détails.

RÉSOLUTION DE QUELQUES QUESTIONS.

Nous allons, comme exemple, résoudre quelques questions très-simples, qui sont d'ailleurs d'un usage fréquent et dont nous trouverons plus tard l'application.

1. — *Étant donnés deux points A et B situés d'un même côté d'une droite, on demande de trouver un point C sur cette droite tel que la somme AC + CB soit la plus petite possible.*

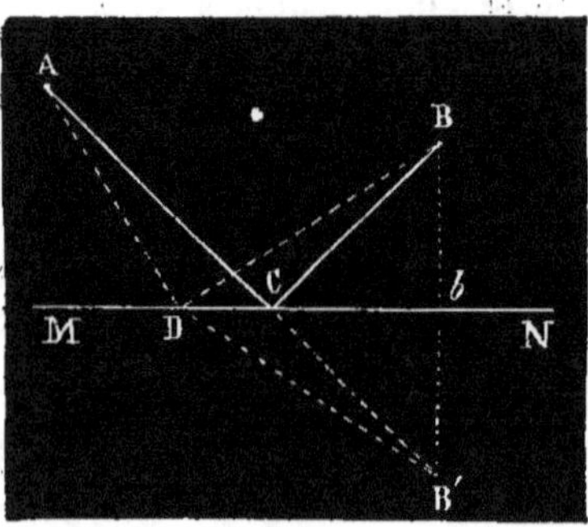

Il est évident que, si les deux points A et B étaient l'un d'un côté, l'autre d'un autre de la droite donnée, le point cherché serait à l'intersection de cette droite avec la droite qui joindrait les deux points.

Le problème serait donc résolu si nous connaissions un point B′ exactement placé au-dessous de la droite, comme le point B l'est au-dessus, c'est-à-dire tel que les distances de ces deux points à un point quelconque D de la droite MN fussent égales.

D'après cela, si on avait le point B′, la droite MN serait perpendiculaire sur le milieu de la distance BB′; donc réciproquement on trouvera le point B′ en abaissant du point B une perpendiculaire Bb sur MN et prolongeant cette ligne d'une longueur bB′ = Bb.

De ce qui précède on déduit cette construction : *Prenez le point B′, symétrique du point B par rapport à la droite MN, joignez AB′, cette droite coupe en C la droite MN ; joignez CB, le chemin AC + CB sera le plus petit possible.*

Il sera, en effet, plus petit que tout autre chemin ADB, car on a CB = CB′, DB = DB′, et la ligne droite AB′ est le plus court chemin du point A au point B′.

Scholie. — On peut faire sur cette figure une remarque importante : c'est que les angles ACM, BCN, sont égaux, car l'angle BCN est égal à l'angle B'CN, et l'angle B'CN est égal à l'angle ACM comme lui étant opposé par le sommet, la ligne ACB' étant droite.

Les deux lignes AC et CB sont donc également inclinées sur la ligne MN. Nous aurons occasion plus tard de tirer parti de cette propriété.

2. — *Étant donnés deux points A et B situés d'un même côté d'une droite, trouver sur cette droite un point C tel que la différence AC — CB soit maximum.*

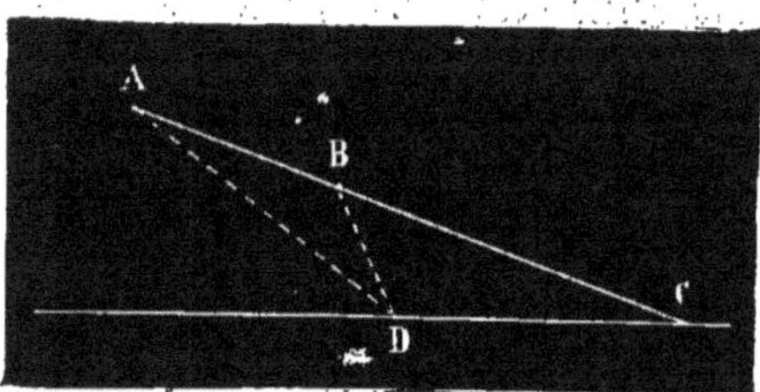

Joignons le point A au point B, et prolongeons cette ligne AB jusqu'à sa rencontre en C avec la droite donnée. Je dis que le point C satisfait à la question posée. Si, en effet, nous prenons un point quelconque D sur la droite donnée, et que nous le joignions aux points A et B, on aura

$$AB = AC - CB > AD - BD.$$

3. — *Deux points A et B étant donnés, l'un d'un côté, l'autre de l'autre d'une droite trouver sur cette droite un point C tel que la différence AC — BC soit maximum.*

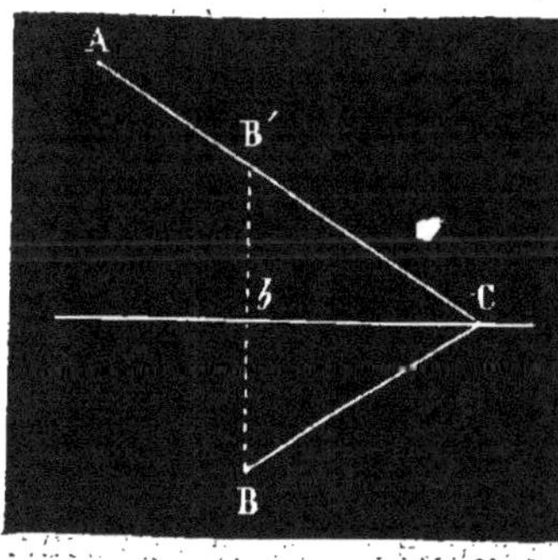

En raisonnant comme ci-dessus (1°), on voit que la solution du problème est la même que si, au lieu du point B, on donnait le point B', symétrique du point B par rapport à la droite donnée. Il suffira donc, pour résoudre la question, de construire ce point B', de le joindre au point A, et, d'après le problème précédent, on voit que le point C sera le point cherché.

Scholie. — Les deux triangles B*b*C et B′*b*C étant égaux, les angles AC*b* et BC*b* sont égaux.

Choix de questions proposées comme exercices.

1. — Démontrer que la somme des lignes qui joignent un point intérieur à un triangle aux trois sommets de ce triangle est : 1°. moindre que la somme des trois côtés, 2°. plus grande que la moitié de cette somme.

2. — Etant donné un angle BAC, on prend sur l'un des côtés, AB, de cet angle, deux longueurs arbitraires AM et AN ; on porte ces mêmes longueurs en AM′ et AN′ sur l'autre côté ; on joint MN′ et M′N. Ces deux lignes se coupent en un point I. Démontrer que ce point I appartient à la bissectrice de l'angle BAC.

3. — Si des extrémités de la base d'un triangle isocèle on abaisse des perpendiculaires sur les côtés opposés, ces perpendiculaires sont égales.

4. — Par un point quelconque I de la bissectrice d'un angle BAC on mène une parallèle à l'un des côtés ; cette ligne rencontre l'autre côté au point D. Démontrer que ID = AD.

5. — Les perpendiculaires élevées sur les milieux des trois côtés d'un triangle se coupent en un même point.

[On le démontrera en considérant le point de concours de deux d'entre elles et faisant voir que ce point appartient à la troisième.]

6. — Si par les différents sommets d'un triangle on mène des parallèles aux côtés opposés, on forme un triangle dont les côtés sont doubles du triangle proposé.

7. — Les trois hauteurs (¹) d'un triangle se coupent en un même point.

[Ce théorème se démontre au moyen des deux précédents.]

(¹) On appelle *hauteur*, dans un triangle, une perpendiculaire abaissée d'un sommet sur le côté opposé.

8. — Dans tout triangle la droite qui joint les milieux des côtés est : 1°. parallèle au troisième côté, 2°. égale à la moitié de ce côté.

9. — Si l'on joint les milieux des côtés consécutifs d'un quadrilatère, le quadrilatère ainsi formé est un parallélogramme.

10. — Si d'un point I de la base d'un triangle isoscèle on abaisse des perpendiculaires IP, IQ, sur les deux autres côtés, la somme de ces perpendiculaires est égale à la perpendiculaire abaissée de l'une des extrémités de la base sur le côté opposé.

11. — La somme des perpendiculaires abaissées d'un point pris à l'intérieur d'un triangle équilatéral sur les côtés de ce triangle est égale à la hauteur de ce triangle.

12. — Dans un rectangle on peut inscrire une infinité de parallélogrammes dont les côtés sont parallèles aux deux diagonales. Démontrer : 1°. que deux côtés adjacents d'un quelconque de ces parallélogramme sont également inclinés sur chaque côté du rectangle, 2°. que le périmètre de ces divers parallélogrammes est constant et égal à la somme des diagonales du rectangle.

13. — Démontrer que, si on prend sur les côtés d'un carré, en marchant toujours dans le même sens, des longueurs égales entre elles, les points que l'on obtient ainsi sont les sommets d'un second carré.

14. — Dans tout parallélogramme : 1°. les bissectrices des angles intérieurs se coupent en quatre points intérieurs au parallélogramme ; 2°. le quadrilatère ainsi formé est un rectangle ; 3°. les sommets de ce rectangle sont situés sur les lignes qui joignent les milieux des côtés opposés du parallélogramme ; 4°. les diagonales de ce rectangle sont égales à la différence des deux côtés adjacents du parallélogramme.

15. — Par un point donné mener une droite qui soit également inclinée sur deux droites données.

16. — Par un point donné mener une droite également distante de deux points donnés.

17. — Par un point pris dans l'intérieur d'un angle mener une droite telle que le point donné soit le milieu de la portion de cette droite interceptée entre les côtés de l'angle.

LIVRE II

INTRODUCTION.

I. — NOTIONS PRÉLIMINAIRES SUR LES RAPPORTS.

1. — On appelle *rapport* une expression qui indique la comparaison faite ou à faire de deux grandeurs de même espèce.

La comparaison de deux grandeurs peut s'effectuer de deux manières : ou bien en cherchant de combien la plus grande surpasse la plus petite, ou bien en cherchant combien de fois (ou de fractions de fois) l'une d'elles est contenue dans l'autre.

Au premier mode de comparaison correspond le *rapport par différence* ; au second mode, le *rapport par quotient*.

Nous laisserons de côté le rapport par différence, qui n'offre aucun intérêt au point de vue de la géométrie. Il n'en est pas de même du rapport par quotient, qui y est d'un très-fréquent usage ; c'est même la raison qui lui faisait donner autrefois le nom de *rapport géométrique*.

2. — Le *rapport par quotient* de deux quantités n'est autre chose, d'après sa définition, que l'indication d'une opération à faire sur ces deux quantités, qui est absolument de même nature que celle qui, se faisant sur les nombres, porte le nom de *division*.

Aussi la notation qui indique le rapport de deux quantités est-elle la même que celle qui indique la division d'un nombre par un autre.

Par exemple, le rapport d'une quantité A à une quantité B s'écrira $\frac{A}{B}$, ou encore A : B. Nous emploierons de préférence la première de ces deux notations, comme plus frappante pour les yeux. Elle a d'ailleurs l'avantage de rappeler qu'un rapport est une véritable fraction, et qu'on peut faire sur les rapports les mêmes opérations que l'on fait sur les fractions. Nous renvoyons pour ce sujet aux Traités d'arithmétique.

L'expression au moyen de laquelle on écrit que deux rapports sont égaux s'appelle une *proportion*. Telle est l'expression :

$$\frac{A}{B} = \frac{C}{D}.$$

Lorsqu'on a entre quatre quantités A, B, C, D, la relation exprimée par la proportion $\frac{A}{B} = \frac{C}{D}$, on dit que les quantités A et B sont *proportionnelles* aux quantités C et D, et réciproquement les quantités C et D sont proportionnelles aux quantités A et B.

3. — L'esprit ne conçoit de comparaison possible qu'entre des quantités qui soient de même nature, ou au moins qui aient une qualité commune ; et alors, quand on parle du rapport de deux quantités qui ne sont pas de même nature, cela signifie qu'on les compare sous le rapport de la qualité qu'elles ont commune.

Or, toutes les quantités, de quelque nature qu'elles soient, ont toutes une qualité commune, c'est la *grandeur*, c'est-à-dire la relation qu'elles ont avec des quantités de même espèce que chacune d'elles, prises pour unité.

En tenant compte de cette remarque, on arrive facilement à comprendre ce que peuvent signifier certaines expressions déduites du calcul, et dans lesquelles se trouvent indiqués des rapports entre des quantités tout-à-fait hétérogènes.

Prenons un exemple. Nous démontrerons plus bas que *dans un même cercle ou dans deux cercles égaux, deux angles au centre sont entre eux dans le même rapport que les arcs compris entre leurs côtés.*

Cette proposition est résumée dans la proportion

$$\frac{angle\ AOB}{angle\ COD} = \frac{arc\ AB}{arc\ CD}.$$

Or, on sait (Voir les Traités d'arithmétique) que dans une proportion on peut changer les moyens de place. En faisant cette opération, la proportion précédente devient

$$\frac{angle\ AOB}{arc\ AB} = \frac{angle\ COD}{arc\ CD}.$$

Considérée d'une manière absolue, l'expression $\dfrac{angle\ AOB}{arc\ AB}$ n'offre aucun sens, puisqu'on ne voit aucun moyen de comparer un angle à un arc; mais elle en prend un si nous voulons considérer l'*angle* AOB et l'*arc* AB non plus en eux-mêmes, mais au point de vue de leurs grandeurs, c'est-à-dire des nombres qui expriment combien de fois chacun d'eux contient une unité de même espèce que lui.

II. — DES DIVERSES ACCEPTIONS DU MOT MESURE.

4. — Il est toujours fâcheux et embarrassant pour les commençants, surtout dans les sciences exactes, qu'un même mot ait plusieurs acceptions : c'est ce qui arrive pour le mot *mesure.*

Tantôt ce mot signifie *grandeur avec laquelle on mesure,* comme dans cette phrase : *le litre est une mesure de capacité.*

Tantôt il signifie *résultat de la comparaison d'une grandeur avec celle qui sert d'unité* : c'est ainsi qu'on dit *prendre la mesure d'une longueur,* ce qui veut dire chercher le nombre qui exprime combien de fois cette longueur contient l'unité de mesure pour les longueurs.

On déduit de cette seconde acception du mot *mesure* que, lorsqu'on dit qu'une quantité A a *pour mesure* un nombre a, cela veut dire que ce nombre a exprime combien de fois la quantité A contient l'unité qui sert à la mesurer.

5. — Supposons maintenant deux quantités A et B de natures différentes, mais ayant entre elles une dépendance qui fait qu'elles croissent ou décroissent ensemble dans la même proportion, de telle sorte que ces quantités prennent des états simultanés de grandeur

$$A_0 \quad A_1 \quad A_2 \quad \ldots \ldots \quad A_n$$

et
$$B_0 \quad B_1 \quad B_2 \quad \ldots \ldots \quad B_n$$

tels que l'on ait
$$\frac{A_n}{A_0} = \frac{B_n}{B_0},$$

A_n et B_n représentant deux états quelconques simultanés de ces deux quantités.

Il résulte de la proportion précédente que, si l'on mesure deux valeurs simultanées de ces deux espèces de quantités au moyen de deux autres valeurs simultanées aussi des mêmes quantités, on trouvera sans cesse le même nombre; on peut donc dire que dans ce cas les deux quantités A et B *ont même mesure.*

Ainsi en mesurant l'une d'elles on obtient le même résultat que si on mesurait l'autre; l'une peut donc servir de mesure à l'autre. Aussi dit-on ordinairement, dans ce cas, que *l'une des quantités a l'autre pour mesure*; c'est une manière elliptique de dire qu'au moyen d'un choix convenable d'unités elles peuvent être toutes deux constamment mesurées par les mêmes nombres, ou encore que l'une d'elles a l'autre *pour moyen de mesure.*

C'est ainsi qu'il faut comprendre, par exemple, l'énoncé suivant :

Un angle au centre a pour mesure l'arc compris entre ses côtés; et d'autres encore.

Or, il n'est pas inutile, pour l'intelligence de ce qui précède, de faire remarquer que dans les usages de la vie ordinaire on se sert souvent, pour indiquer la grandeur d'une certaine quantité, d'une autre quantité d'une nature toute différente. C'est ainsi, par exemple, qu'on dira : *Cet endroit se trouve à une demi-heure de la ville.* Voilà une *distance* évaluée au moyen d'un *temps.*

III. — COMMUNES MESURES DE DEUX GRANDEURS DE MÊME ESPÈCE;
— LA PLUS GRANDE; SA RECHERCHE.

6. — Nous allons voir maintenant un exemple de la première des acceptions du mot *mesure*, mais à laquelle vient s'ajouter une restriction toute particulière.

On dit qu'une quantité μ est une *commune mesure* de deux autres A et B, lorsque cette quantité μ est contenue un nombre entier de fois dans chacune d'elles.

Lorsque deux quantités ont une commune mesure, elles doivent évidemment en avoir une infinité, car μ étant une commune mesure des quantités A et B, cela veut dire que l'on a

$$A = \alpha\mu \quad \text{et} \quad B = 6\mu,$$

α et 6 étant des nombres entiers. Soit maintenant n un nombre entier quelconque, on aura identiquement

$$A = \alpha n \cdot \frac{\mu}{n} \quad \text{et} \quad B = 6n \cdot \frac{\mu}{n},$$

ce qui exprime que $\frac{\mu}{n}$ est contenue un nombre αn de fois dans A, et un nombre $6n$ de fois dans B; et comme, par hypothèse, α, 6, n, sont des nombres entiers, et que le produit de deux nombres entiers ne peut être qu'un nombre entier, αn et $6n$ sont des nombres entiers, $\frac{\mu}{n}$ est donc bien aussi une commune mesure de A et de B, puisqu'elle est contenue un nombre entier de fois dans chacune de ces deux quantités.

7. — L'utilité qu'il y a à connaître une commune mesure de deux quantités est bien évidente, car on a ainsi un moyen immédiat d'exprimer en nombres le rapport de ces deux quantités. Si, en effet, on a

$$A = \alpha\mu \quad \text{et} \quad B = 6\mu,$$

en divisant membre à membre ces deux égalités, il vient

$$\frac{A}{B} = \frac{\alpha\mu}{6\mu} = \frac{\alpha}{6}.$$

Il est d'ailleurs évident que plus la commune mesure sera

grande, plus les nombres α et 6 seront simples. Si par conséquent m représente la plus grande des communes mesures de A
et de B, les nombres de fois a et b qu'elle sera contenue dans
chacune d'elles seront premiers entre eux, car s'ils ne l'étaient
pas la fraction $\frac{a}{b}$ ne serait pas irréductible ; on pourrait donc
trouver une fraction ayant des termes plus simples, ce qui est
contraire à l'hypothèse que m est la plus grande quantité qui
puisse être contenue un nombre exact de fois dans A et dans B.

8. — Nous venons de voir qu'étant donnée une commune mesure μ de deux quantités A et B, on pourra avoir une infinité
d'autres communes mesures des mêmes quantités en subdivi-
sant cette quantité μ en tel nombre de parties que l'on voudra ;
il nous reste à faire comprendre que toutes les communes mesures possibles de deux quantités peuvent se déduire d'une
seule d'entre elles, qui est évidemment la plus grande.

Soit donc m la plus grande des communes mesures de deux
quantités A et B et μ une autre commune mesure ; on aura

$$[1] \qquad A = am = \alpha\mu \qquad et \qquad B = bm = 6\mu \qquad [2]$$

N'oublions pas d'ailleurs que a, b, α, 6, doivent être des nombres entiers.

De plus, m étant supposée la plus grande des communes mesures de A et de B, les nombres a et b doivent être premiers entre eux, car la fraction $\frac{a}{b}$ doit être la plus simple qui exprime le
rapport des quantités A et B.

Cela posé, les suites d'égalités [1] et [2] donnent, étant divisées membre à membre

$$\frac{A}{B} = \frac{a}{b} = \frac{\alpha}{6}$$

et comme a et b sont premiers entre eux, il faut, d'après la
théorie des fractions, que l'on ait

$$\alpha = na \qquad et \qquad 6 = nb,$$

n étant un certain nombre entier.

En reportant ces valeurs dans les suites d'égalités [1] et [2], on a

$$A = am = an\mu \quad \text{et} \quad B = bm = bn\mu$$

d'où l'on déduit $m = n\mu$.

Cela exprime que la commune mesure μ est un sous-multiple de la plus grande commune mesure m, ce que nous voulions démontrer.

9. — Ce qui précède suffit, je crois, pour faire comprendre de quelle importance peut être la plus grande commune mesure de deux quantités A et B, dans tous les cas où on peut avoir besoin d'une commune mesure entre ces deux quantités; nous allons donc exposer par quelle série de raisonnements et d'opérations on peut arriver à la connaissance de cette plus grande commune mesure.

Soient deux grandeurs quelconques A et B, que, pour fixer les idées, nous supposerons être deux droites AA' et BB', dont on se propose de rechercher la plus grande commune mesure.

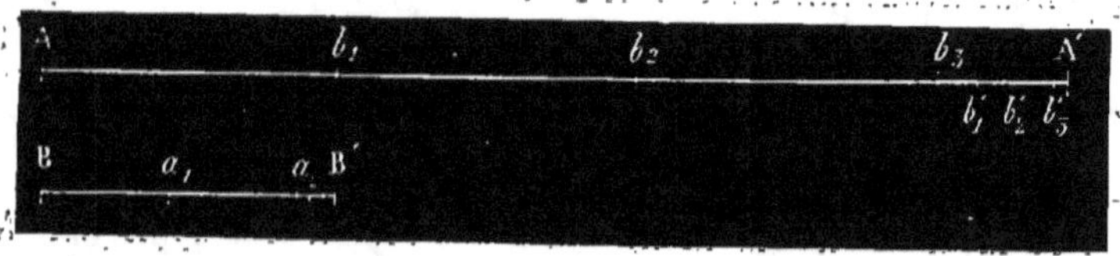

La plus grande quantité qui puisse être contenue un nombre exact de fois dans chacune des deux quantités A et B ne peut être évidemment plus grande que la plus petite B de ces deux quantités; mais elle peut lui être égale.

Nous voilà ainsi conduits à essayer si la plus petite droite BB' est contenue un nombre exact de fois dans la plus grande. Portons donc la droite BB' sur AA' autant de fois que nous le pourrons. En effectuant cette opération, nous trouvons que BB' est contenue 3 fois dans AA', mais qu'il y a un reste $A'b_3$; on aura donc

$$AA' = 3\,BB' + A'b_3. \qquad [1]$$

Je dis maintenant que la plus grande commune mesure cherchée doit être contenue un nombre exact de fois dans $A'b_3$. Cette plus grande commune mesure devant, en effet, être contenue un nombre exact de fois dans BB', elle le sera aussi dans Ab_3 qui est égal à 3 fois BB', et comme elle doit être contenue un nombre exact de fois dans AA', elle devra l'être aussi dans $A'b_3$ différence entre AA' et $3BB'$; cela résulte de cette vérité évidente que la différence de deux nombres entiers est aussi un nombre entier.

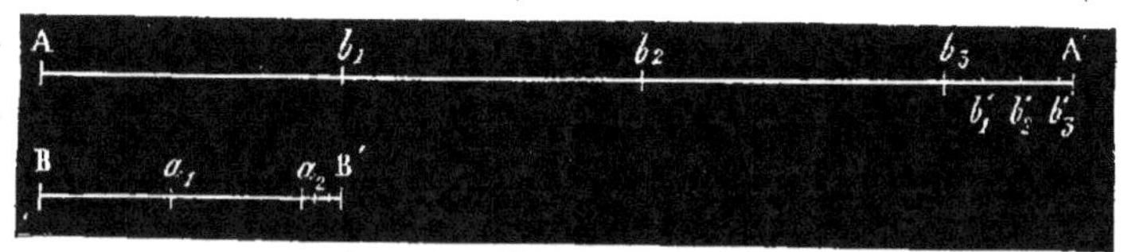

Puis donc que la plus grande commune mesure cherchée doit être contenue un nombre exact de fois dans $A'b_3$, en même temps que dans BB', elle ne saurait être plus grande que $A'b_3$. Nous voilà donc ramenés à faire le même essai sur $A'b_3$ et BB' que nous avons fait sur AA' et BB'.

Portons donc $A'b_3$ autant de fois que nous le pourrons sur BB'; nous trouvons ainsi

$$BB' = 2A'b_3 + a_2B'. \qquad [2]$$

Les mêmes raisonnements vont évidemment s'appliquer à a_2B' et à $A'b_3$ qu'à $A'b_3$ et BB' : portons donc encore a_2B' sur $A'b_3$, ce qui nous donne

$$A'b_3 = 3a_2B' + b'_3A'. \qquad [3]$$

Portons alors encore b'_3A' sur a_2B', mais supposons pour mettre fin à l'opération que b'_3A' se trouve un nombre exact de fois dans a_2B', qu'on ait par exemple

$$a_2B' = 3b'_3A'. \qquad [4]$$

La quantité b'_3A', que nous représenterons pour abréger l'écriture par m est donc la plus grande commune mesure entre AA' et BB'; cela résulte des raisonnements que nous avons faits pour la trouver.

Nous engageons d'ailleurs le lecteur à comparer cette recherche de la plus grande commune mesure de deux grandeurs géométriques à celle du plus grand commun diviseur de deux nombres, qui se trouve exposée dans les traités d'arithmétique. Il pourra ainsi se convaincre de l'identité des deux procédés, et l'un pourra servir à éclairer l'autre.

Il est facile actuellement, en remontant de l'égalité [4] à l'égalité [3], puis de [3] à [2], et ainsi de suite, de trouver combien de fois cette plus grande commune mesure m des deux quantités AA' et BB' est contenue dans chacune d'elles.

Écrivons à nouveau l'égalité [3] en y remplaçant b_3'A' par la lettre m et a_2B' par la valeur $3m$ donnée par l'égalité [4]; cela nous donne

$$A'b_3 = 3.3\,m + m = 10\,m.$$

Substituant de même à $A'b_3$ et à a_2B' leurs valeurs dans l'égalité [2] et ainsi de suite, nous obtenons

$$BB' = 2.10\,m + 3\,m = 23\,m$$

et

$$AA' = 3.23\,m + 10\,m = 79\,m.$$

IV. — DES QUANTITÉS INCOMMENSURABLES ENTRE ELLES.

10. — Deux quantités étant données, pourra-t-on toujours leur trouver une commune mesure?

Remarquons d'abord que l'expérience ne peut rien nous apprendre sur une semblable question, car toute opération ne peut être exécutée matériellement qu'avec une certaine erreur; or, le fait de cette erreur pourrait aussi bien être de nous faire trouver une commune mesure à des quantités qui n'en auraient pas comme de nous empêcher d'en trouver à des quantités qui en auraient une.

C'est donc uniquement à l'aide du raisonnement que nous pouvons espérer trouver une solution à la question que nous venons de poser en tête de ce paragraphe.

Pour cela, imaginons que la recherche de la plus grande commune mesure de deux quantités A et B se fasse de la manière suivante, qui, impraticable matériellement à cause de sa longueur, offre au point de vue du raisonnement une grande simplicité.

On peut dire que la plus grande commune mesure de deux quantités A et B est la plus grande partie aliquote (¹) de l'une d'entre elles, B par exemple, qui soit contenue un nombre exact de fois dans l'autre. D'après cela on peut donc chercher la plus grande commune mesure de deux quantités en partageant l'une d'elles en 1, 2, 3, 4,..... n..... parties égales, et cherchant si l'une de ces parties peut être contenue un nombre exact de fois dans l'autre.

Or, de même que nous concevons que ni $\frac{1}{2}$, ni $\frac{1}{3}$, ni $\frac{1}{4}$, ...ni $\frac{1}{1000^e}$ de B, ne se soient trouvés contenus exactement dans A, de même nous concevons que ni $\frac{1}{1001}$, ni $\frac{1}{1002^e}$, et ainsi de suite, n'y soient contenus non plus un nombre exact de fois. Car, si petite que soit la fraction de B à laquelle nous sommes parvenus, nous concevons qu'il pourrait se faire que la quantité A fût composée de parties encore plus petites. Les parties de B peuvent donc aller se perdre dans un infini de petitesse avant que nous cessions de concevoir A comme pouvant être formé d'autres parties que celles essayées. Cela revient donc à dire que nous concevons des quantités qui n'aient entre elles aucune commune mesure de grandeur imaginable ; elles sont dites alors *incommensurables entre elles*, c'est-à-dire privées de commune mesure.

11. — On voit que l'idée d'*incommensurabilité* est intimement liée à celle d'*infini* ; il ne faut donc pas s'étonner si notre esprit éprouve tout d'abord quelque difficulté à s'approprier cette idée. D'ailleurs l'idée d'incommensurabilité s'impose forcément

---

(¹) On entend par *partie aliquote* d'une quantité une partie de cette quantité marquée par une fraction $\frac{1}{n}$, n étant un nombre entier.

à nous dans l'étude des propriétés des nombres. Quand par exemple on démontre que la racine carrée d'un nombre entier, qui n'est pas le carré d'un autre nombre entier, ne peut être non plus de la forme $\frac{m}{n}$, m et n étant des nombres entiers, on arrive à cette conclusion forcée, que cette racine ne peut être qu'un nombre formé par une suite indéfinie de chiffres de valeurs indéfiniment décroissantes, c'est-à-dire qu'aucune partie aliquote de l'unité ne peut être contenue un nombre entier de fois dans cette racine : voilà pourquoi on la dit *incommensurable* avec l'unité.

Comme d'ailleurs on peut concevoir des grandeurs géométriques proportionnelles l'une à l'unité, l'autre à un nombre incommensurable avec l'unité, on voit donc encore qu'il peut exister des grandeurs géométriques incommensurables entre elles; nous en verrons des exemples.

12. — En résumé, nous concevons qu'il doive exister des quantités incommensurables entre elles ; mais alors que peut signifier l'expression de rapport appliquée à de telles quantités, car quand nous représenterons par $\frac{A}{B}$ le rapport de deux quantités A et B, si elles sont incommensurables cette expression indiquera une opération qui ne peut avoir de terme?

La difficulté est plus apparente que réelle.

Au point de vue théorique, il nous suffit de faire remarquer que l'idée de *rapport*, c'est-à-dire de *relation de grandeur* entre deux quantités, est indépendante des moyens que nous pouvons avoir de mesurer cette relation; l'incommensurabilité est un accident dans les moyens de mesurer le rapport de deux quantités, mais elle n'empêche pas ce rapport d'exister et d'avoir une valeur déterminée.

Au point de vue pratique, on pourra toujours substituer à un rapport incommensurable un rapport commensurable qui en différera aussi peu que l'on voudra. Supposons, en effet, que le rapport de deux quantités incommensurables A et B entre dans un calcul; si nous supposons B divisé en n parties, et que nous ayons trouvé que A contient m de ces parties plus un reste, que par conséquent A est plus grande que m de ces parties et plus petite que $m + 1$ de ces mêmes parties, nous en concluons évidemment

$$\frac{m}{n} < \frac{A}{B} < \frac{m+1}{n}.$$

Ainsi nous pourrons toujours trouver deux rapports commensurables qui comprennent le rapport incommensurable proposé, et, qui plus est, nous voyons que la différence $\frac{1}{n}$ de ces deux rapports est entièrement à notre disposition, puisque nous n'avons qu'à diviser B en un nombre n de parties de plus en plus grand pour voir diminuer la différence $\frac{1}{n}$ des rapports qui comprennent le rapport incommensurable, et par conséquent, *a fortiori*, diminuer la différence de ce même rapport avec chacun de ceux qui le comprennent.

V. — RAISONNEMENT GÉNÉRAL POUR ÉTENDRE, AU CAS OU DES QUANTITÉS SONT INCOMMENSURABLES, CERTAINES RELATIONS DÉMONTRÉES POUR DES VALEURS DE CES QUANTITÉS COMMENSURABLES ENTRE ELLES.

13. — Il se présentera dans la suite de ce cours plusieurs circonstances où l'on aura à démontrer que des quantités A et B croissent proportionnellement l'une à l'autre, c'est-à-dire que, si A et B, A' et B', etc., sont des grandeurs correspondantes de ces quantités, on a la proportion $\frac{A}{A'} = \frac{B}{B'}$.

Le procédé général pour démontrer, pour établir une telle relation, est celui-ci : On montre d'abord qu'à des parties égales de A et de A' correspondent des parties égales aussi de B et de B' ; on conclut de là que, si une même quantité a est contenue m fois dans A et n fois dans A', une certaine quantité b correspondante à a sera contenue m fois aussi dans B et n fois dans B', de telle sorte que l'on aura

$$\frac{A}{A'} = \frac{m}{n} \qquad \text{et} \qquad \frac{B}{B'} = \frac{m}{n};$$

d'où l'on conclut :

$$\frac{A}{A'} = \frac{B}{B'}.$$

Ce mode de raisonnement est fondé évidemment sur cette supposition, qu'on peut trouver une même quantité a contenue un nombre exact de fois dans A et A', c'est-à-dire que ces deux quantités sont commensurables entre elles. Ce raisonnement ne peut donc plus s'appliquer au cas où ces deux quantités seraient incommensurables entre elles.

Mais il va nous être facile, en nous appuyant sur les remarques que nous avons déjà faites, d'établir que, lorsque la proportionnalité a été vérifiée pour les grandeurs correspondantes de deux quantités, toutes les fois que les grandeurs que l'on compare sont commensurables, il doit en être aussi de même pour les grandeurs incommensurables entre elles que pourraient affecter ces mêmes quantités.

Soient donc B_1 et B_2 des valeurs de B correspondantes à des valeurs de A, A_1 et A_2, que nous supposerons incommensurables entre elles. D'après ce que nous avons indiqué à la fin du paragraphe précédent, le rapport incommensurable $\frac{A_1}{A_2}$ pourra toujours être compris entre les deux rapports $\frac{m}{n}$ et $\frac{m+1}{n}$, n représentant un nombre arbitraire de parties suivant lequel on aura divisé l'une de ces deux quantités, A_2 par exemple. A ces n parties égales de A_2 doivent correspondre n parties égales de B_2 ; de même à m et à $m+1$ de ces parties correspondront des valeurs de B, B_1' et B_1'', que l'on pourra toujours démontrer directement être l'une plus petite, l'autre plus grande que B_1 ; de telle sorte que l'on aura les deux suites d'inégalités

$$\frac{m}{n} < \frac{A_1}{A_2} < \frac{m+1}{n}$$

et

$$\frac{m}{n} < \frac{B_1}{B_2} < \frac{m+1}{n},$$

qui montrent que les deux rapports $\frac{A_1}{A_2}$ et $\frac{B_1}{B_2}$ peuvent être constamment compris entre deux mêmes nombres dont la différence $\frac{1}{n}$ peut d'ailleurs diminuer à notre volonté. N'est-ce pas là une des manières de concevoir l'égalité de deux quantités ?

14. — Toutes les fois que l'on a à démontrer que des quantités croissent proportionnellement, par exemple des *angles* et des *arcs*, des *surfaces* et des *hauteurs*, etc., après avoir démontré cette propriété en supposant une commune mesure aux valeurs de ces quantités que l'on compare, la rigueur du raisonnement demande que la démonstration soit étendue aux cas où ces valeurs seraient incommensurables; mais comme plusieurs occasions doivent se présenter dans la suite (¹) d'appliquer le même mode de raisonnement, nous avons préféré l'exposer une fois pour toutes, en priant le lecteur de l'adapter à chacun des cas qui pourront en nécessiter l'emploi.

VI. — GÉNÉRALITÉS SUR LES TANGENTES.

15. — Il n'est personne qui n'ait l'idée de ce que l'on appelle le *contact* entre une ligne droite et une ligne courbe, ou entre deux lignes courbes; tout le monde comprend ce que l'on peut vouloir indiquer quand on dit que deux lignes *se touchent* en un point. Mais, si précise et si nette que soit dans ce cas l'acception ordinaire des mots, elle a besoin d'être développée pour fournir au raisonnement les éléments nécessaires à la solution des questions qui peuvent se présenter sur le contact soit des lignes droites avec les lignes courbes, soit des lignes courbes entre elles.

Ce qui va suivre a pour objet de montrer qu'une tangente à une courbe peut être considérée comme une position particulière soit 1° *d'une droite se mouvant parallèlement à elle-même*, soit 2° *d'une droite tournant autour d'un point de la courbe*, soit enfin 3° *d'une droite tournant autour d'un point extérieur à la courbe*.

(¹) Voyez notamment : Livre II, Théorème 12; Livre III, Théorèmes 2 et 17, etc.

18. — Étant donné un arc de courbe RS, et une droite AB ne rencontrant pas cet arc de courbe, on pourra, en déplaçant cette droite parallèlement à elle-même, lui faire prendre une position telle que celle de A'B'; d'*extérieure* qu'elle était, la droite AB sera devenue *sécante*.

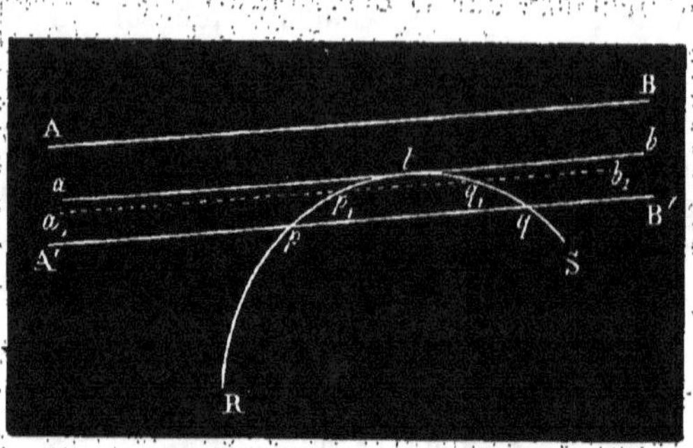

Il est évident qu'avant d'être sécante, la droite mobile a dû occuper une position *ab*, telle, qu'un moment avant de l'occuper elle était encore extérieure, et qu'un moment après elle devint sécante.

Cette position *ab* est celle d'une *tangente* à la courbe.

Le point *t*, où une droite *ab* touche une courbe, s'appelle le *point de contact* ou de *tangence*.

Le point de tangence est un *point double*; il représente deux points, comme il est facile de s'en rendre compte. Supposons, en effet, que la sécante A'B' se meuve parallèlement à elle-même pour venir prendre la position *ab*, les deux points *p* et *q*, où cette sécante rencontre la courbe, vont aller, en se rapprochant l'un de l'autre, aux environs de la position *ab*; ils seront distincts pour toute position $a_1 b_1$ de la droite mobile, différente de la tangente *ab*; on peut donc dire que le point *t* représente la réunion des deux points p_1 et q_1.

C'est en ce sens qu'on est fondé à dire qu'un point de tangence est un point double, ou qu'il se compose de deux points infiniment voisins. Aussi définit-on quelquefois la tangente en disant que c'est une droite *qui joint deux points infiniment voisins d'un arc de courbe.*

17. — Ainsi que nous l'avons dit, on peut encore se faire de la tangente une idée, analogue d'ailleurs à celle que nous venons

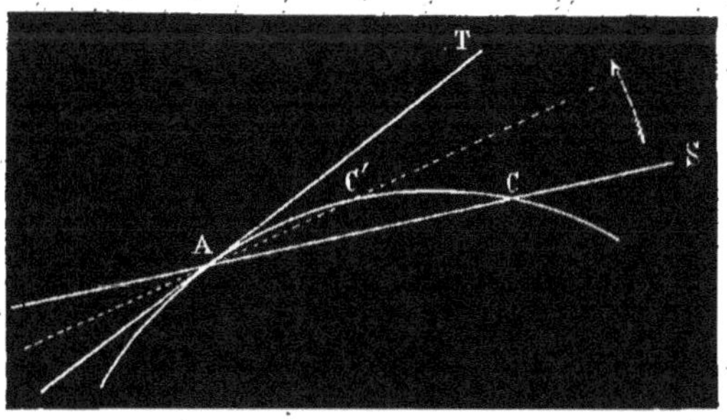

de développer, en regardant la tangente AT en un point A d'un arc de courbe comme une position particulière d'une sécante AS tournant autour de ce point A. Supposons, en effet, que ce mouvement de rotation s'effectue dans le sens de la flèche, le point C va se rapprocher du point A; il viendra enfin un moment où ces deux points se confondront; en ce moment, qui correspond à la position AT, la droite mobile sera tangente. Si cette position était dépassée, l'arc de courbe serait de nouveau coupé en quelque point distinct du point A, mais qui serait alors situé de l'autre côté de ce même point A.

18. — Enfin, on peut encore concevoir la tangente comme la position-limite d'une sécante AS qui tourne autour d'un point A extérieur à la courbe. Ici encore on voit les deux points de sécance p et q venir se confondre en un seul t au moment où la sécante va quitter la courbe; c'est alors que la sécante devient tangente.

19. — On peut résumer tout ce qui précède en disant qu'*une tangente à une courbe peut être considérée comme la position-limite d'une sécante 1°. se mouvant parallèlement à elle-même, 2°. tournant autour d'un point de la courbe, 3°. tournant autour d'un point extérieur à la courbe.*

Réciproquement, — *Une tangente à une courbe est telle que, si on la dérange de sa position : 1°. dérangée parallèlement à elle-même, d'un côté elle cesse de rencontrer la courbe, et de l'autre elle devient sécante ; 2°. dérangée en la faisant tourner autour du point de contact, elle devient sécante ; 3°. dérangée en la faisant tourner autour d'un de ses points autre que le point de contact, d'un côté elle cesse de rencontrer la courbe, de l'autre elle devient sécante.*

Il est évident, d'après cela, qu'en un point d'un arc de courbe on ne peut mener qu'une tangente.

PROPRIÉTÉS GÉNÉRALES DE LA CIRCONFÉRENCE.

DÉFINITIONS.

On appelle *circonférence* une ligne courbe, fermée, dont tous les points sont également éloignés d'un point intérieur O, auquel on donne le nom de *centre*.

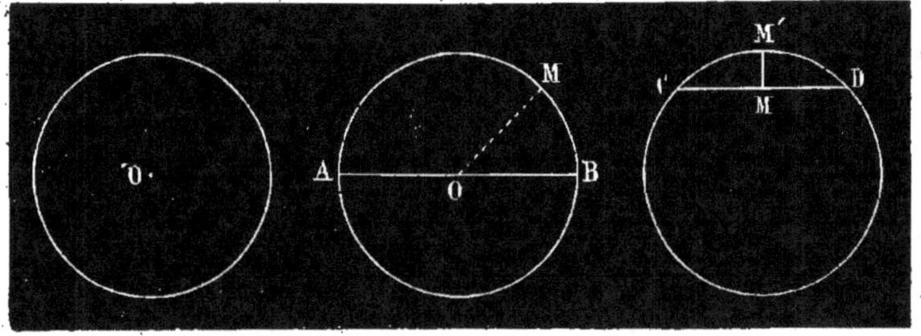

Toute ligne telle que OM qui joint un point quelconque d'une circonférence à son centre s'appelle un *rayon*.

Toute ligne telle que AB qui passe par le centre et se termine à la circonférence s'appelle un *diamètre*.

Il est évident que la longueur d'un diamètre est égale à deux fois celle d'un rayon.

D'après la définition, tous les rayons sont égaux entre eux ; les diamètres sont donc aussi égaux entre eux.

Il est bien clair que, suivant qu'un point est extérieur ou intérieur à une circonférence, sa distance au centre est plus grande ou plus petite que le rayon de cette circonférence, et, réciproquement, suivant qu'un point situé dans le plan d'une circonférence est à une distance du centre de cette circonférence plus petite ou plus grande que le rayon, ce point est situé à l'intérieur ou à l'extérieur de la circonférence.

Une portion CM'D de la circonférence s'appelle un *arc*.

La ligne droite qui joint les extrémités C et D d'un arc s'appelle une *corde*.

On dit que la corde *sous-tend* l'arc.

La droite MM' qui joint les milieux d'un arc et de sa corde s'appelle la *flèche* de cet arc.

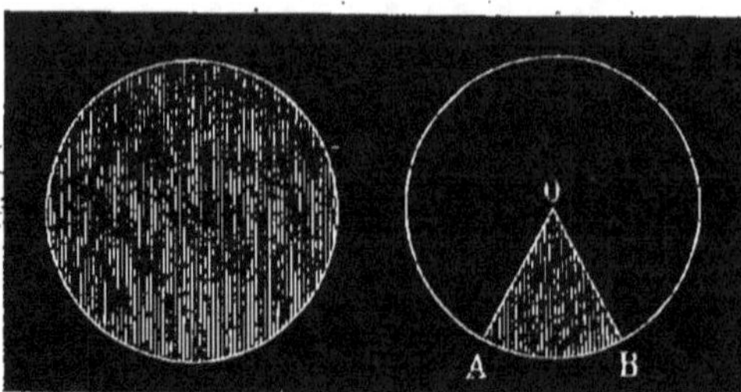

On appelle *cercle* là portion de plan comprise dans l'intérieur de la circonférence.

On appelle *secteur* la portion AOB de la surface du cercle qui est comprise entre un arc AB et les deux rayons qui aboutissent à ses extrémités.

On appelle *segment de cercle* la portion de la surface du cercle

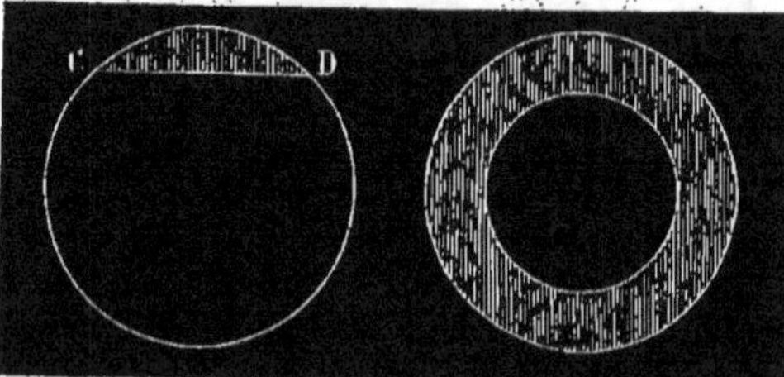

comprise entre une corde CD et l'arc qu'elle sous-tend.

On appelle *couronne* la surface annulaire comprise entre deux cercles concentriques, c'est-à-dire dont les centres sont confondus au même point.

THÉORÈME Ier.

Tout diamètre AB partage la circonférence et le cercle en deux parties égales.

Rabattons la partie supérieure de la circonférence sur la partie inférieure; si ces deux parties sont égales, elles devront coïn-

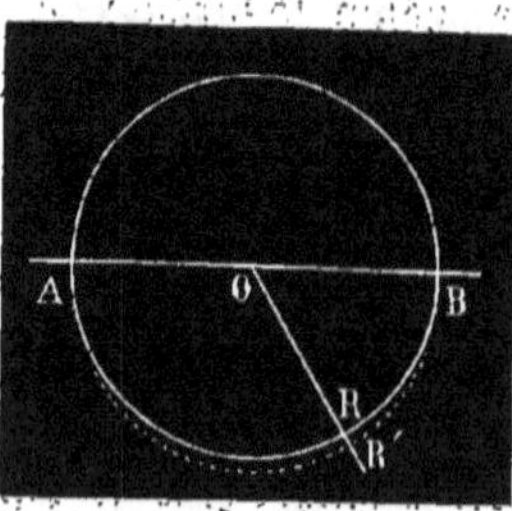

cider après ce rabattement. Or, s'il n'en était pas ainsi, en menant une droite quelconque OR par le centre elle rencontrerait en R la partie inférieure de la circonférence et en R' la partie supérieure rabattue. Mais cela n'est pas admissible, car les distances de deux points quelconques R et R' d'une circonférence à son centre doivent être égales.

THÉORÈME II.

Toute corde CD est plus petite que le diamètre.

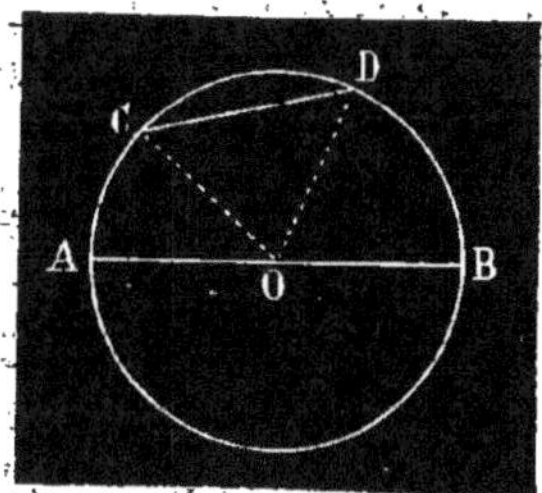

Joignons au centre les extrémités C et D de la corde, nous formons ainsi un triangle dans lequel on a

$$CD < OC + OD,$$

et, comme tous les rayons sont égaux, on a d'autre part

$$AO + OB = OC + OD,$$

et par conséquent $CD < AB.$

THÉORÈME III.

Une ligne droite ne peut rencontrer une circonférence en plus de deux points.

Soit une circonférence dont le centre soit en O et qui rencontre en A une certaine droite AB; tout autre point B commun à cette droite et à la circonfé-

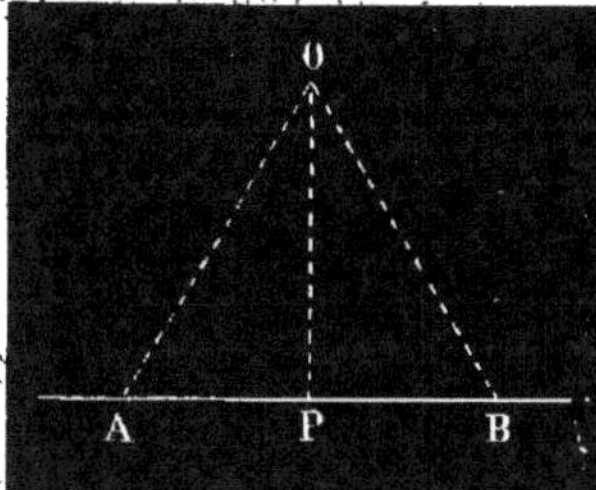

rence devra être tel que l'on ait $OB = OA$, puisque ce sont deux rayons d'un même cercle. Or on sait (I, Th. 8, Coroll. 3ᵉ) que d'un point O pris hors d'une droite AB on ne peut lui mener plus de deux droites égales ; la circonférence O ne peut donc rencontrer la ligne AB en plus de deux points.

Scholie. — On sait aussi, d'après le même théorème, que les points A et B sont à égale distance du pied P de la perpendiculaire abaissée du point O sur la droite; par conséquent :

1°. *Les deux points suivant lesquels une circonférence rencontre une droite sont situés à égale distance du pied de la perpendiculaire abaissée du centre sur la droite.*

2°. *Pour qu'une circonférence rencontre une droite, il faut que la distance de son centre à cette droite soit moindre que la longueur de son rayon.*

THÉORÈME IV.

Dans un même cercle ou dans des cercles égaux, des arcs égaux sont sous-tendus par des cordes égales.

Prenons dans deux cercles égaux O et O' des arcs AB et A'B' égaux.

Les cercles étant égaux, toutes les fois que leurs centres

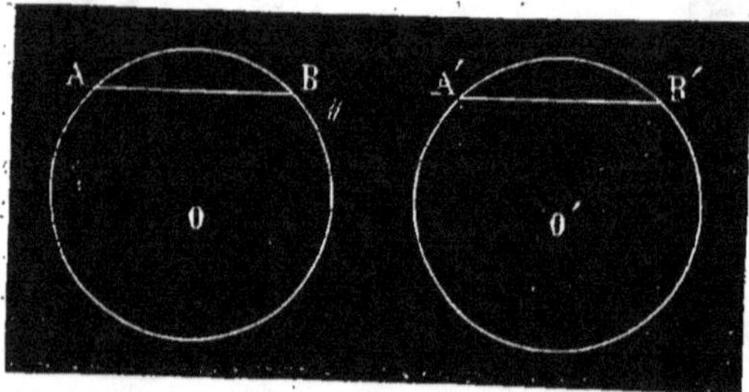

coïncideront il en sera de même de leurs circonférences. Portons donc le cercle O' sur le cercle O, de manière à faire coïncider leurs centres, mais en ayant soin, en outre, que le point A' tombe sur le point A. D'après l'égalité supposée des arcs AB et A'B', le point B' tombera alors sur le point B ; les droites AB et A'B' sont donc égales, puisque leurs extrémités coïncident.

La démonstration étant faite pour deux cercles égaux, le théorème est évident pour un même cercle.

Réciproquement, — *Dans un même cercle ou dans des cercles égaux, des cordes égales sous-tendent des arcs égaux.*

Joignons les extrémités des cordes AB et A'B' aux centres des circonférences dans lesquelles elles sont inscrites, les triangles

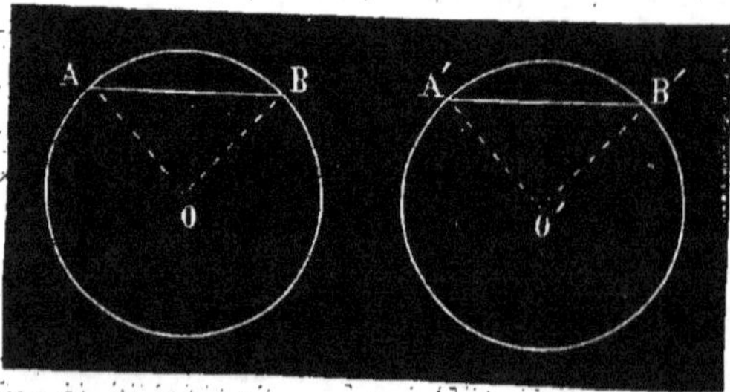

AOB, A'O'B', sont égaux, car ils ont les trois côtés égaux chacun à chacun ; il en résulte que nous pourrons les superposer ; or, dans cette superposition, les cercles coïncideront, ainsi que les extrémités A et A', B et B', des arcs : les arcs sont donc égaux, puisqu'ils peuvent coïncider.

THÉORÈME V.

Dans un même cercle ou dans des cercles égaux, lorsque deux arcs sont inégaux, le plus grand est sous-tendu par la plus grande corde.

Nous pouvons toujours supposer que les deux arcs AB et AC soient placés de façon qu'ils aient une extrémité commune, le plus petit étant placé sur le plus grand. Ce-

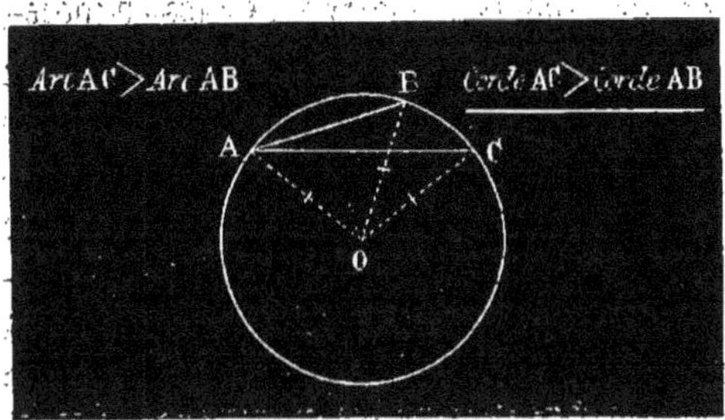

la étant, puisque l'arc AC est supposé plus grand que l'arc AB, le point C se trouvera de l'autre côté du point B par rapport au point A. Si donc nous joignons AO, BO et CO, l'angle AOC doit être plus grand que l'angle AOB. Les deux triangles AOB, AOC, ont alors un angle inégal compris entre côtés égaux chacun à chacun, les troisièmes côtés sont donc inégaux [I, Th. 18], et à l'angle AOC, plus grand que l'angle AOB, est opposé un côté AC plus grand que AB, *C. Q. F. D.*

Réciproquement, — *Dans un même cercle ou dans des cercles égaux, lorsque deux cordes sont inégales, l'arc sous-tendu par la plus grande corde est plus grand que celui sous-tendu par la plus petite.*

En effet, les arcs ne peuvent être égaux, car alors les cordes seraient égales (Th. 4, Récip.), ce qui serait contre l'hypothèse.

On ne peut admettre non plus qu'à la plus petite corde corresponde le plus grand arc, car, d'après le théorème, à ce plus grand arc doit correspondre la plus grande corde. Donc, etc.

Remarque. — A une corde correspondent deux arcs, dont l'un est plus grand et l'autre plus petit qu'une demi-circonférence ; dans le théorème qui précède, on suppose toujours qu'il s'agit du plus petit des deux arcs sous-tendus par une corde.

THÉORÈME VI.

Tout diamètre OP *perpendiculaire à une corde* AB *divise cette corde et chacun des deux arcs qu'elle sous-tend en deux parties égales.*

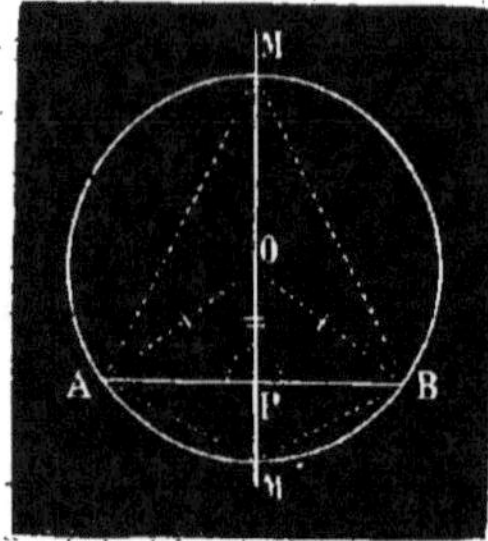

Menons les rayons OA et OB : les deux triangles AOP, BOP, sont rectangles en P, ont le côté OP commun, et les hypoténuses AO et OB égales, comme rayons d'un même cercle ; ils sont donc égaux (I, Th. X). Il en résulte que AP $=$ PB. La corde AB est donc divisée en deux parties égales.

Le diamètre OP étant perpendiculaire sur le milieu de AB, chaque point de cette ligne est équidistant des points A et B (I, Th. 9) ; il en résulte que *corde* AM $=$ *corde* BM, et que par conséquent *arc* AM $=$ *arc* BM.

On démontrerait de la même manière que le point M' est le milieu de l'arc AM'B.

Réciproques de ce théorème. — La droite OP satisfait à cinq conditions :

1°. *Elle passe par le centre ;*

2°. *Elle est perpendiculaire sur la corde* AB *;*

3°. *Elle passe par le milieu de cette corde ;*

4°. *Elle passe par le milieu* M *de l'arc* AMB *;*

5°. *Elle passe par le milieu* M' *de l'arc* AM'B.

Deux conditions suffisant pour déterminer une droite, toute droite satisfaisant à *deux* des cinq conditions que nous venons d'énumérer satisfera aux trois autres.

En combinant deux à deux ces cinq conditions, on pourra s'en servir comme de données pour établir autant de propositions différentes qui pourront être regardées comme les réciproques d'une quelconque d'entre elles. Comme le nombre des combinaisons de *cinq* choses prises *deux* à *deux* est égal à *dix*, on voit qu'à la combinaison des conditions 1°. et 2°., dont nous avons fait le théorème principal, correspondront *neuf* réciproques.

Ces réciproques sont d'ailleurs faciles à démontrer directement, et nous engageons nos lecteurs à le faire comme exercice.

Prenons pour exemple la combinaison des conditions 3°. et 5°. ; on dira : *Une droite PM' qui passe par le milieu d'une corde et d'un des arcs sous-tendus par cette corde (c'est ce qu'on appelle la flèche de l'arc AM'B) est perpendiculaire sur la corde, passe par le centre et par le milieu du second des deux arcs sous-tendus par la corde.*

La démonstration se fait facilement en remarquant que les deux triangles APM', BPM', sont égaux, comme ayant les trois côtés égaux ; que, par conséquent, les angles en P sont droits comme égaux et adjacents, etc.

Corollaire. — *Les centres de toutes les circonférences assujetties à passer par deux points fixes A et B sont tous situés sur la perpendiculaire élevée sur le milieu de la droite qui joint ces deux points.*

THÉORÈME VII.

Par trois points A, B, C, non en ligne droite, on peut toujours faire passer une circonférence, et on n'en peut faire passer qu'une.

Chercher le centre d'une circonférence passant par les trois points A, B et C, c'est chercher un point O équidistant de ces trois points.

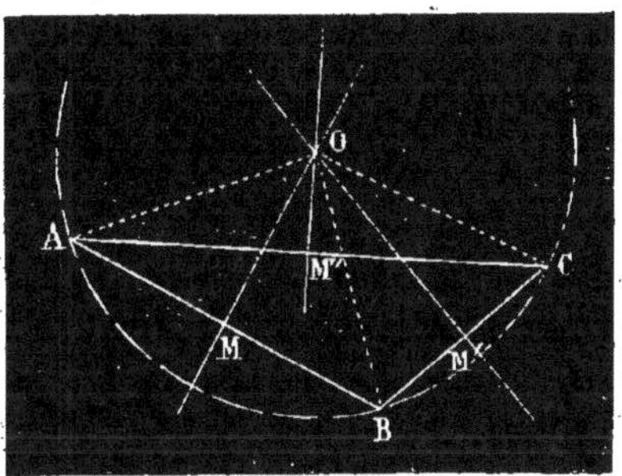

La perpendiculaire élevée sur le milieu de la droite AB est le lieu géométrique des points équidistants des points A et B ; la perpendiculaire élevée sur le milieu de la droite BC jouit des mêmes propriétés ; le point O, où ces droites se rencontrent, est donc équidistant des trois points A, B et C.

D'ailleurs on voit d'après cela que, ce point O étant équidistant des points A et C, il doit appartenir à la perpendiculaire élevée sur le milieu de la ligne AC.

On ne saurait d'ailleurs trouver un point autre que le point O qui soit équidistant des trois points A, B et C, puisqu'un point, pour jouir de cette propriété, doit se trouver sur deux des perpendiculaires OM, OM', OM'', et qu'elles se coupent toutes trois au même point.

Corollaire. — *Deux circonférences distinctes ne peuvent se rencontrer en plus de deux points.*

Scholie. — Les lignes qui joignent entre eux les trois points A, B, C, forment un triangle ; il résulte donc de ce qui précède que *les perpendiculaires élevées sur les milieux des trois côtés d'un triangle se coupent en un même point.*

La circonférence passant par les sommets A, B, C, d'un triangle, est dite *circonscrite* à ce triangle.

THÉORÈME VIII.

Dans un même cercle ou dans des cercles égaux :

1°. *Deux cordes égales sont également éloignées du centre;*

2°. *De deux cordes inégales la plus petite est la plus éloignée du centre.*

1°. Du centre O abaissons les deux perpendiculaires OP et OP' sur les deux cordes AB et A'B'; joignons OB et OA'. Les

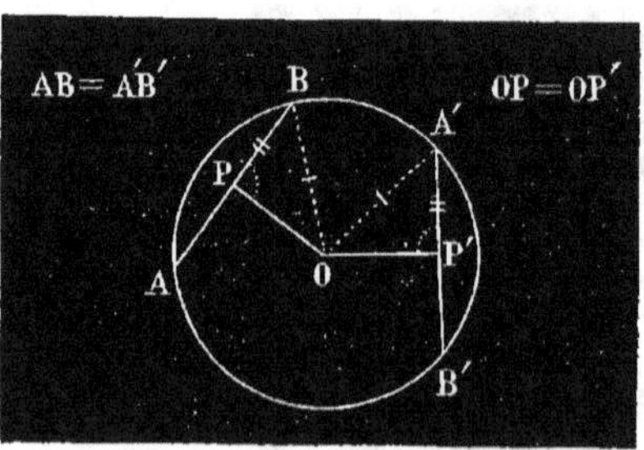

deux triangles OPB, OP'A', sont égaux, car ils sont rectangles, ont les hypoténuses égales comme rayons d'un même cercle, et les côtés BP et P'A' égaux comme moitiés de cordes égales (Th. 6).

De l'égalité de ces triangles résulte OP = OP'.

2°. Nous pouvons toujours supposer que les deux arcs sous-tendus par les cordes AC et AB soient amenés à coïncider par

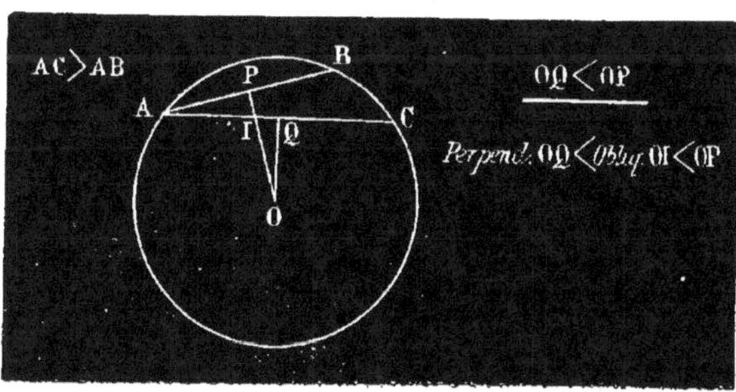

une de leurs extrémités. Cela étant, la corde AB étant par hypothèse plus petite que la corde AC, l'arc AB doit être plus petit que l'arc AC (Th. 6, Récip.); la corde AB doit donc tomber entre l'arc AC et sa corde. Si donc nous abaissons la ligne OP perpendiculaire sur la corde AB, cette ligne rencontrera quelque part en I la corde AC, et on aura OI < OP; mais OI, étant oblique, est plus petite que la perpendiculaire OQ; on a donc *a fortiori* OQ < OP, ce qu'il fallait démontrer.

Réciproquement, — 1°. *Deux cordes également éloignées du centre sont égales*, car si elles étaient inégales elles seraient inégalement éloignées;

2°. *De deux cordes inégalement éloignées du centre la plus éloignée est la plus petite.*

La plus éloignée ne peut pas être égale à l'autre, car alors elle serait à la même distance du centre, ce qui est contre l'hypothèse. Elle ne peut pas non plus être plus grande que cette autre, car alors elle serait moins éloignée du centre, ce qui est aussi contre l'hypothèse.

Celle des deux cordes qui est la plus éloignée du centre doit donc être plus petite que l'autre, puisqu'elle ne peut être ni plus grande ni égale.

Corollaire 1er. — *Les milieux de toutes les cordes de même longueur que l'on peut inscrire dans un cercle donné sont sur une circonférence concentrique à ce cercle.*

Cela résulte immédiatement de la première partie du théorème.

Corollaire 2ᵉ. — *La plus petite corde qu'on puisse mener par un point P donné à l'intérieur d'une circonférence est la corde AB, perpendiculaire au diamètre qui passe par le point donné.*

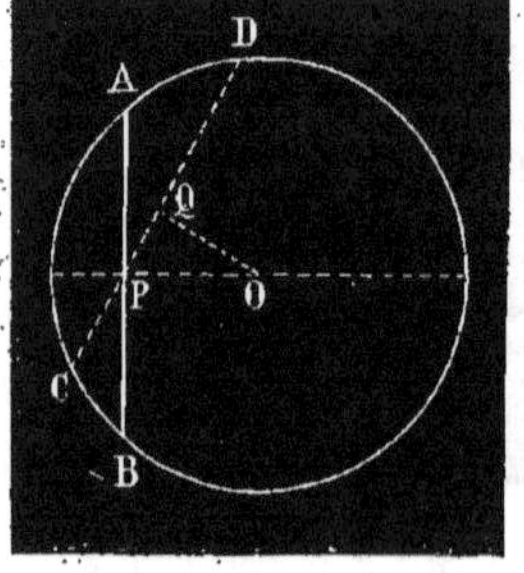

Menons, en effet, une corde quelconque CD passant par le point P, et abaissons OQ perpendiculaire sur cette corde. L'oblique OP étant plus grande que la perpendiculaire OQ, la corde CD est plus grande que la corde AB. Celle-ci est donc la plus petite des cordes que l'on peut mener par le point P, puisque c'est la plus éloignée.

THÉORÈME IX.

La tangente en un point A d'une circonférence est perpendiculaire au rayon de ce point.

Considérons une sécante AS passant par le point A : les deux points A et R, suivant lesquels cette sécante rencontre la circonférence, sont situés de part et d'autre du pied de la perpendiculaire abaissée du centre sur la sécante (Th. 3).

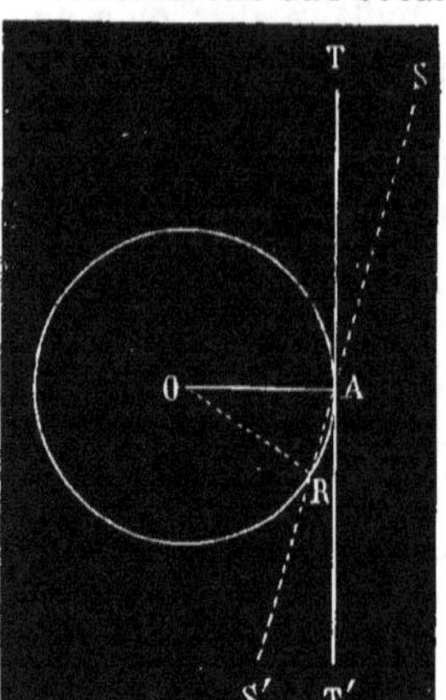

Si donc on suppose que la sécante tourne autour du point A de manière que le point R s'approche de A, cette perpendiculaire s'approchera du rayon OA et viendra se confondre avec lui lorsque le point R sera confondu avec le point A, c'est-à-dire lorsque la sécante sera devenue tangente.

Le rayon OA est donc perpendiculaire sur la tangente au point A, et par conséquent la tangente perpendiculaire sur le rayon OA.

Réciproquement, — *La perpendiculaire menée à l'extrémité d'un rayon est tangente à la circonférence en ce point.*

Cela résulte de ce qu'on ne peut mener à une ligne qu'une perpendiculaire en un point donné.

Scholie. — On pourrait démontrer directement cette réciproque en faisant remarquer que, si on suppose qu'une ligne perpendiculaire à un rayon se meuve parallèlement à elle-même en s'éloignant du centre, les points où cette perpendiculaire coupe la circonférence se rapprochent sans cesse et sont d'ailleurs toujours équidistants du pied de cette perpendiculaire (Th. 6). Lors donc que cette perpendiculaire sera parvenue à l'extrémité du rayon, les deux points de sécance seront venus se confondre en cette même extrémité; la ligne perpendiculaire au rayon sera donc alors tangente.

Toutes ces démonstrations peuvent encore être variées en prenant pour point de départ les considérations générales sur la tangente que nous avons développées dans l'Introduction à ce Livre, page 74.

THÉORÈME X.

Deux parallèles interceptent sur la circonférence des arcs égaux.

Il y a à considérer trois cas qui sont relatifs à la position des parallèles.

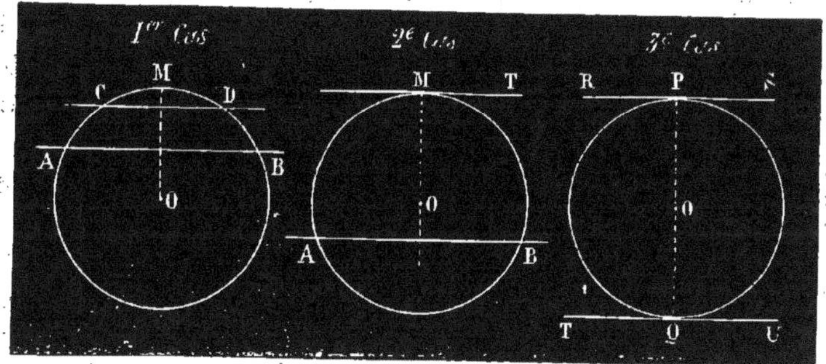

1er cas. — Les deux parallèles sont sécantes.

Abaissons du centre de la circonférence une ligne OM perpendiculaire sur l'une des deux parallèles AB par exemple, cette ligne sera aussi perpendiculaire sur l'autre. Or, OM étant perpendiculaire sur AB, on a (Th. 6) *arc* AM $=$ *arc* MB, pour la même raison *arc* CM $=$ *arc* MD, et, les différences de quantités égales étant égales, on voit que

$$arc\ AM - arc\ CM = arc\ MB - arc\ MD$$

ou
$$arc\ AC = arc\ BD. \qquad C.\ Q.\ F.\ D.$$

2ᵉ *cas.* — L'une des parallèles AB est sécante et l'autre MT est tangente.

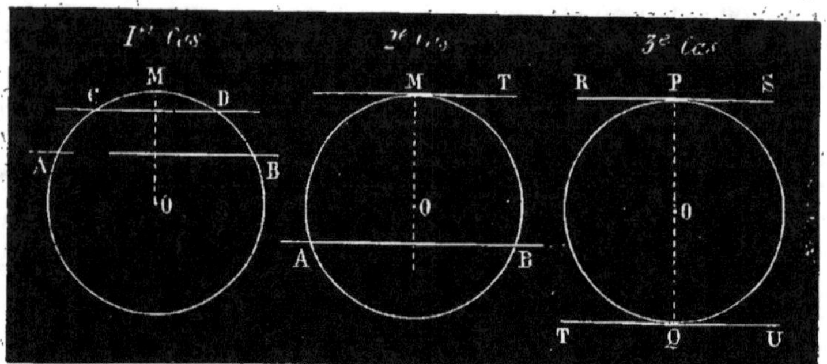

Joignons le centre du cercle au point de contact M ; ce diamètre sera (Th. 9) perpendiculaire sur la tangente MT, et par conséquent sur sa parallèle AB ; mais, étant perpendiculaire sur AB, il partage en deux parties l'arc AMB. On a donc encore :

$$\text{arc AM} = \text{arc MB.}$$

3ᵉ *cas.* — Les deux parallèles RS et TU sont tangentes.

Soient P et Q les points de contact, joignons-les au centre. Je dis que les deux lignes OP et OQ sont dans le prolongement l'une de l'autre. En effet, l'angle POQ est égal à deux droits, car il est supplémentaire de celui des deux droites RS et TU. (I, Th. 23.) Or, ces deux lignes étant parallèles, leur angle est nul. La ligne POQ est donc un diamètre, et il a été démontré (Th. 1ᵉʳ) que tout diamètre partage la circonférence en deux parties égales ; les deux arcs interceptés par les deux lignes RS et TU sont donc encore égaux.

DE LA MESURE DES ANGLES AU MOYEN DES ARCS INTERCEPTÉS PAR LEURS COTÉS.

DÉFINITIONS.

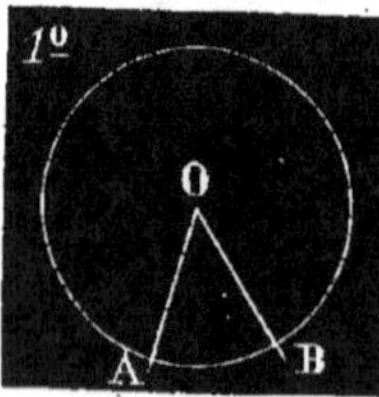

Un angle dont les côtés rencontrent une circonférence peut affecter diverses positions relativement à cette circonférence.

1°. Le sommet de l'angle coïncide avec le centre de la circonférence : l'angle s'appelle alors *angle au centre.*

2°. Le sommet de l'angle est situé sur la circonférence, et ses côtés sont intérieurs à cette circonférence : l'angle est dit alors *inscrit*. L'arc BAC s'appelle *arc capable de l'angle* BAC.

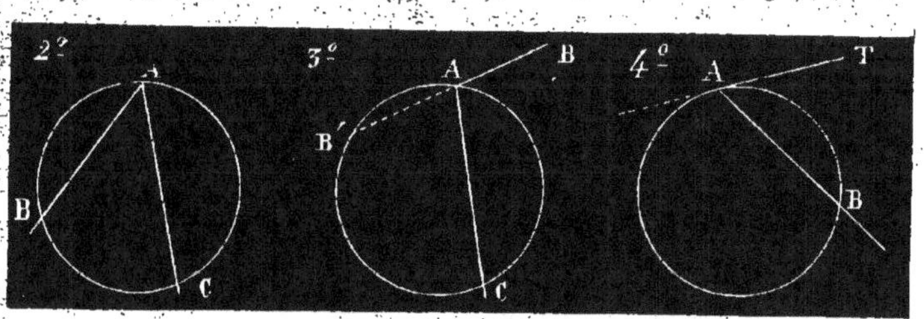

3°. Le sommet est sur la circonférence ; mais l'un des côtés est intérieur et l'autre extérieur : l'angle est dit alors *ex-inscrit*. On voit qu'un angle ex-inscrit est supplémentaire de l'angle inscrit que l'on peut former en prolongeant dans l'intérieur de la circonférence le côté qui lui est extérieur.

4°. Comme cas particulier du précédent, le côté extérieur de l'angle ex-inscrit peut être tangent à la circonférence.

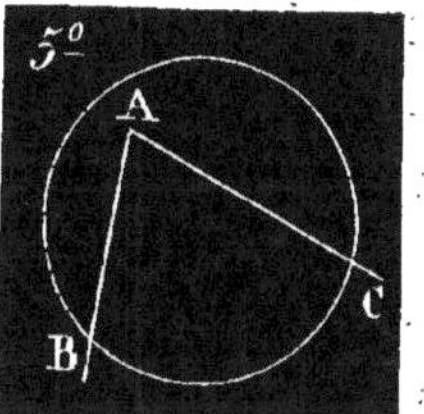

5°. Le sommet A d'un angle BAC peut être intérieur à la circonférence. Dans ce cas, on ne donne pas de nom particulier à l'angle, on dit seulement *que son sommet est intérieur*.

6°. Le sommet de l'angle peut être extérieur à la circonférence, ses deux côtés étant formés par des sécantes.

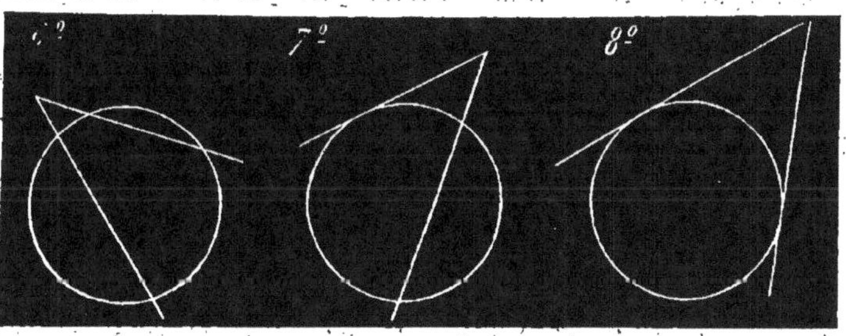

7°. Comme variété de ce cas, l'un des côtés de l'angle peut être tangent.

8°. Comme autre variété du même cas, les deux côtés de

l'angle peuvent être tangents à la circonférence. Dans ce cas, on dit quelquefois que l'angle est *circonscrit* à la circonférence.

THÉORÈME XI.

Dans un même cercle ou dans des cercles égaux, à des angles au centre égaux correspondent des arcs égaux.

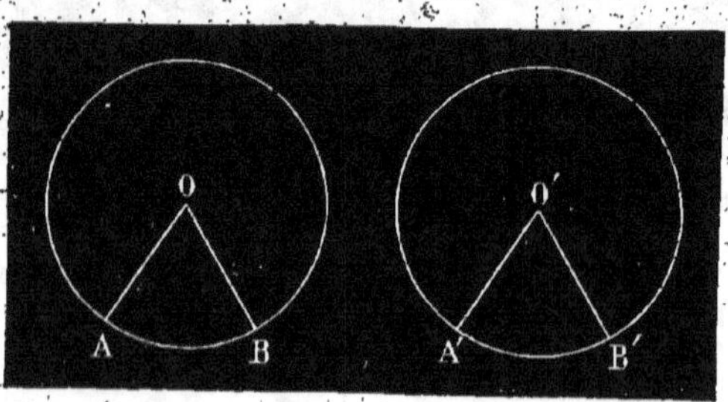

Supposons qu'on ait *angle* AOB $=$ *angle* A'O'B', je dis que l'on aura aussi *arc* AB $=$ *arc* A'B'.

Portons l'angle A'O'B' sur l'angle AOB, de manière à faire coïncider ces deux angles, ce qui est possible, puisqu'ils sont supposés égaux; les circonférences, étant égales, coïncideront en même temps; ainsi le point A' tombera sur le point A et le point B' sur le point B; les deux arcs AB et A'B' sont donc égaux, puisqu'ils peuvent coïncider.

Réciproquement. — *Dans un même cercle ou dans des cercles égaux, à des arcs égaux correspondent des angles au centre égaux.*

Si l'arc AB est supposé égal à l'arc A'B', en portant la circonférence O' sur la circonférence O de manière que le point A tombe sur le point A, le point B' devra tomber sur le point B. Comme d'ailleurs lorsque deux circonférences coïncident leurs centres coïncident aussi, on voit que la superposition du point O' au point O s'effectuera en même temps que celle des points A et A', B et B'. Les deux angles AOB, A'O'B', sont donc superposables, et par conséquent égaux.

Scholie. — La même chose a évidemment lieu pour les secteurs.

Corollaire. — *A l'angle droit au centre correspond un arc égal au quart de la circonférence, et réciproquement.*

Menons deux diamètres AC et BD perpendiculaires l'un à l'au-

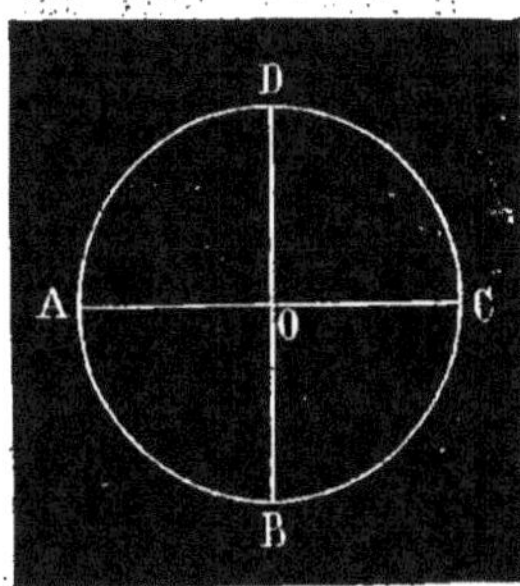

tre; les quatre angles ainsi formés sont égaux comme droits, les quatre arcs qu'ils comprennent sont donc égaux en vertu de la réciproque du théorème, chacun d'eux est donc égal au quart de la circonférence.

La figure montre aussi qu'à l'angle droit au centre correspond un secteur égal au quart du cercle.

THÉORÈME XII.

Dans un même cercle ou dans des cercles égaux, le rapport de deux angles au centre AOB et a o b est égal au rapport des arcs AB et a b qu'ils comprennent.

C'est-à-dire que l'on aura $\dfrac{\text{angle AOB}}{\text{angle } a\,o\,b} = \dfrac{\text{arc AB}}{\text{arc } a\,b}$.

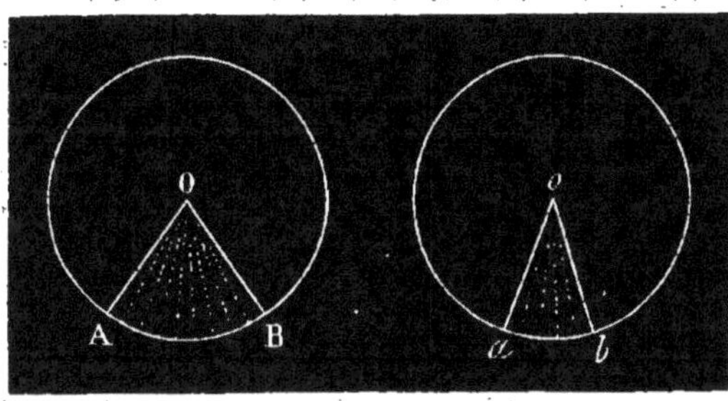

Supposons que les deux angles AOB, *aob*, aient une commune mesure qui soit contenue *m* fois, par exemple, dans AOB, et *n* fois dans *aob*, le rapport $\dfrac{\text{angle AOB}}{\text{angle } a\,o\,b}$ sera égal à $\dfrac{m}{n}$, et nous pourrons concevoir ces deux angles partagés, le premier en *m* et le second en *n* petits angles, tous égaux entre eux. A ces angles partiels correspondent, d'après le théorème précédent, des arcs égaux aussi entre eux; l'arc AB contiendra donc *m* de ces arcs, et l'arc ab en contiendra n; le rapport $\dfrac{arc\ AB}{arc\ ab}$ est donc aussi égal à $\dfrac{m}{n}$.

Le rapport des deux angles AOB et aob est donc mesuré par le même nombre que celui des deux arcs qu'ils comprennent, et on peut écrire

$$\frac{angle\ AOB}{angle\ a\,o\,b} = \frac{arc\ AB}{arc\ a\,b}.$$

Remarque. — Nous avons supposé que les deux angles AOB, aob, avaient une commune mesure; pour le cas où les deux angles n'ont pas de commune mesure, c'est-à-dire sont incommensurables entre eux, nous renverrons le lecteur aux considérations générales que nous avons exposées dans l'Introduction à ce Livre, page 72.

Corollaire. — *Un angle au centre a pour mesure l'arc compris entre ses côtés.*

Si, en effet, nous convenons qu'à l'unité d'angle correspondra l'unité d'arc, en appliquant le théorème que nous venons de démontrer, on a

$$\frac{angle\ AOB}{unité\ d'angle} = \frac{arc\ AB}{unité\ d'arc};$$

ce qui veut dire que, moyennant cette convention, le nombre qui exprime la grandeur de l'angle AOB est le même que celui qui exprime la grandeur de l'arc AB. L'angle et l'arc sont donc mesurés par le même nombre; l'un peut donc servir de mesure à l'autre. C'est là le sens qu'il faut attribuer à l'expression

$$angle\ AOB = arc\ AB.$$

C'est ainsi que, pour exprimer la grandeur des angles, on est convenu de diviser la circonférence en un certain nombre de parties égales, auxquelles on donne le nom de *degrés*, et on dit un angle de tant de degrés [1].

---

[1] Voir, page 105, la note sur les diverses conventions établies pour la division de la circonférence, et les instruments destinés à mesurer les angles au moyen des arcs compris entre leurs côtés.

THÉORÈME XIII.

Un angle BAC dont le sommet est sur la circonférence [ou angle inscrit] a pour mesure la moitié de l'arc compris entre ses côtés.

Autrement dit, il est égal à la moitié d'un angle au centre qui comprendrait le même arc.

Nous examinerons successivement les trois cas qui peuvent se présenter.

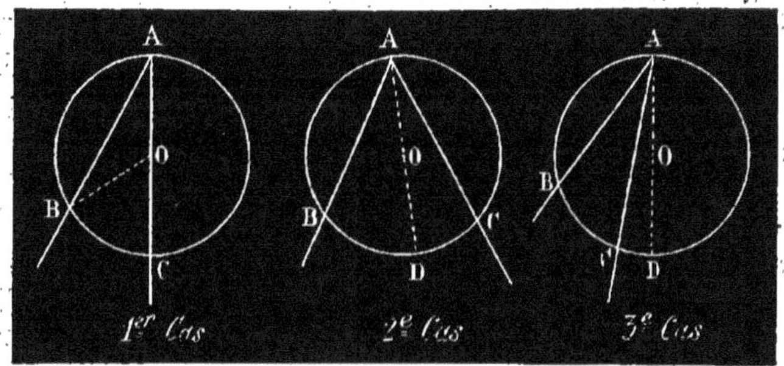

1ᵉʳ *cas.* — L'un des côtés, le côté AC, par exemple, passe par le centre du cercle.

Joignons le point B à ce centre : nous formons ainsi un triangle AOB, qui est isoscèle, les deux côtés OB et OA étant égaux comme rayons d'un même cercle. Dans ce triangle, par conséquent, les angles A et B sont égaux (I, Th. 17, Réc.). L'angle extérieur BOC, qui est égal à la somme des angles intérieurs opposés A et B, est donc égal au double de l'angle BAC. Et, comme l'angle BOC a pour mesure l'arc BC, l'angle BAC, étant la moitié de cet angle, aura pour mesure la moitié de sa mesure, c'est-à-dire la moitié de l'arc BC.

2ᵉ *cas.* — Le centre est situé dans l'intérieur de l'angle.

Par le sommet A de l'angle menons un diamètre AD, nous décomposons ainsi l'angle BAC en deux, qui rentrent chacun dans le cas précédent. On a d'après la figure

$$\text{angle BAC} = \text{angle BAD} + \text{angle DAC},$$

on doit donc avoir aussi

mes. de l'angle BAC $=$ *mes. de l'angle* BAD $+$ *mes. de l'angle* DAC,

d'où, en appliquant ce qui vient d'être démontré dans le 1er cas :

mesure de l'angle BAC $= \frac{1}{2}$ *arc* BD $+ \frac{1}{2}$ *arc* DC $= \frac{1}{2}$ *arc* BC.

3e cas. — Le centre est situé à l'extérieur de l'angle.

Menons encore le diamètre AD : un raisonnement identique à celui qui précède nous montre qu'on a

mesure de l'angle BAC $= \frac{1}{2}$ *arc* BD $- \frac{1}{2}$ *arc* CD $= \frac{1}{2}$ *arc* BC.

Corollaire 1er. — *Tous les angles inscrits dans un même segment* AMB *sont égaux.*

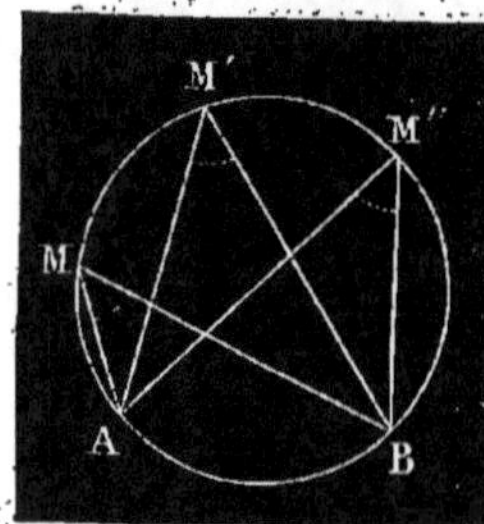

En effet, ils ont tous la même mesure, c'est-à-dire la moitié de l'arc AB compris entre leurs côtés.

Le segment AMB est dit *capable* des angles AMB, AM'B, etc.

On conclut de là que *le lieu géométrique des sommets d'un angle constant dont les côtés sont assujettis à passer par deux points fixes* A *et* B *est un certain arc appartenant à une circonférence qui passe par les points* A *et* B.

Nous verrons plus bas par quelle construction on peut déterminer cette circonférence.

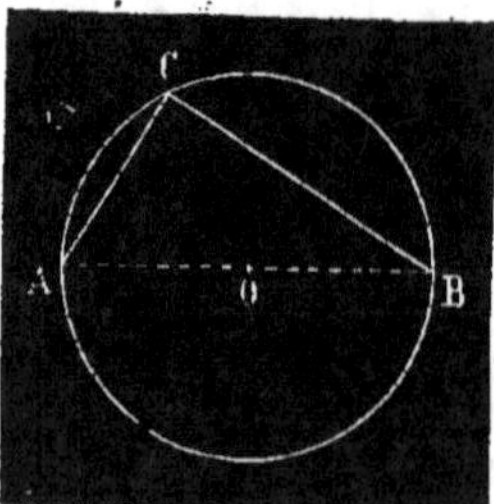

Corollaire 2e. — *Un angle* ACB *inscrit dans une demi-circonférence est droit,*

Car il a pour mesure la moitié de l'autre demi-circonférence, c'est-à-dire le quart de la circonférence.

Corollaire 3ᵉ. — *Un angle est aigu ou obtus, suivant qu'il a son sommet sur un arc plus grand ou plus petit qu'une demi-circonférence.*

THÉORÈME XIV.

Un angle BAC formé par une tangente AB et une corde AC a pour mesure la moitié de l'arc que cette corde sous-tend dans l'intérieur de l'angle.

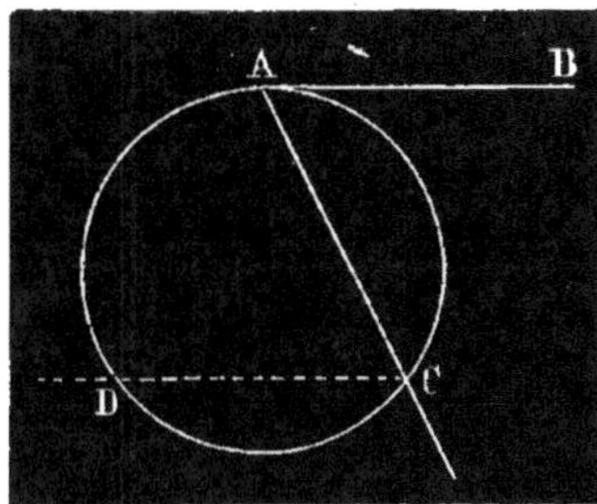

Par l'extrémité C de la corde AC menons une parallèle CD à la tangente AB. Les deux lignes AB et CD, étant parallèles, interceptent sur la circonférence (Th. 10) des arcs AD et AC égaux.

Cela posé, les deux angles BAC, ACD, sont égaux comme alternes-internes. L'un deux, l'angle ACD, a pour mesure, d'après le théorème précédent, la moitié de l'arc AD : on peut donc dire que l'angle BAC, qui lui est égal, a pour mesure la moitié de l'arc AC, puisque cet arc est égal à l'arc AD.

Scholie. — Nous venons de démontrer directement ce théorème, mais il est facile de voir que ce n'est qu'un cas particulier du précédent.

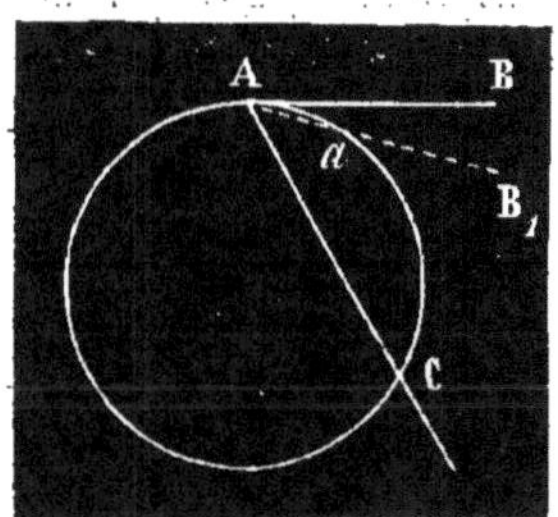

Pour cela, rappelons-nous que la tangente AB peut être considérée comme la position limite d'une sécante AB_1 tournant autour du point A. L'angle B_1AC aura pour mesure, d'après ce théorème, la moitié de l'arc aC.

Or, ce théorème doit s'appliquer, quelle que soit la position du point a : lors donc que ce point a sera venu se confondre avec le point A, c'est-à-dire lorsque la sécante sera devenue tangente, on aura encore

$$\text{mesure de l'angle BAC} = \tfrac{1}{2} \text{ arc AC.}$$

THÉORÈME XV.

Un angle BAC dont le sommet est à l'intérieur de la circonférence a pour mesure la demi-somme des arcs BC et ED compris entre ses côtés et entre leurs prolongements.

Joignons les points E et B : nous formons ainsi un triangle ABE dont l'angle BAC est un angle extérieur. On a donc

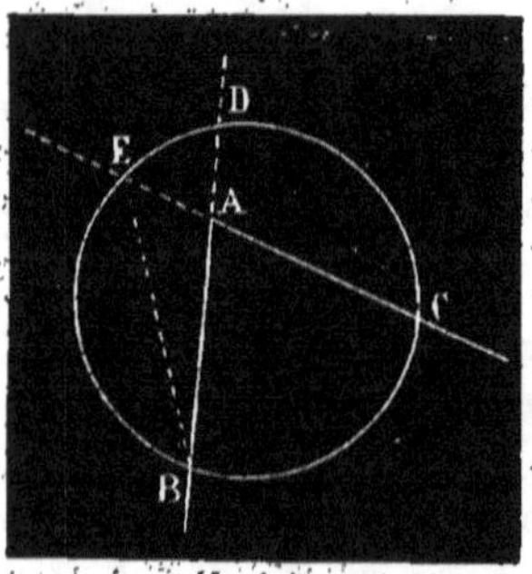

$$\text{angle } BAC = \text{angle } BEC + \text{angle } EBD,$$

et par conséquent

$$\text{mesure de l'angle } BAC = \text{mesure de l'angle } BEC + \text{mesure de l'angle } BED,$$

c'est-à-dire, d'après le théorème 12,

$$\text{mesure de l'angle } BAC = \tfrac{1}{2} \text{ arc } BC + \tfrac{1}{2} \text{ arc } ED$$
$$= \tfrac{1}{2} (\text{arc } BC + \text{arc } BD).$$

THÉORÈME XVI

Un angle BAC dont le sommet est à l'extérieur d'une circonférence a pour mesure la demi-différence des arcs compris entre ses côtés.

Il y a trois cas à considérer.

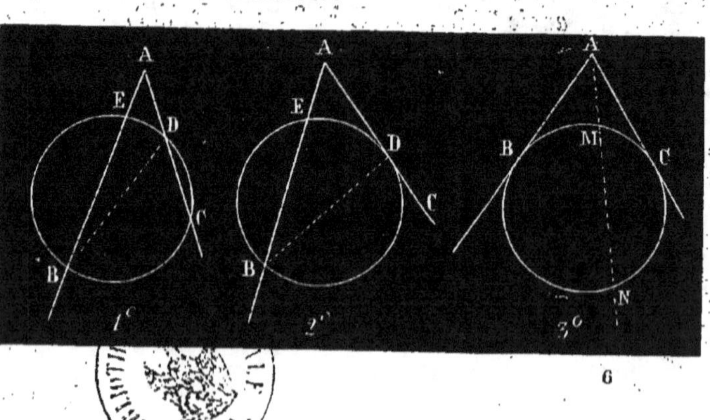

1°. Les deux côtés de l'angle BAC sont formés par deux sécantes.

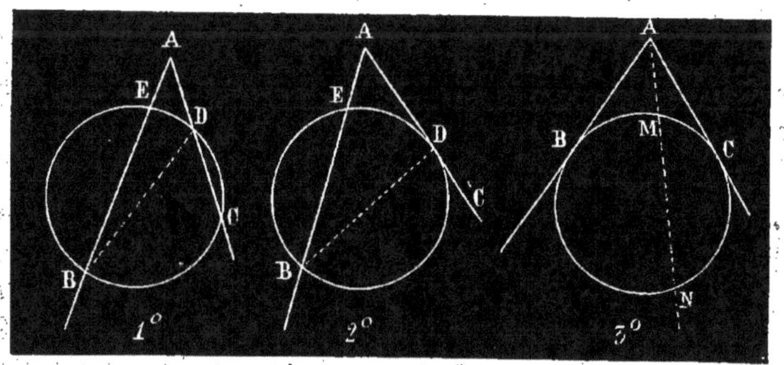

Joignons le point B au point D. On a, d'après les propriétés
de l'angle extérieur à un triangle,

$$\text{angle } BAC = \text{angle } BDC - \text{angle } ABD \,;$$

donc

mes. de l'angle $BAC =$ mes. de l'angle $BDC -$ mes. de l'angle ABD,

et par conséquent

$$\text{mesure de l'angle } BAC = \frac{1}{2}\, \text{arc } BC - \frac{1}{2}\, \text{arc } ED$$

$$= \frac{1}{2}\, (\text{arc } BC - \text{arc } ED).$$

2°. L'un des côtés AB de l'angle est formé par une sécante et
l'autre AC par une tangente.

Joignons le point B au point de tangence D. On aura, comme
précédemment,

$$\text{angle } BAC = \text{angle } BDC - \text{angle } ABD.$$

On en conclura de même

$$\text{mesure de l'angle } BAC = \frac{1}{2}\, \text{arc } BD - \frac{1}{2}\, \text{arc } ED$$

$$= \frac{1}{2}\, (\text{arc } BD - \text{arc } ED).$$

3°. Les deux côtés de l'angle sont formés par des tangentes.

Menons par le sommet de l'angle une sécante quelconque AM,
nous partageons ainsi l'angle BAC en deux autres, qui se trouvent chacun dans le second des cas précédents, et nous aurons

mes. de l'angle BAC = *mes. de l'angle* BAN + *mes. de l'angle* NAC,
et par conséquent

$$\text{mes. de l'angle BAC} = \tfrac{1}{2}\,(arc\ BN - arc\ BM) + \tfrac{1}{2}\,(arc\ NC - arc\ MC)$$

$$= \tfrac{1}{2}\,[arc\ BN + arc\ NC - (arc\ BM + arc\ MC)]$$

$$= \tfrac{1}{2}\,(arc\ BNC - arc\ BMC)$$

Remarque. — Nous avons dit que la tangente pouvait être considérée comme la position-limite d'une sécante qui tourne autour d'un point A extérieur à une courbe, de manière que les deux points de sécante C et D se rapprochent indéfiniment. En tenant compte de cela, il devient évident que le second cas n'est qu'un cas particulier du premier, et le troisième un cas particulier du second.

<h3 style="text-align:center">THÉORÈME XVII.</h3>

Dans tout quadrilatère inscriptible les angles opposés sont supplémentaires.

Un quadrilatère ABCD est dit *inscriptible* quand on peut faire passer une circonférence par les quatre sommets. La circonférence est dite *circonscrite* au quadrilatère.

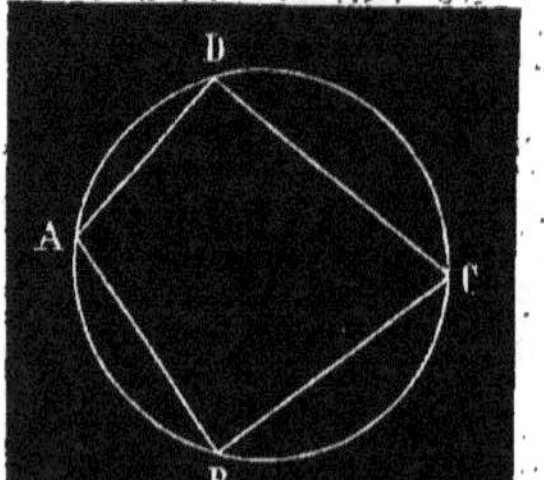

Je dis maintenant que les deux angles opposés ADC et ABC, par exemple, d'un tel quadrilatère, sont supplémentaires, c'est-à-dire valent en somme deux droits. Le premier, en effet, a pour mesure la moitié de l'arc ABC, et le second la moitié de l'arc ADC; leur somme doit donc avoir pour mesure la moitié de la somme de ces deux arcs, c'est-à-dire la moitié de la circonférence; cette somme vaut donc deux angles droits. (Th. 12, coroll. 2°.)

Réciproquement, — *Tout quadrilatère dont les angles opposés sont supplémentaires est inscriptible.*

C'est-à-dire qu'on pourra toujours lui circonscrire une circonférence.

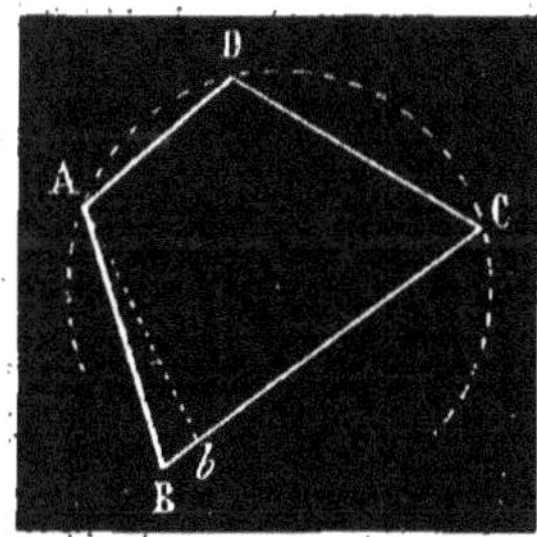

Pour le premier imaginons qu'on décrive la circonférence qui est déterminée par trois des sommets A, D et C, de ce quadrilatère, je dis qu'elle passera par le quatrième B. Supposons, en effet, qu'elle ne passe pas par le sommet B, alors elle devra rencontrer en un autre point b l'un des côtés, BC, par exemple, qui aboutissent au sommet B. Joignons Ab, le quadrilatère $AbCD$ sera un quadrilatère inscrit; on aura donc :

$$\text{angle ADC} + \text{angle } AbC = 2 \text{ droits}, \qquad [1]$$

ce qui est évidemment incompatible avec l'hypothèse que l'on a :

$$\text{angle ADC} + \text{angle ABC} = 2 \text{ droits}; \qquad [2]$$

car des égalités [1] et [2] on déduit :

$$\text{angle } AbC = \text{angle ABC},$$

ce qui ne peut être possible qu'autant que l'angle BAb sera nul, et par conséquent que le point b se confondra avec le point B.

Corollaire 1ᵉʳ. — *Le rectangle est le seul parallélogramme inscriptible.*

D'après le théorème que nous venons de démontrer, pour qu'un parallélogramme soit inscriptible il faut que deux angles opposés vaillent en somme deux droits; mais dans un parallélogramme (I, Th. 26) les angles opposés sont égaux; il faut donc que chacun des angles du parallélogramme inscriptible soit égal à un droit : le parallélogramme doit donc être rectangle pour être inscriptible.

Corollaire 2ᵉ. — *Le trapèze isocèle est le seul trapèze inscriptible.*

[A démontrer comme exercice.]

DES POSITIONS RELATIVES DE DEUX CIRCONFÉRENCES.

DÉFINITIONS.

Deux circonférences, et en général deux lignes courbes, sont dites *tangentes* en un point lorsqu'elles ont un point commun, et que les tangentes que l'on peut mener en ce point à chacune des deux courbes se confondent en une seule et même droite.

Deux circonférences étant tracées dans un même plan, cinq cas peuvent se présenter :

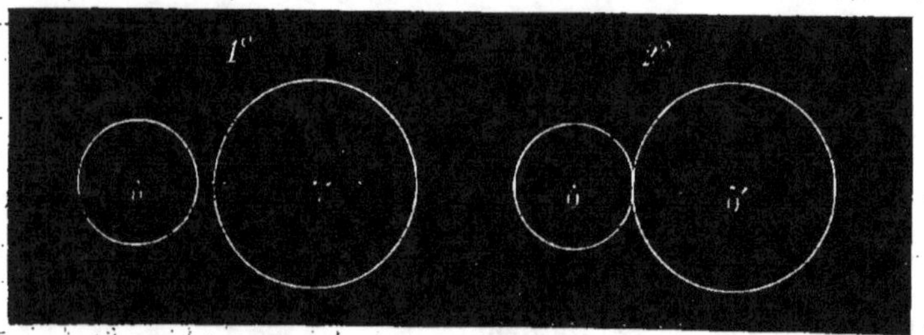

1°. Chacune d'elles n'a aucun point commun avec l'autre, ni aucun point qui lui soit intérieur. Les deux circonférences sont dites alors *extérieures* l'une à l'autre.

2°. Tous les points de chacune sont extérieurs à l'autre, mais elles ont un point commun. Elles sont *tangentes extérieurement*. Leur position s'appelle *contact extérieur*.

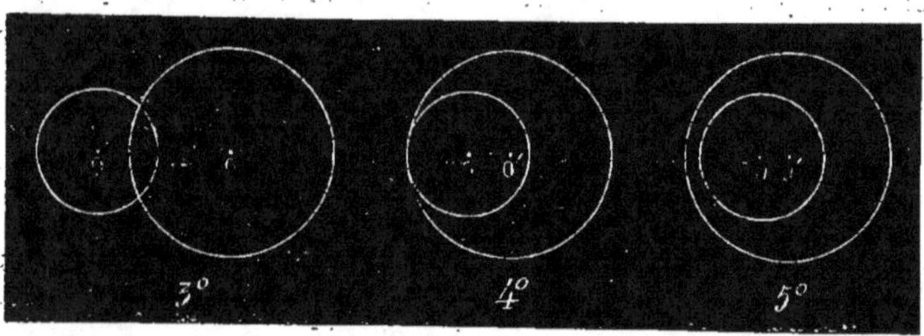

3°. Chacune des deux circonférences a à la fois des points intérieurs et extérieurs à l'autre. Elles sont dites *sécantes*.

4°. L'une d'elles est complétement intérieure à l'autre, mais elles ont un point commun. Elles sont *tangentes intérieurement*. Leur position s'appelle *contact intérieur*.

6.

5°. Enfin la plus petite est complétement entrée dans la plus grande et n'a aucun point commun avec elle; elle lui est dite *intérieure*.

THÉORÈME XVIII.

Quand deux circonférences O et O' ont un point commun A en dehors de la ligne qui joint leurs centres, elles en ont un second symétrique du premier par rapport à cette ligne.

C'est-à-dire situé avec le premier sur une même perpendiculaire à la ligne des centres et à la même distance que lui de cette ligne.

Faisons, en effet, tourner autour de la ligne OO', comme charnière, la partie supérieure du plan de la figure pour la rabattre sur la partie inférieure.

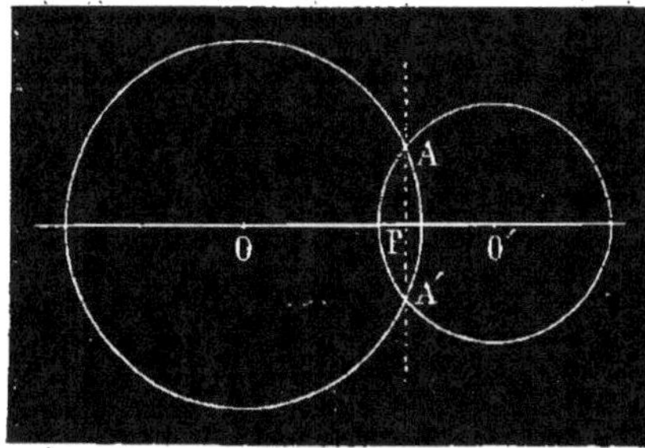

Dans ce mouvement, la partie supérieure du cercle O viendra s'appliquer sur la partie inférieure, ainsi que nous avons déjà eu occasion de le vérifier (II, Th. 1er); la même chose aura lieu pour le cercle O'; or, comme dans le mouvement de la partie supérieure du plan le point A ne cesse pas d'appartenir à la fois aux deux demi-circonférences supérieures, et que celles-ci viennent s'appliquer sur les demi-circonférences inférieures, c'est que ces deux dernières ont aussi un point commun A'.

Ce point A' est d'ailleurs symétrique du point A par rapport à la ligne OO'; cela résulte du raisonnement même qui vient de nous démontrer son existence. (I, Th. 7.)

Scholie. — La ligne AA', qui joint les deux points suivant lesquels deux circonférences se coupent, s'appelle la *corde commune*.

Corollaire 1er. — On peut donc dire que : *lorsque deux circonférences se coupent, la ligne de leurs centres est perpendiculaire sur le milieu de la corde commune.*

Corollaire 2e. — *Quand deux circonférences sont tangentes, le point de contact est situé sur la ligne des centres.*

Car, s'il était situé en dehors, les deux circonférences auraient un point en dehors de la ligne des centres, et alors, d'après le théorème, elles devraient en avoir deux situés l'un au-dessus, l'autre au-dessous de cette ligne, et par conséquent distincts. Les deux circonférences ne seraient donc plus tangentes, ainsi qu'on le suppose.

THÉORÈME XIX.

Lorsque deux circonférences sont extérieures l'une à l'autre, la distance de leurs centres est plus grande que la somme des rayons.

THÉORÈME XX.

Lorsque deux circonférences sont tangentes extérieurement, la distance de leurs centres est égale à la somme de leurs rayons.

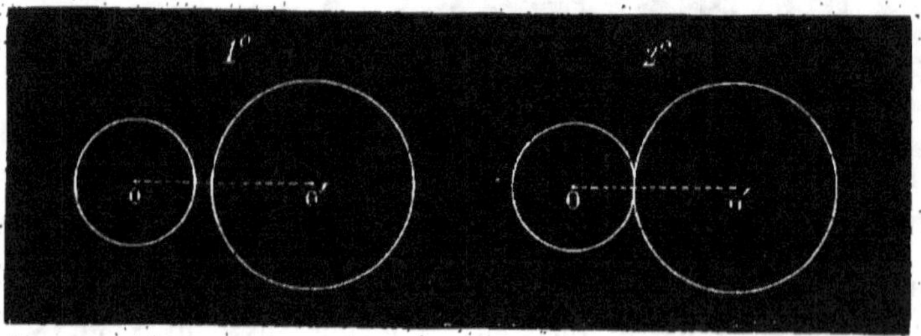

Ces deux théorèmes sont évidents d'après les figures.

THÉORÈME XXI.

Lorsque deux circonférences sont sécantes, la distance de leurs centres est plus petite que la somme de leurs rayons et plus grande que leur différence.

Joignons les centres O et O' (Voy. ci-après la figure, 3°) à l'un des points suivant lesquels les deux circonférences se coupent, on forme ainsi un triangle dont les côtés sont la distance des centres et les rayons des deux cercles. Or, on sait que dans un triangle un côté quelconque est plus petit que la somme des deux autres et plus grand que leur différence; donc, etc.

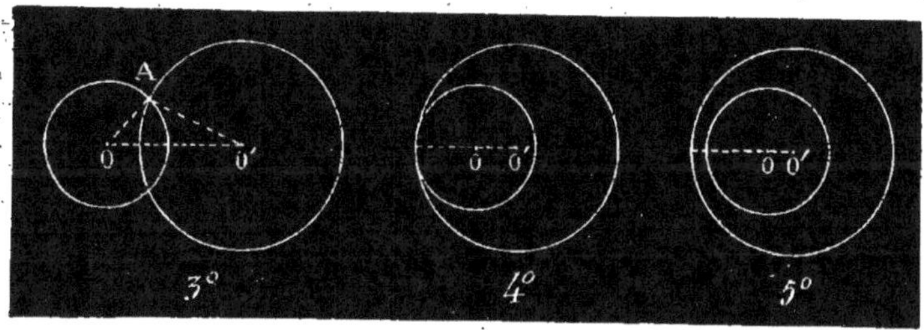

THÉORÈME XXII.

Lorsque deux circonférences sont tangentes intérieurement, la distance de leurs centres est égale à la différence de leurs rayons.

THÉORÈME XXIII.

Lorsqu'une circonférence est intérieure à une autre, la distance de leurs centres est plus petite que la somme de leurs rayons.

Ces deux théorèmes sont évidents d'après les figures.

Réciproques des cinq théorèmes précédents. — Deux circonférences situées dans un même plan ne peuvent occuper que l'une des cinq positions qui ont été énumérées ci-dessus ; d'ailleurs à chacune de ces positions correspond une relation différente entre la distance de leurs centres et leurs rayons ; donc, réciproquement, à une relation donnée entre la distance des centres et les rayons de deux circonférences correspondra une position déterminée de ces circonférences. On peut donc énoncer comme démontrées les cinq réciproques que voici :

1°. Lorsque la distance des centres de deux circonférences est plus grande que la somme de leurs rayons, ces deux circonférences sont extérieures l'une à l'autre.

2°. Lorsque la distance des centres est égale à la somme des rayons, les deux circonférences sont tangentes extérieurement.

3°. Lorsque la distance des centres est plus petite que la somme des rayons et plus grande que leur différence, les deux circonférences sont sécantes.

4°. Lorsque la distance des centres est égale à la différence des rayons, les deux circonférences sont tangentes intérieurement.

5°. Lorsque la distance des centres est plus petite que la différence des rayons, l'une des circonférences est intérieure à l'autre.

NOTE SUR LA DIVISION DE LA CIRCONFÉRENCE.

Nous avons vu que les angles se mesuraient au moyen des arcs compris entre leurs côtés, ou encore qu'un angle était à l'angle droit comme l'arc qu'il comprend sur une circonférence quelconque décrite de son sommet comme centre est au quart de cette circonférence. Or, il serait peu commode, pratiquement, de mesurer un arc ainsi compris entre les côtés d'un angle, et de le comparer au quart de la circonférence à laquelle il appartient ; il serait même plus facile de comparer directement un angle à l'angle droit ; mais voici ce que l'on fait : au moyen de machines dont le détail ne peut trouver place ici, et que l'on appelle *machines à diviser le cercle*, on peut partager une circonférence en un nombre convenu de parties égales. En plaçant alors au centre de cette circonférence le sommet d'un angle BAC que l'on veut mesurer, et faisant passer l'un des côtés par une des divisions, la division zéro, par exemple, on voit l'autre côté tomber soit sur un des points de division, soit à côté. Dans le premier cas, on lit immédiatement le nombre des divisions comprises entre les côtés de l'angle ; dans le second cas, on évalue à l'œil, soit en

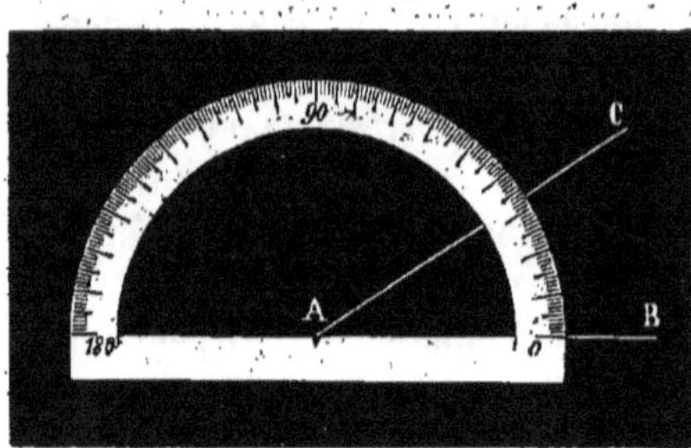

quarts, soit en tiers, soit en dixièmes, la fraction de division qu'il faut ajouter aux divisions entières.

Tel est le principe de la mesure des angles. On conçoit d'ailleurs que les angles seront mesurés avec d'autant plus de précision qu'il y aura un plus grand nombre de divisions tracées dans le même espace angulaire, et comme chacune d'elles occupe nécessairement une certaine place, pour qu'elles soient distinctes il faut que le cercle sur lequel elles sont tracées soit assez grand pour laisser entre elles un certain intervalle.

Le mode de division le plus anciennement adopté, et qui est encore en vigueur, consiste à partager la circonférence en 360 parties, que l'on nomme *degrés*. Le quart de la circonférence qui correspond à l'angle droit contient donc 90 degrés.

Chaque degré se subdivise en 60 *minutes*, et chaque *minute* en 60 *secondes*.

Le quart de la circonférence contient $90 \times 60 = 5400$ *minutes* et $5400 \times 60 = 324000$ *secondes*.

Pour indiquer un nombre de *degrés*, *minutes* et *secondes*, on écrit ° après le chiffre des degrés, ' après le chiffre des minutes, et " après le chiffre des secondes. Comme exemple, 48° 50′ 13″ s'énoncera 48 *degrés* 50 *minutes* 13 *secondes*.

Il peut sembler fâcheux, au premier abord, de désigner par les mêmes noms de *minutes* et *secondes* des choses aussi dissemblables que des parties de la circonférence et des parties du temps; mais la confusion est rarement possible. Les *minutes* et *secondes* de temps ne se désignent d'ailleurs pas par les mêmes signes abréviatifs; ainsi on écrira : 12ʰ 50ᵐ 13ˢ, pour 12 *heures* 50 *minutes* 13 *secondes* de temps.

Les minutes sont déjà de petites divisions de la circonférence; les secondes ne sont appréciables qu'aux grands instruments de l'astronomie; et quand, ce qui n'est pas fréquent, on croit pouvoir répondre de parties plus petites dans l'enregistrement de quelque observation, on les exprime en dixièmes ou centièmes de seconde.

Le mode de division que nous venons d'exposer s'appelle division *sexagésimale*, parce que les unités y sont 60 fois plus petites les unes que les autres. Lors de l'établissement du système métrique, on avait voulu soumettre au système décimal la division de la circonférence. Le quart de la circonférence était divisé en 100 parties qui portaient le nom de *grades*, et le grade se subdivisait en dixièmes, centièmes, etc. L'ancien mode de division a continué de prévaloir, tant à cause des habitudes établies qu'à cause que, tous les calculs sur les angles ayant pour point de départ des observations faites avec des instruments et s'effectuant au moyen de tables, les uns et les autres adaptés à l'ancienne division de la circonférence, il n'était pas facile de leur en substituer tout d'un coup d'autres qui fussent appropriés au système décimal.

Du rapporteur. — Les instruments qui servent sur le papier à mesurer les angles portent le nom de *rapporteur*. Il s'en trouve ordinairement un dans toutes les boîtes de compas vulgairement appelées *étuis de mathématiques*. Tantôt c'est un demi-cercle divisé sur corne, la corne permettant, par sa transparence, de voir les lignes tracées sur le papier lorsqu'on l'y applique de manière à le placer convenablement sur l'angle que l'on veut mesurer ; tantôt c'est un demi-cercle en cuivre dont la partie moyenne est évidée dans le même but. C'est un rapporteur en métal que nous avons supposé figuré ci-dessus.

Nous ne nous arrêterons pas à décrire ces instruments, qui sont entre les mains de tous les élèves, non plus que leur usage, qui est purement mécanique et n'offre aucune difficulté.

[illegible]

PROBLÈMES GRAPHIQUES

RELATIFS AUX DEUX PREMIERS LIVRES.

Les problèmes dont nous allons nous occuper ont pour objet
le tracé de certaines lignes, droites ou circulaires, satisfaisant
à des conditions déterminées. Les instruments à l'aide desquels
peut s'effectuer ce tracé sont très-simples et en petit nombre ; il
n'y a d'ailleurs que peu de chose à en dire au point de vue géométrique. Nous ne parlerons ici que de la règle et de l'équerre.

La règle. — On appelle ainsi une lame de bois, de métal,
d'ivoire, à peu près plane sur les faces les plus larges, qui sont
celles que l'on applique sur le papier, et aussi rigoureusement
plane que possible, suivant l'une au moins des plus étroites.
Le papier étant tendu sur une planchette, la règle s'appliquant sur le papier par une large face, l'intersection de sa face
étroite, qui est supposée plane, avec le papier, supposé aussi
plan, est une ligne droite ; c'est cette droite que l'on fait suivre
le mieux que l'on peut au crayon qui glisse le long de la règle.

La règle ne doit pas présenter de courbure dans le sens de la
longueur de la face qui sert à guider la pointe du crayon. On

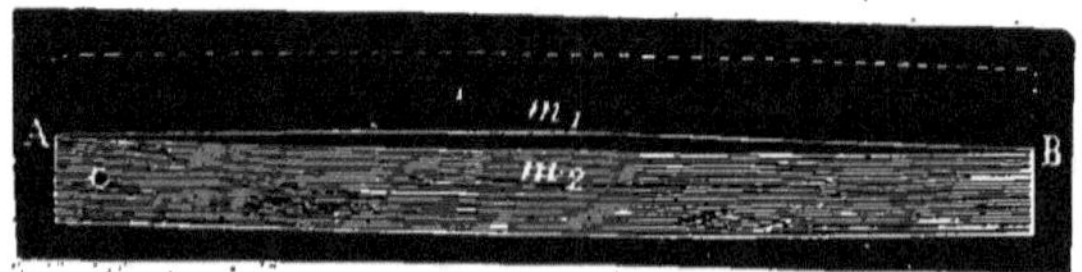

s'en assure de la manière que voici : on commence par tracer
une première ligne Am_1B en se servant de l'arête que l'on veut
vérifier, puis on retourne la règle de face, comme l'indique la
figure, et on trace une seconde ligne Am_2B. Il est évident que, si

7

la règle est courbe, et si dans la première position elle tournait sa concavité dans un sens, elle devra dans sa seconde position tourner cette concavité en sens contraire, et alors la ligne déjà tracée ne coïncidera pas avec le bord de la règle. Le défaut de celle-ci se trouve ainsi doublé et par conséquent rendu plus sensible.

L'équerre. — L'équerre est une petite planchette mince à laquelle on donne la forme d'un triangle rectangle. L'équerre sert le plus ordinairement à mener des perpendiculaires ; il faut donc que l'angle droit qu'elle présente soit aussi exact que possible. Voici comment on s'en assure :

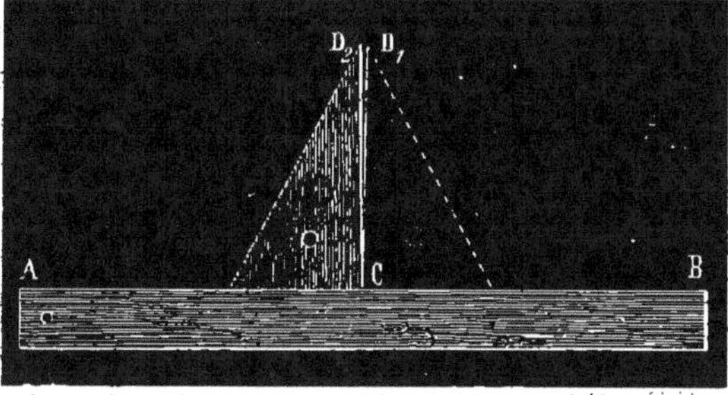

On commence par fixer, par un moyen quelconque, sur une planchette, une règle *reconnue droite;* on applique alors le long de la règle l'un des côtés de l'angle droit de l'équerre que l'on veut vérifier; puis on trace la ligne CD_1 au moyen du second côté ; cela fait, on retourne l'équerre de face, en ayant soin que le sommet C tombe toujours au même point, et on trace la ligne CD_2. Si les deux lignes CD_1 et CD_2 ne coïncident pas, c'est que l'angle n'est pas exactement droit, et l'angle D_1CD_2 est le double de l'erreur dont est affectée l'équerre.

PROBLÈMES SUR LA CONSTRUCTION DES PERPENDICULAIRES, BISSECTRICES, PARALLÈLES, ETC.

PROBLÈME Ier.

Tracer une droite déterminée par deux points A et B entre lesquels se trouve un obstacle.

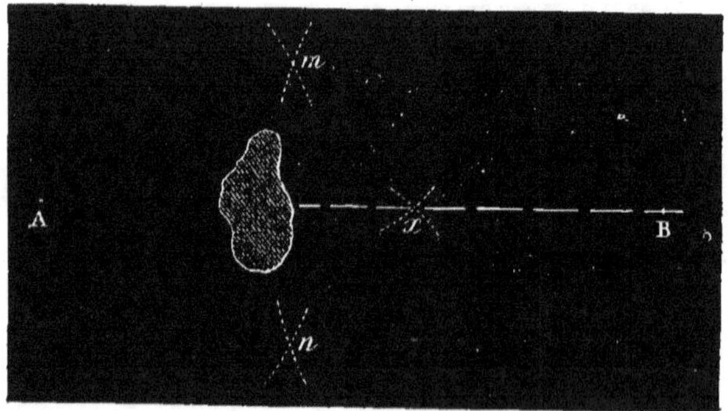

Des points A et B comme centres décrivons, avec des rayons arbitraires, des arcs de cercle qui se couperont en m et n. De ces points m et n comme centres, avec un même rayon, arbitraire d'ailleurs, décrivons deux arcs de cercle qui se couperont en x: le point x appartient à la droite AB.

On obtiendrait ainsi autant de points que l'on voudrait de cette droite.

La construction est facile à justifier. La ligne mn est, en effet, la corde commune de deux circonférences ayant leurs centres en A et B ; or on sait que la ligne des centres est perpendiculaire sur le milieu de la corde commune (II, Th. 18, coroll. 1) ; or le point x, construit à égale distance des points m et n, appartient à la perpendiculaire élevée sur le milieu de la ligne mn (I, Th. 9), c'est-à-dire à la ligne AB.

PROBLÈME II.

Élever une perpendiculaire sur le milieu d'une droite AB.
1°. On a de la place en dessus et en dessous de la ligne AB.

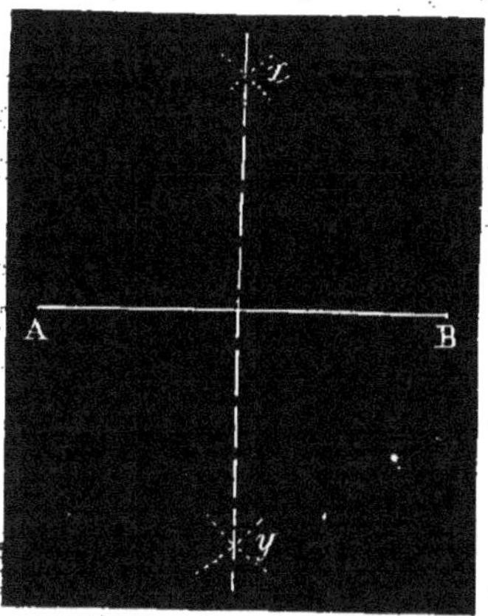

Des points A et B comme centres, avec une même ouverture de compas arbitraire, décrivons deux arcs de cercle qui se coupent en x; avec la même ouverture de compas, ou avec une autre, construisons de la même manière un point y. Les deux points x et y, d'après leur construction, sont équidistants des points A et B; la ligne xy est donc perpendiculaire sur le milieu de la ligne AB.

2°. Il n'y a de place qu'en dessus ou en dessous de la ligne donnée.

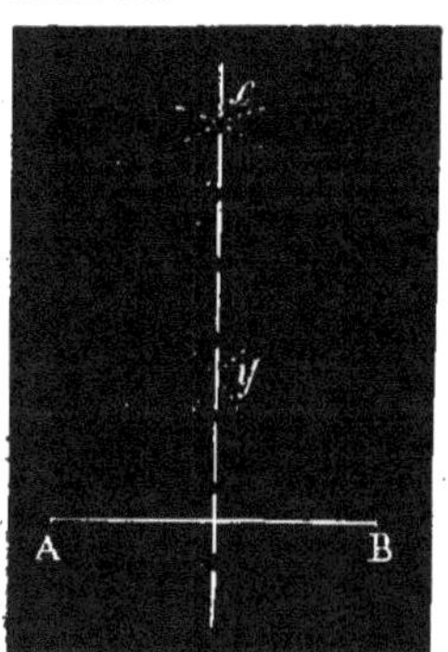

Dans ce cas on fait les mêmes constructions, mais d'un même côté de la droite BA.

Il est d'ailleurs évident que, plus les points x et y peuvent être éloignés, mieux la perpendiculaire cherchée xy sera déterminée. Il est de principe général, lorsqu'on doit déterminer une droite par deux de ses points, de se procurer ceux-ci à la plus grande distance possible l'un de l'autre.

PROBLÈME III.

Diviser une droite en 2, 4, 8.... parties égales.
En apprenant, par le problème précédent, à élever une perpendiculaire sur le milieu d'une droite, nous avons appris à trouver le milieu de cette droite, et par conséquent à en prendre la moitié. En partageant par la même construction la moitié en deux parties égales, nous aurons le quart, et ainsi de suite.

Nous donnerons plus tard un procédé pour diviser une droite en un nombre quelconque de parties égales.

PROBLÈME IV.

Diviser un arc de cercle AMB en deux parties égales.

Soit M le milieu cherché de cet arc ; le point M est équidistant des points A et B, parce que des arcs égaux AM et MB sont sous-

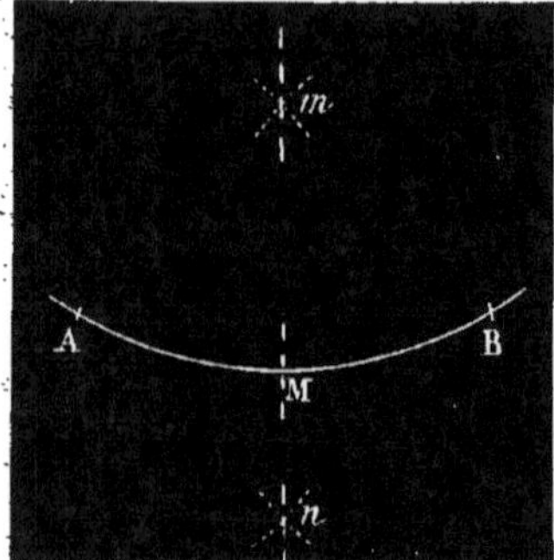

tendus par des cordes égales ; il appartient donc à la perpendiculaire élevée sur le milieu de la droite AB, et nous sommes ramenés au Problème 2.

La construction, étant la même, n'a pas besoin d'être expliquée à nouveau ; nous ferons seulement remarquer que, les extrémités A et B intervenant seules, il n'est pas besoin de tracer la droite AB.

PROBLÈME V.

Élever une perpendiculaire à une droite en un point donné de cette droite.

Nous distinguerons deux cas : 1°. il y a de la place sur la droite donnée, à droite et à gauche du point donné ; 2°. le point donné est situé vers une des extrémités de la droite, et on ne peut prolonger celle-ci.

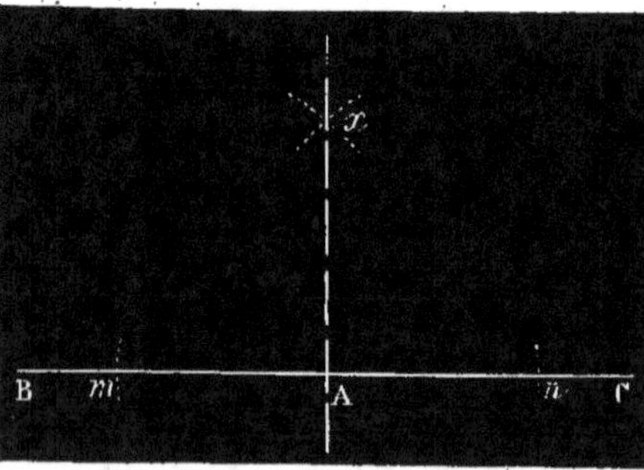

1°. On veut élever au point A une perpendiculaire à la droite BC.

A partir du point A, avec une ouverture de compas arbitraire, prenons sur la droite BC deux points m, n, qui se-ront ainsi équidistants du point A. La perpen-

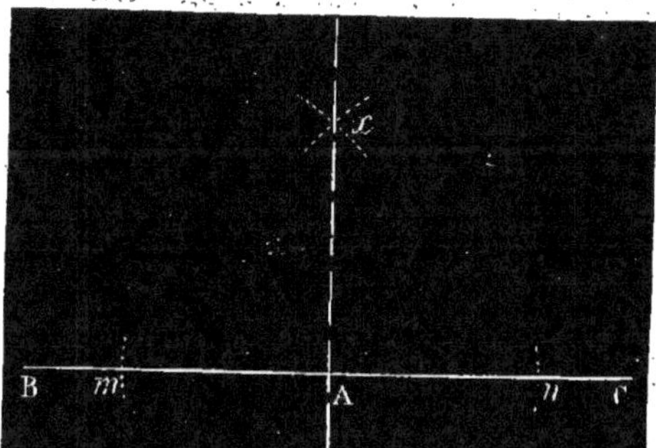

diculaire menée par le point A à la ligne BC sera donc perpendiculaire sur le milieu de *mn*; et nous sommes ramenés au Problème 2, avec cette différence qu'ici le milieu A est connu : il suffit donc de déterminer un seul point *x*, ce qui se fera comme ci-dessus, en décrivant des points *m* et *n*, avec une même ouverture de compas, d'ailleurs arbitraire, deux arcs de cercle dont l'intersection donnera un point *x*, et A*x* sera la perpendiculaire demandée.

2°. La construction précédente tombe évidemment en défaut quand e point A est situé sur ou vers l'extrémité de la droite AB, à laquelle on veut mener une perpendiculaire.

On saisira facilement la construction qui convient à ce cas, en se rappelant que tout angle inscrit dans une demi-circonférence est droit. (II, Th. 13, Coroll. 2.)

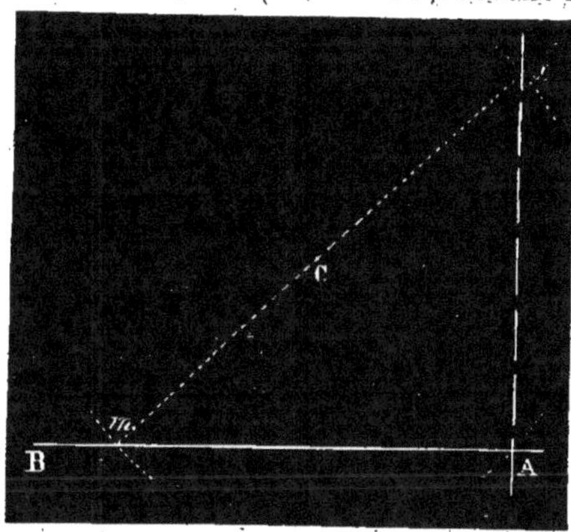

Prenons un point quelconque C, et de ce point comme centre, avec une ouverture de compas égale à CA, décrivons une circonférence qui ira couper la droite AB en un point *m*. Joignons ce point *m* au centre C, et prolongeons la droite *m*C jusqu'à sa rencontre en *x* avec la circonférence qui vient d'être décrite.

Tirons la droite A*x*, c'est la perpendiculaire demandée.

En effet, l'angle *m*A*x* est droit, car il a son sommet sur un arc *m*A*x* égal à une demi-circonférence, la ligne *m*C*x* étant un diamètre.

PROBLÈME VI.

Abaisser une perpendiculaire sur une droite BC d'un point A donné extérieurement à cette droite.

1°. Il y a de la place à droite et à gauche du point donné, et aussi en dessus et en dessous de la droite.

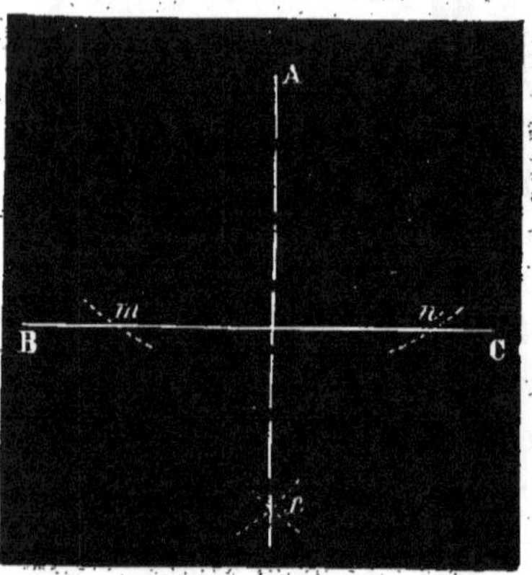

Dans ce cas, du point donné A comme centre, avec une ouverture de compas arbitraire, mais suffisamment grande, décrivons un arc de cercle qui coupe la droite BC aux deux points m et n. De ces deux points comme centres, avec une même ouverture de compas, arbitraire d'ailleurs, décrivons deux arcs de cercle qui se coupent en x. Joignons Ax: cette ligne est perpendiculaire sur BC.

Il résulte en effet de la construction que les deux points A et x sont équidistants des points m et n; la ligne Ax est donc perpendiculaire sur le milieu de mn, et par conséquent sur BC.

2°. Le point A est situé vers l'extrémité de la droite, mais il

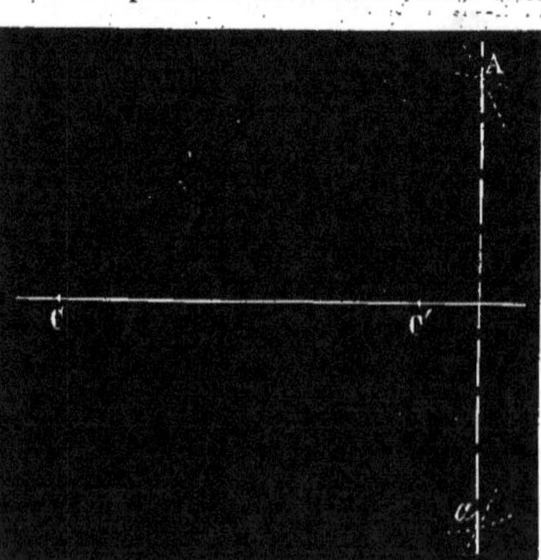

y a de la place en dessus et en dessous de celle-ci.

Prenons un point quelconque C sur la droite, et de ce point comme centre, avec un rayon égal à CA, décrivons un premier arc de cercle au-dessous de la ligne donnée. D'un second point C', également quelconque, décrivons, avec un rayon égal à C'A, un second arc de cercle qui coupe le premier en *a*. Joignons A*a* : cette ligne est la perpendiculaire demandée.

La ligne A*a* est, en effet, la corde commune des deux circonférences qui ont leurs centres en C et C′, et on sait que cette corde commune est perpendiculaire sur la ligne CC′ des centres.

3°. Le point A est situé vers l'extrémité de la droite BC, et il n'y a pas de place en dessous de celle-ci.

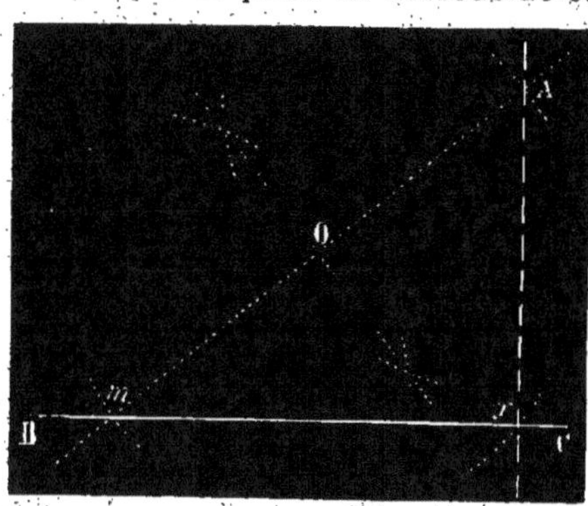

Par le point A menons une droite quelconque qui coupe la droite BC au point *m*. Par le procédé exposé au Problème 2, cherchons le milieu O de la droite A*m*. De ce point O, comme centre, décrivons une circonférence de rayon OA = O*m* (c'est ce que l'on appelle décrire une circonférence sur la ligne O*m* comme diamètre). Cette circonférence coupe la droite donnée BC au point *x*. Joignons A*x*, c'est la perpendiculaire demandée.

En effet, l'angle A*xm* est droit, comme étant inscrit dans une demi-circonférence.

PROBLÈME VII.

Mener la bissectrice d'un angle donné BAC.

1°. On peut disposer du sommet A de l'angle.

Dans ce cas, du sommet A, avec un rayon arbitraire, décrivons un arc de cercle qui coupe les côtés de l'angle

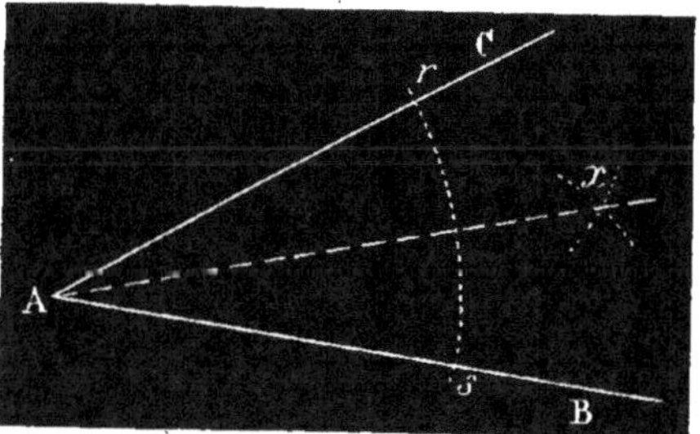

aux points *r* et *s*. De ces points comme centres, avec une même ouverture de compas, arbitraire d'ailleurs, décrivons deux arcs de cercle qui se coupent en *x*. La ligne A*x* est la bissectrice cherchée.

On peut en effet reconnaître facilement que cette ligne Ax
partage en deux parties égales l'arc rs; les deux angles CAx,
BAx, sont donc égaux, puisque ce sont des angles au centre qui
comprennent des arcs égaux.

2°. Le sommet A de l'angle est inaccessible.

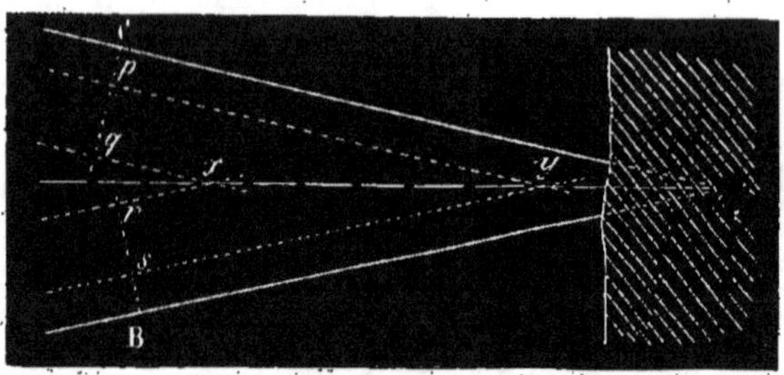

Rappelons-nous que nous avons démontré que la bissectrice
d'un angle était le lieu géométrique des points équidistants des
côtés de cet angle. Par conséquent, tout point que nous pourrons construire équidistant des deux côtés AB et AC appartien-
dra à la bissectrice demandée.

En deux points C et B quelconques de ces côtés élevons-leur
des perpendiculaires dans l'intérieur de l'angle; prenons sur
ces perpendiculaires des longueurs Cp, Bs, arbitraires, mais
égales entre elles, et par les points p et s menons des parallèles
aux côtés de l'angle : le point y, où ces parallèles se rencontrent, est évidemment équidistant des côtés AC et AB; il appartient donc à la bissectrice. On obtiendra un second point x de
cette bissectrice par une construction identique.

Cette solution suppose qu'on sache mener par un point une
parallèle à une droite; problème qui sera résolu ci-après.

Scholie. — Ce problème donne le moyen de partager un
angle en 2, 4, 8,... et en général en un nombre de parties
égales marqué par 2^n, autrement dit par une puissance entière
quelconque de 2.

PROBLÈME VIII.

Par un point A *donné sur une droite* AB *en mener une seconde* AC *qui fasse, avec la première, un angle égal à un angle donné.*

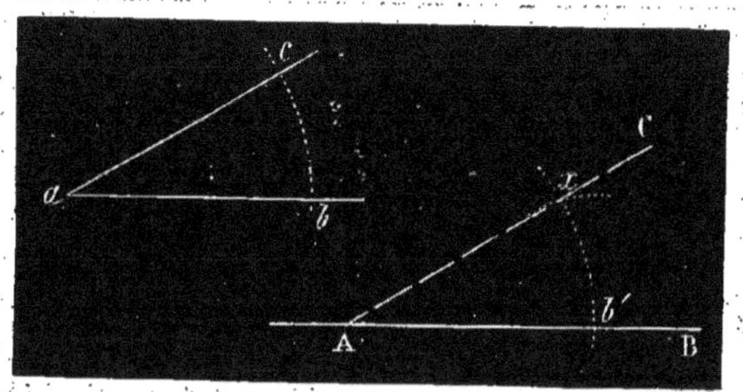

Soit *bac* l'angle donné; de son sommet comme centre, avec une ouverture de compas arbitraire, décrivons un arc de cercle qui coupe aux points *b* et *c* les côtés de l'angle *bac*. Avec la même ouverture de compas, décrivons du point A un arc de cercle qui coupe la ligne AB au point *b'*. Cela fait, prenons avec un compas la distance des points *b* et *c*, et du point *b'* comme centre, avec cette distance pour rayon, coupons en *x* l'arc *b'x* par un arc de cercle, et joignons A*x*. L'angle BAC ainsi construit est égal à l'angle *bac*.

Il résulte, en effet, de la construction que la corde *b'x* est égale à la corde *bc*; les arcs *b'x*, *bc*, sous-tendus par ces cordes, sont donc égaux puisqu'ils sont pris dans des cercles de même rayon, et par conséquent les deux angles BAC, *bac*, sont égaux comme angles au centre correspondant à des arcs égaux dans des cercles égaux.

Remarque. — Au lieu de décrire l'arc *b'x* à droite du point A, nous aurions pu le faire à gauche, etc., ce qui donne deux solutions au-dessus de la droite AB. On en aurait évidemment deux aussi en dessous. Le problème a donc en tout quatre solutions; mais ces quatre solutions sont fournies seulement par deux droites distinctes.

PROBLÈME IX.

Étant donnés deux des angles d'un triangle, construire le troisième.

Ce problème est une application du précédent.

En un point O d'une ligne droite RS faisons, d'un côté, un

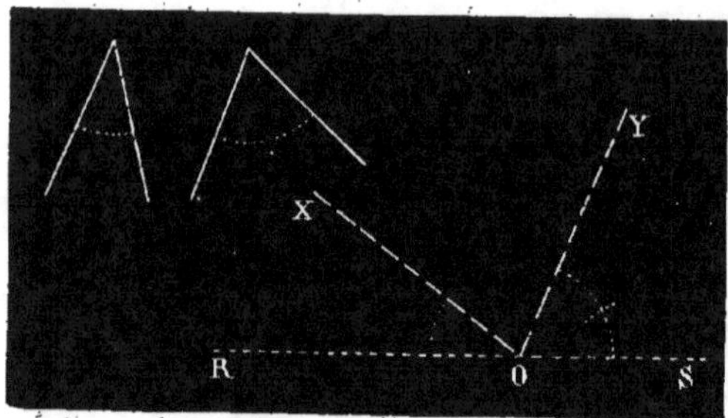

angle ROX égal à l'un des deux angles donnés ; faisons de même, à droite, un angle SOY égal au second de ces angles. Les côtés OX et OY des deux angles qui viennent d'être construits forment entre eux un angle YOX qui est égal à l'angle cherché, car on a ROX $+$ XOY $+$ YOS $= 2$ droits (1, Th. 2, Coroll. 3), et on sait que la somme des angles d'un triangle est égale à deux angles droits.

PROBLÈME X.

Par un point donné C mener une parallèle à une droite donnée AB.

1°. *Avec l'équerre.*

Plaçons un des côtés de l'équerre le long de la ligne AB ;

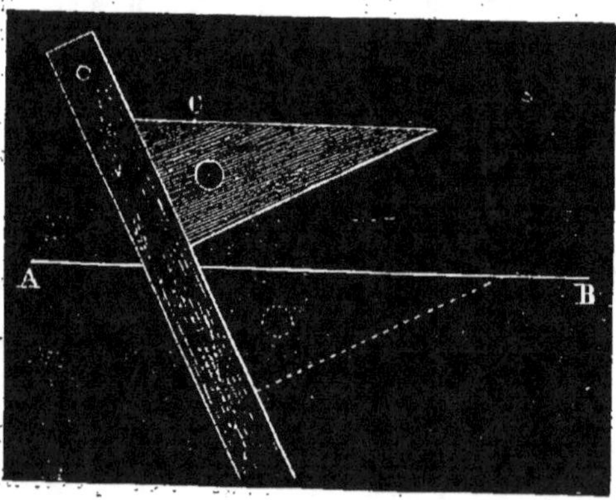

appliquons une règle contre un autre côté ; puis, maintenant cette règle parfaitement fixe, faisons glisser l'équerre jusqu'à ce que son côté qui était en coïncidence avec la ligne AB arrive à passer par le point C ; il n'y a plus alors qu'à conduire un crayon le long de ce côté.

Il est bien évident, en effet, que ce côté de l'équerre fait toujours, dans toutes ses positions, le même angle avec le bord de la règle le long de laquelle glisse l'équerre. Deux positions quelconques de ce côté sont donc toujours parallèles, comme faisant des angles correspondants égaux.

2°. *Avec la règle et le compas.*

Du point C comme centre, avec une ouverture de compas arbitraire, décrivons un arc de cercle *mx* qui coupe en *m*

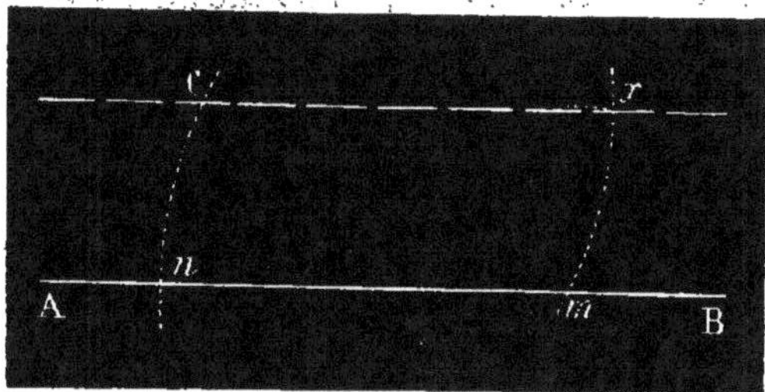

la droite AB à laquelle on veut mener une parallèle. De ce point *m*, avec la même ouverture de compas, décrivons un arc de cercle C*n*. Avec une ouverture de compas C*n* décrivons du point *m*, comme centre, un arc de cercle qui coupe en *x* l'arc de cercle *mx*. Joignons C*x* : c'est la parallèle cherchée.

Si, en effet, on se figure que la ligne C*m* soit tracée, on voit que la construction revient à ceci : Mener par le point C une ligne quelconque C*m*, et faire au-dessus de cette ligne un angle *x*C*m* égal à l'angle C*m*A (*voyez* Probl. 8), et comme ces deux angles sont dans la position d'angles alternes-internes, les deux lignes C*x* et AB sont parallèles.

Remarque. — La construction qui vient d'être indiquée suppose que la droite AB soit tracée ; on voit, en effet, que les points C, *m*, *x* et *n*, sont dans cette situation particulière que C*m* = *mn* = C*x*.

Dans le cas où la droite AB serait donnée seulement par deux de ses points A et B, et qu'on ne voudrait ou qu'on ne pourrait la tracer, on peut employer une construction aussi simple que la précédente; la voici :

Du point C comme centre, et avec une ouverture de compas égale à AB, décrivons un premier arc de cercle; puis du point B 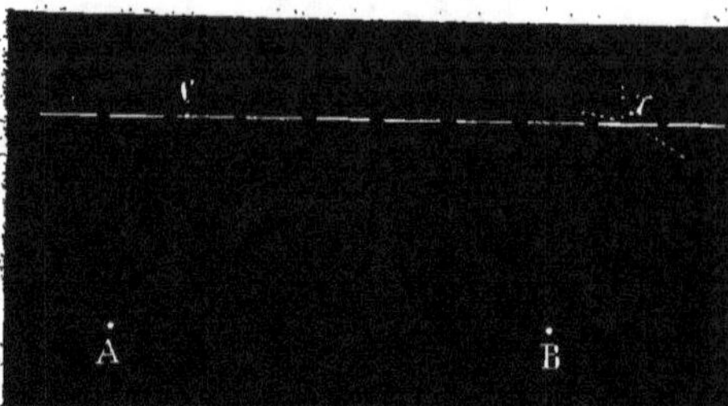 comme centre, avec un rayon égal à CA, décrivons-en un second qui coupe le premier en x. Joignons Cx, cette droite est parallèle à AB.

D'après la construction, le quadrilatère ABCx a ses côtés opposés égaux : c'est donc un parallélogramme, Cx est donc parallèle à AB.

3°. *Avec le rapporteur.*

Nous mentionnerons seulement ce procédé, qui est des plus faciles à concevoir. Il consiste à tracer une droite quelconque passant par le point C et rencontrant la droite AB, et à mener par le point C, au moyen du rapporteur, une droite faisant avec celle-là un angle égal ou supplémentaire à l'un des deux angles que forme cette droite avec AB.

PROBLÈME XI.

Par un point A, pris hors d'une droite BC, mener une droite qui fasse avec la droite BC un angle donné.

Menons par le point A une droite mn parallèle à la droite BC; puis au point A menons les deux droites Ax et Ay, formant avec 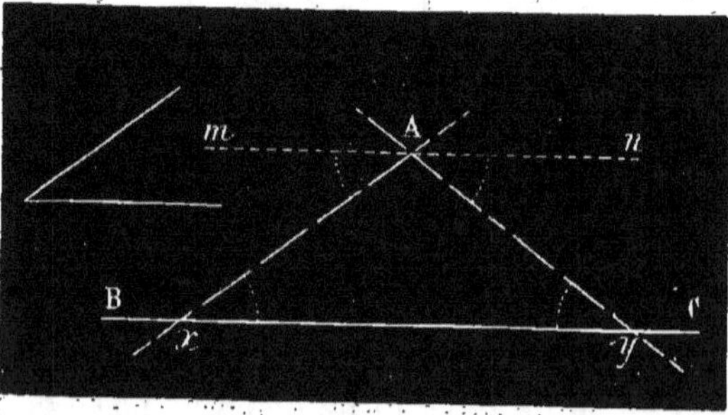 mn un angle égal à l'angle donné. Ces deux droites satisfont à la question, car les angles mAx et AxC, nAy et AyB, sont égaux comme alternes-internes.

PROBLÈME XII.

Insérer entre les côtés d'un angle BAC une droite xy égale à une longueur donnée l et qui soit parallèle à une direction RS.

Par le point A, sommet de l'angle donné, menons une parallèle Ar à la direction RS. Prenons une longueur Ar égale à la longueur donnée l; par le

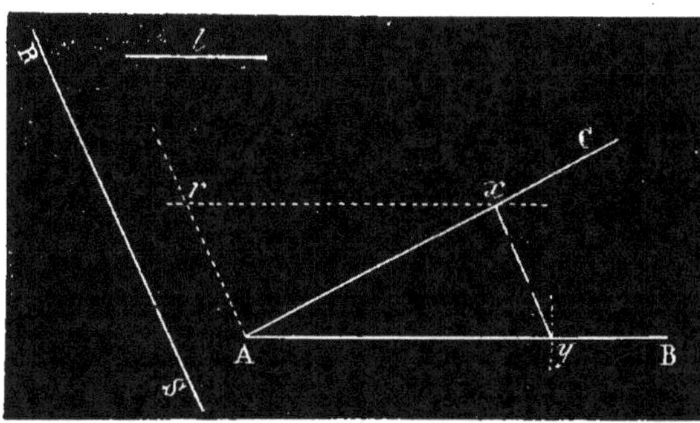

point r menons une parallèle rx au côté AB; cette ligne coupe l'autre côté AC au point x. Portons maintenant sur le côté AB une longueur Ay = rx, et joignons le point x au point y. La ligne xy est la ligne demandée.

Il résulte, en effet, de la construction, que le quadrilatère Arxy a ses deux côtés rx et Ay égaux et parallèles; les deux autres côtés Ar et xy sont donc égaux et parallèles, etc.

PROBLÈME XIII.

Par un point donné M mener une droite sur laquelle deux parallèles AB et CD interceptent une longueur donnée l.

D'un point a quelconque pris sur l'une des deux droites AB ou CD, décrivons avec la longueur l pour rayon un arc de cercle qui coupera l'autre

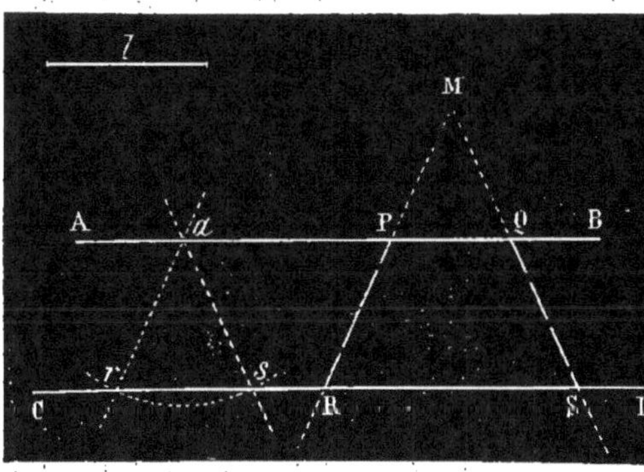

aux points r et s. Traçons les droites ar et as, puis par le point M menons MR et MS parallèles aux lignes ar et as. Les portions PR et QS comprises entre les deux parallèles AB et CD sont bien égales à l, car elles sont égales deux a deux aux lignes ar et as comme parallèles comprises entre parallèles.

On voit qu'il y a deux solutions. Il n'y en aurait évidemment pas si la longueur donnée l était plus courte que la distance des deux parallèles.

CONSTRUCTION DES POLYGONES D'APRÈS CERTAINES DONNÉES.

PROBLÈME XIV.

Construire un triangle dont on donne les trois côtés, a, b et c.

Prenons sur une ligne droite une longueur AB égale à l'un quelconque des côtés donnés, *c*, par exemple. Des points A et

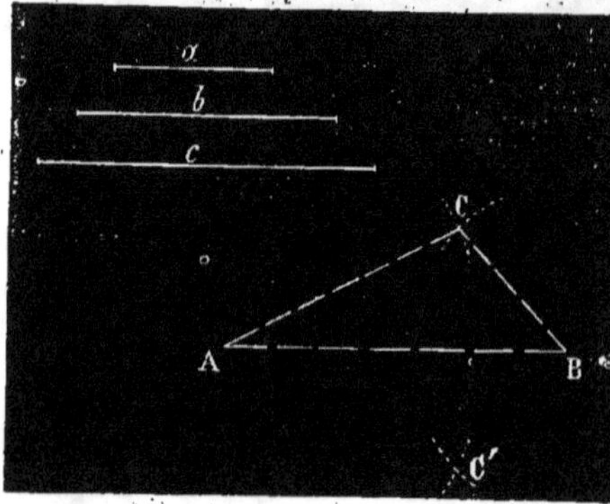

B comme centres, avec des ouvertures de compas respectivement égales à chacun des deux autres côtés, traçons deux arcs de cercle qui se couperont en C; ACB sera le triangle cherché.

Les deux arcs de cercle se couperaient également en un autre point C' situé en dessous de la ligne AB; mais cette *solution* ne peut être distincte de la première, car le triangle ABC' et le triangle ABC, ayant les trois côtés égaux chacun à chacun, doivent être égaux. (I, Th. 16.)

Il est d'ailleurs évident que, pour que la construction soit possible, il faut qu'un côté quelconque soit plus petit que la somme des deux autres et plus grand que leur différence : car, pour que deux circonférences se coupent, il faut que la distance des centres soit plus petite que la somme des rayons et plus grande que leur différence. (II, Th. 21.)

PROBLÈME XV.

Construire un triangle, connaissant deux côtés et l'angle qu'ils comprennent.

Faisons quelque part un angle BAC égal à l'angle donné; sur

les côtés de cet angle portons des longueurs AC, AB, égales aux côtés b et c donnés, et joignons BC.

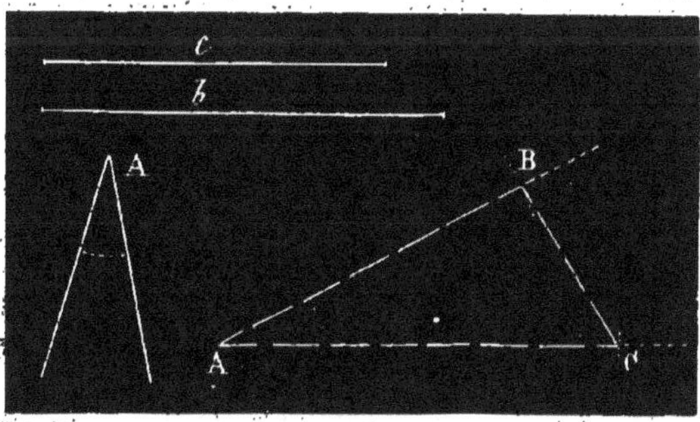

Le triangle ABC est le triangle demandé.

Il ne peut y avoir qu'une solution, car deux triangles qui ont un angle égal compris entre côtés égaux chacun à chacun sont égaux.

PROBLÈME XVI.

Construire un triangle, connaissant un côté et les deux angles adjacents.

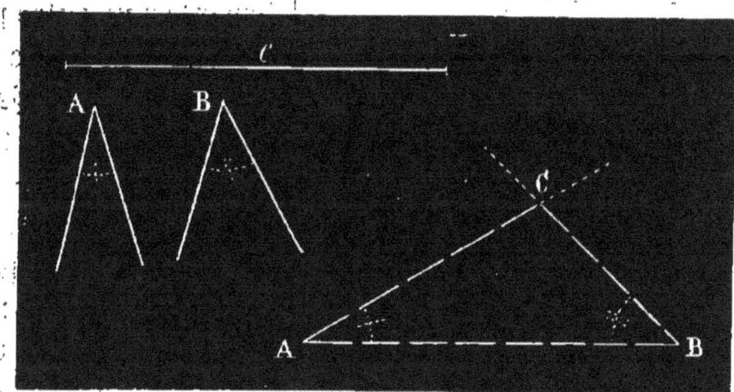

Prenons sur une droite quelconque une longueur $AB = c$; aux points A et B faisons avec cette droite des angles égaux aux angles donnés A et B. Les côtés extérieurs se couperont quelque part en C, et le triangle ABC sera le triangle demandé.

On voit que le problème n'est possible qu'autant que l'on a *angle* A $+$ *angle* B $<$ 2 *droits*; car si on avait *angle* A $+$ *angle* B $=$ 2 *droits*, les deux lignes AC et BC seraient parallèles. (I, Th. 21, Récipr.)

PROBLÈME XVII.

Construire un triangle, connaissant deux côtés b, c, et l'angle B opposé à l'un d'eux.

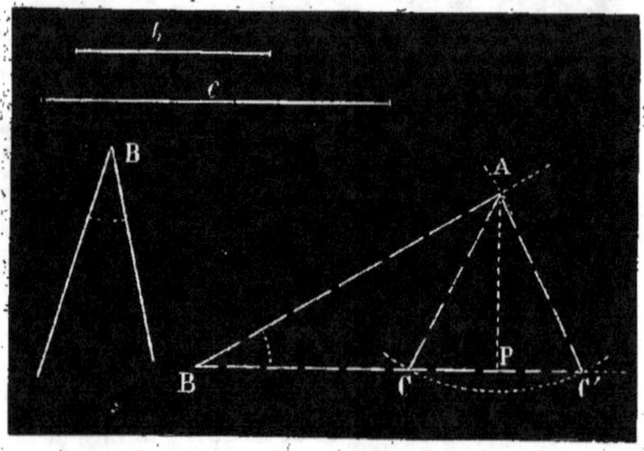

Faisons un angle ABC égal à l'angle donné B ; sur l'un des côtés de cet angle portons une longueur BA = c. Cela fait, du point A comme centre, avec une ouverture de compas égale au côté donné b, qui doit être opposé à l'angle B, décrivons un arc de cercle qui coupera généralement la ligne BC en deux points C et C'.

Joignons AC et AC', nous obtenons ainsi deux triangles ABC et ABC' qui ont l'angle donné et les côtés donnés dans la position indiquée.

Il y a donc deux solutions dans le cas que nous avons supposé.

Il n'y en aurait qu'une si le côté b était plus grand que le côté AB, ou s'il lui était égal ; car alors l'intersection C se ferait de l'autre côté du point B ou sur le point B, et l'intersection C' donnerait seule une solution.

Il n'y aurait de même qu'une solution si le côté b était justement égal à la perpendiculaire AP abaissée du point A sur le côté BC.

Enfin, le problème serait impossible si la longueur donnée pour le côté b était plus petite que cette perpendiculaire AP.

Remarque. — Nous venons de faire ce que l'on appelle la *discussion du problème*, c'est-à-dire que nous avons recherché le nombre des solutions qu'il comportait, suivant les diverses conditions que pouvaient remplir ses données. Cette discussion est nécessaire à la résolution complète d'un problème. Comme exercice, nous allons donner de ce même problème une seconde construction que les élèves commencent souvent, mais qu'ils achèvent rarement à cause de la discussion.

2ᵉ Construction. — Reprenons les mêmes données, et faisons le raisonnement que voici :

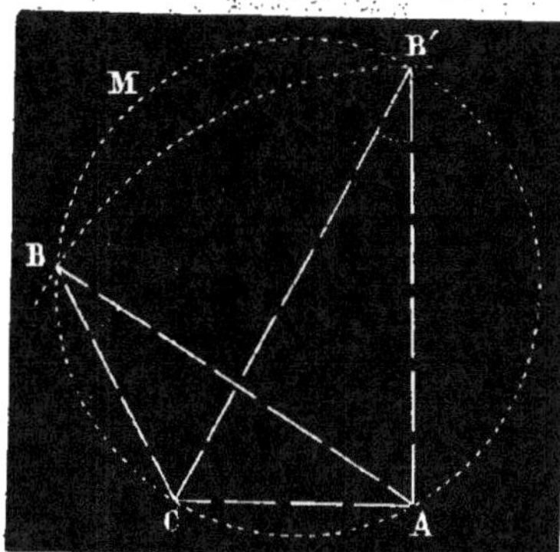

Dans le triangle cherché, l'angle B est opposé au côté donné b, c'est-à-dire que les côtés de l'angle B passent par les extrémités A et C de ce côté. Or, nous avons vu (II, Th. 13, or oll. 1) que le lieu des sommets d'un angle constant, dont les côtés sont assujettis à passer par deux points A et C, était un certain arc de cercle.

Supposons que nous ayons construit cet arc de cercle (et nous apprendrons à le faire ci-après, Problème 23), le triangle cherché devra être contenu dans le segment CMA capable de l'angle B ; si donc nous inscrivons une corde AB $= c$, et que nous joignions BC, le triangle ABC satisfera aux conditions du problème.

Pour inscrire une corde égale à c, du point A comme centre, avec cette longueur pour rayon, décrivons un arc de cercle qui coupera généralement l'arc CMA en deux points B et B′ : il y aura donc généralement deux solutions. La possibilité ou l'impossibilité du problème et le nombre des solutions résulteront des divers cas qui pourront se présenter dans l'intersection des deux circonférences qui déterminent les points B et B′.

Étudions méthodiquement ces divers cas sur une seconde figure.

Supposons d'abord que l'arc décrit du point A comme centre, avec c comme rayon, coupe le segment capable en deux points B et B′. Si le rayon c augmente, les deux points B et B′ vont se rapprocher ; et enfin, pour une certaine valeur de c, AB,,

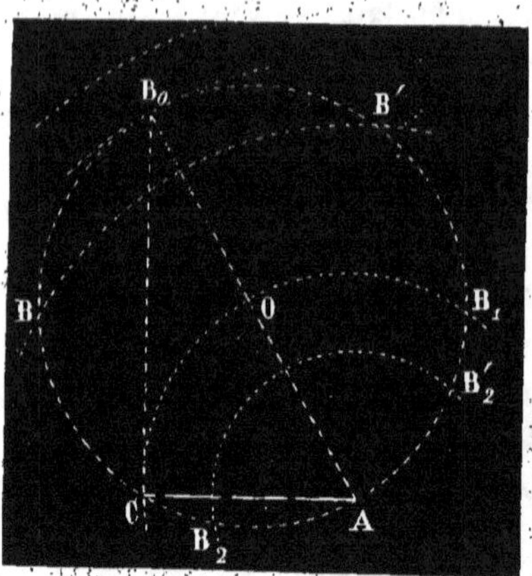

les deux arcs de cercle seront tangents. Or, lorsque deux circonférences sont tangentes, leur point de contact B_0 et les deux centres O et A sont en ligne droite : l'arc ACB_0 est donc une demi-circonférence, l'angle ACB_0 est donc droit, et par conséquent le côté AC est dans la position de la ligne AP de la figure de la 1re construction. Dans ce cas il n'y a qu'une solution.

Si le côté c devenait plus grand que AB_0, les deux arcs de cercle ne se rencontreraient plus, il n'y aurait plus de solution.

Si, au lieu de supposer maintenant que c augmente, nous supposons qu'il diminue, nous voyons que, tant que l'on aura $c > AC$, les deux points B et B' seront situés tous deux au-dessus de AC; pour $C = AC$ on commence à n'avoir qu'un triangle, celui dont le sommet serait en B_1; enfin, pour $c < AC$, il y aura toujours intersection en deux points B_2 et B'_2, dont un seul, B'_2, pourra convenir : il n'y a donc plus dans ce cas qu'une solution.

En résumé, il semble que ces deux solutions et les discussions qu'elles nécessitent soient fort dissemblables, puisque dans un cas nous faisons des hypothèses sur la grandeur du côté AC ou b, et dans l'autre sur celle du côté AB ou c; mais il est facile de voir que tout se réduit à l'établissement de certains rapports de grandeur entre ces deux éléments.

PROBLÈME XVIII.

Construire un quadrilatère, connaissant ses quatre côtés et l'un de ses angles.

Il est sous-entendu que l'on donne aussi l'ordre dans lequel ces côtés sont rangés, et la place qu'occupe l'angle donné; de telle sorte que le quadrilatère à construire peut être supposé donné par le croquis *abcd*.

Pour construire ce quadrilatère, faisons un angle BAD égal à

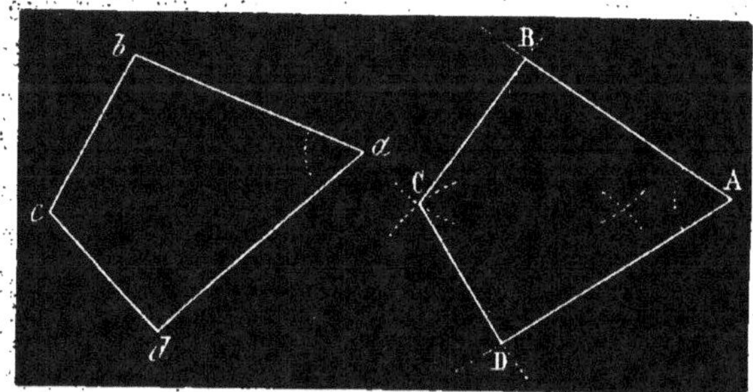

l'angle donné *bad;* portons sur les côtés de cet angle des longueurs AB et AD respectivement égales à *ab* et à *ad;* puis des points B et D comme centres, avec des rayons *bc* et *cd*, décrivons deux arcs de cercle qui se coupent en C. Joignons BC et CD : le quadrilatère ABCD est le quadrilatère demandé.

Les deux arcs de cercle que nous venons de décrire des points B et D se coupent aussi en un autre point que le point C, mais cet autre point est nécessairement de l'autre côté de la ligne BD ; de telle sorte qu'il ne peut y avoir d'incertitude, car ce second point donnerait lieu à un quadrilatère présentant un angle rentrant, tandis que celui qui nous est proposé était convexe.

PROBLÈME XIX.

Construire un parallélogramme, connaissant deux côtés et l'angle compris.

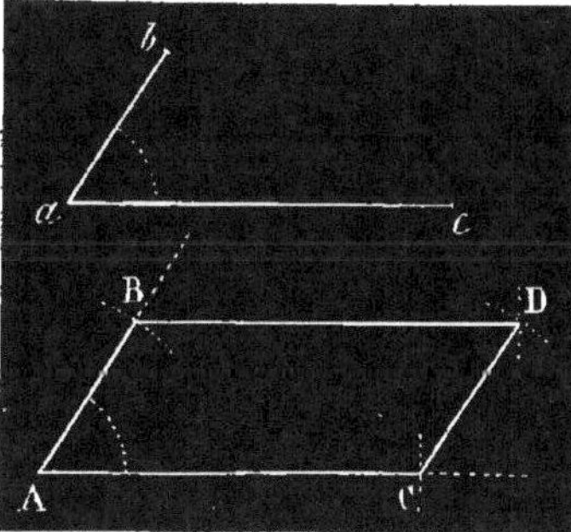

Faisons un angle BAC égal à l'angle donné ; sur les côtés de cet angle portons des longueurs AB et AC égales aux côtés donnés *ab* et *ac*; des points B et C, avec *ac* et *ab* pour rayons , décrivons deux arcs de cercle qui se coupent au point D, ce point est le quatrième sommet du parallélogramme cherché. Comme cas particulier de ce problème on peut signaler la construction d'un rectangle, connaissant ses deux dimensions; et comme cas particulier de celui-là, la construction d'un carré, connaissant son côté.

PROBLÈME XX.

Construire un trapèze, connaissant ses quatre côtés.

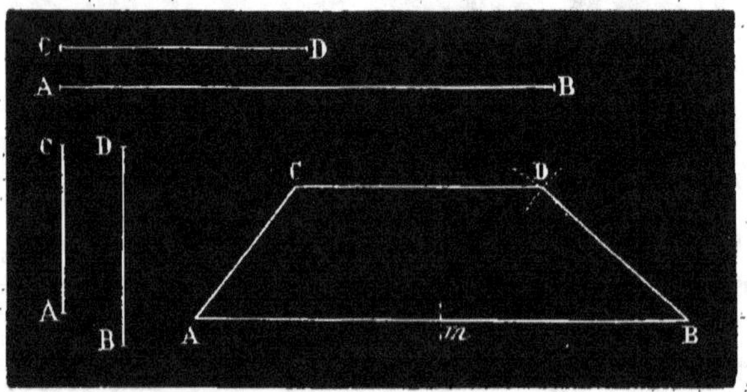

On sous-entend que l'ordre de ces côtés est aussi donné, c'est-à-dire que l'on sait que ce sont les côtés AB et CD qui sont parallèles.

Supposons le problème résolu, et imaginons que l'on prenne sur la base AB une longueur Am égale à CD. Si on joignait le point D au point m (ce que nous n'avons pas fait, afin de ne tracer sur la figure que les lignes absolument nécessaires pour la construction), le quadrilatère ACDm serait un parallélogramme, aurait donc Dm=AC, tout serait donc connu dans le triangle BmD.

De là cette construction :

Faisons un triangle BmD ayant pour côtés la différence mB des deux bases, et les côtés non parallèles du trapèze. Sur la base mB de ce triangle prolongée prenons une longueur BA égale à la base inférieure du trapèze; des points A et D comme centres, avec AC et la base supérieure CD comme rayons, décrivons des arcs de cercle qui se coupent au point C. ABCD est le trapèze demandé.

On se rendrait facilement compte qu'il ne saurait y avoir qu'une solution.

Construire un polygone égal à un polygone donné.

1°. Par la décomposition en triangles.

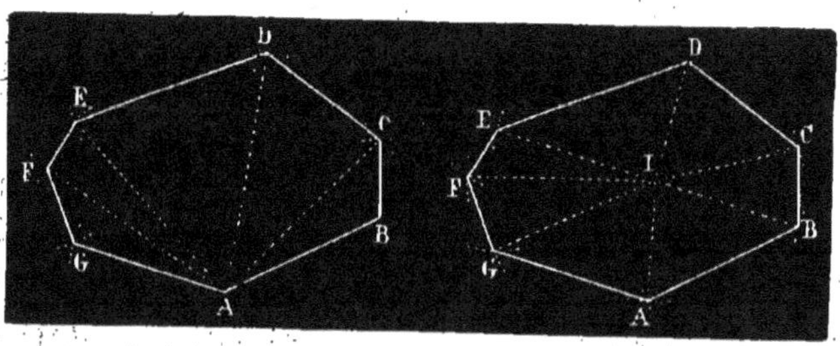

Cette décomposition peut s'effectuer de plusieurs manières : ou bien en joignant un sommet A du polygone à tous ses autres sommets, ou bien en prenant un point I quelconque et le joignant à tous ces sommets.

Il n'y a plus qu'à déterminer successivement chacun de ces triangles par les moyens dont on peut disposer, et à reconstruire ces triangles les uns après les autres. Dans la figure qui est sous les yeux du lecteur, on suppose que l'on n'a pris d'autres mesures que celles des longueurs des côtés et des diagonales AC, AD, etc., ou des lignes IA, IB, IC, etc.

Ce mode de décomposition offre, au point de vue pratique, un assez grave inconvénient, c'est que l'on est obligé d'édifier ainsi triangle sur triangle, de telle sorte que, s'ils sont en grand nombre, les derniers peuvent se trouver chargés de toutes les erreurs commises sur les précédents, et leur position s'en trouve notablement altérée.

La méthode suivante n'offre pas cet inconvénient; elle permet, au contraire, de déterminer *isolément* chaque sommet du polygone, de manière à rendre la position d'un sommet quelconque indépendante des erreurs qui ont pu être commises sur la position des autres.

2º Par la décomposition en trapèzes.

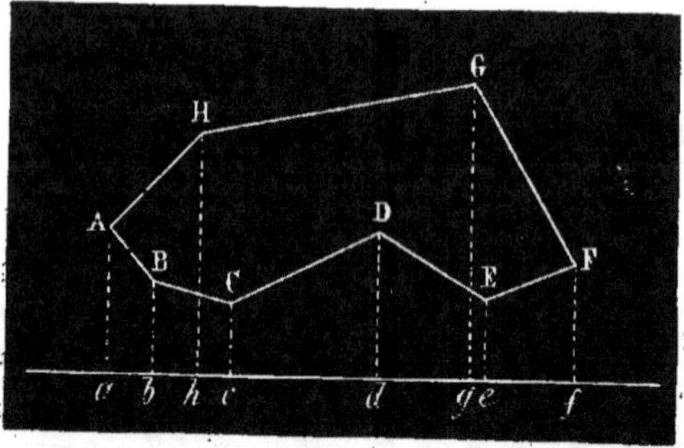

Soit ABCDEFGH le polygone donné et qu'il faut reconstruire. Traçons dans le plan de ce polygone une ligne quelconque à laquelle on donne le nom d'axe, et sur cette ligne abaissons les perpendiculaires Aa, Bb, Cc, Dd, etc. Mesurons ces perpendiculaires; mesurons de même les distances ab, ah, ac, ad, etc. Chaque sommet du polygone pourra donc être remis en place en traçant ailleurs une ligne droite, portant sur cette ligne à partir d'un point a, des longueurs ab, ah, ac, ad, etc., et en élevant aux divers points obtenus ainsi des perpendiculaires Aa, Bb, Hh, Cc, etc., égales aux longueurs précédemment mesurées. Il n'y a plus alors, pour achever la construction du polygone, qu'à joindre les sommets dans l'ordre convenable.

Remarque. — Le mode de reconstruction que nous venons d'indiquer est général, il peut s'appliquer à tout espèce de figures; chaque point s'y trouve individuellement représenté par sa hauteur audessus de l'axe, ce que l'on appelle son *ordonnée*, et par la distance du pied de cette hauteur à un point de l'axe pris pour point de départ; cette distance s'appelle l'*abscisse* du point.

PROBLÈMES SUR LA CIRCONFÉRENCE.

PROBLÈME XXII.

Faire passer une circonférence par trois points donnés.

Nous ne ferons ici qu'énoncer ce problème, car nous l'avons implicitement résolu lorsque nous avons démontré (II, Th. 7) que par trois points donnés non en ligne droite on pouvait toujours faire une circonférence, et qu'on n'en pouvait faire passer qu'une. Il n'y a pour faire la construction demandée qu'à exécuter avec la règle et le compas les constructions que nous avons indiquées alors.

Ce problème donne le moyen de résoudre cet autre :

Étant donné un arc de cercle, trouver son centre.

Il suffit, en effet, de prendre trois points à volonté sur l'arc de cercle donné, et de faire la construction qui servirait à trouver le centre d'une circonférence que l'on voudrait faire passer par ces trois points.

PROBLÈME XXIII

Décrire sur une droite donnée un segment capable d'un angle donné.

On peut facilement imaginer une solution de ce problème au moyen de la combinaison de plusieurs problèmes déjà résolus, mais la construction que voici offre un degré de simplicité qui doit la faire préférer à toute autre.

Soit AB la droite sur laquelle on veut décrire un segment AMB capable d'un angle donné. Parmi tous les angles ayant leur sommet sur l'arc AMB, et par conséquent ayant pour mesure la moitié de l'arc ANB, distinguons celui qui est formé par la ligne AB et la tangente au point B. Si l'arc AmB était l'arc demandé, l'angle ABC serait égal à l'angle donné. On sait d'ailleurs que le centre de toute circonférence assujettie à passer par deux points A et B se trouve sur la perpendiculaire

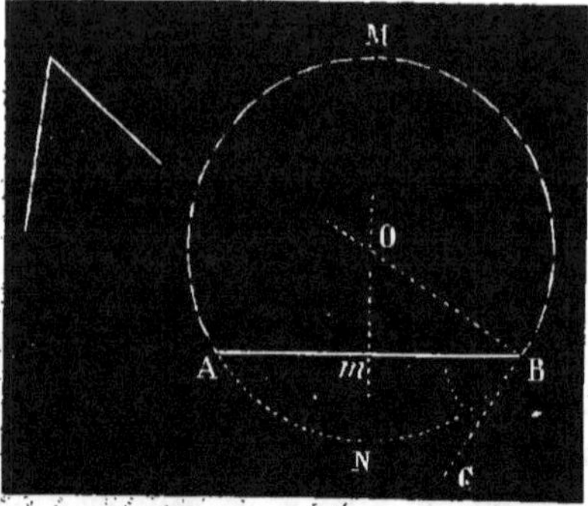

élevée sur le milieu de la ligne AB.

On déduit de là la construction suivante :

A l'une des extrémités, B par exemple, de la droite donnée, menons une droite BC qui fasse avec elle un angle égal à l'angle donné. Élevons une perpendiculaire sur le milieu *m* de la ligne AB; élevons aussi au point B une perpendiculaire à la ligne BC; ces deux perpendiculaires se coupent en un point O, qui est le centre d'un cercle dont le segment AMB répond à la question.

On voit qu'on pourrait répéter la même construction en dessous de la ligne AB, mais que le résultat serait un arc de cercle égal à l'arc AMB.

Corollaire. — Ce problème permet de résoudre celui que voici :

Étant données deux droites AB et CD (de grandeur et de position), trouver un point X d'où la droite AB soit vue sous un angle mpq, et la droite CD sous un angle rst;

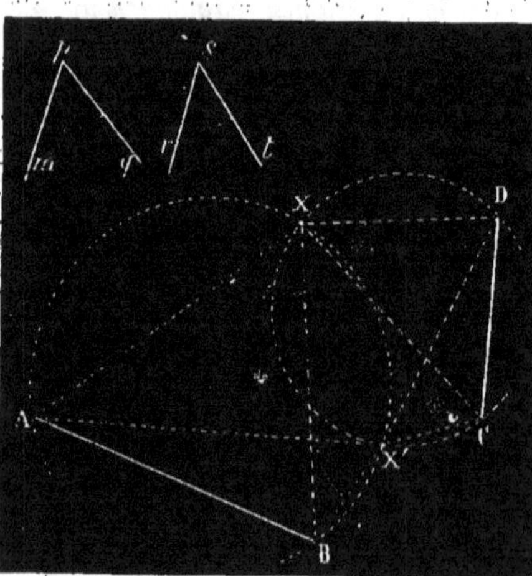

autrement dit, un point X tel que, si l'on joint AX et BX, l'angle AXB soit égal à l'angle *mpq*, et que, de même, l'angle CXD soit égal à l'angle *rst*.

Il est évident que tout point satisfaisant à la question doit se trouver à la rencontre de deux segments capables des angles donnés et décrits sur les droites données.

PROBLÈME XXIV.

Mener une tangente à une circonférence :

1°. Par un point pris sur cette circonférence ;
2°. Par un point extérieur ;
3°. Parallèlement à une droite donnée.

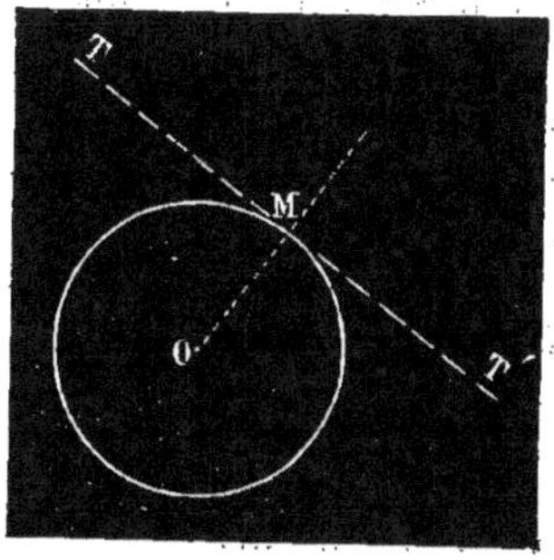

1°. Soit M un point situé sur une circonférence. Puisque la tangente est perpendiculaire au rayon du point du contact, il n'y a qu'à tracer le rayon OM et à lui mener au point M une perpendiculaire : ce sera la tangente cherchée.

2°. Soit M un point extérieur à une circonférence O, soit une

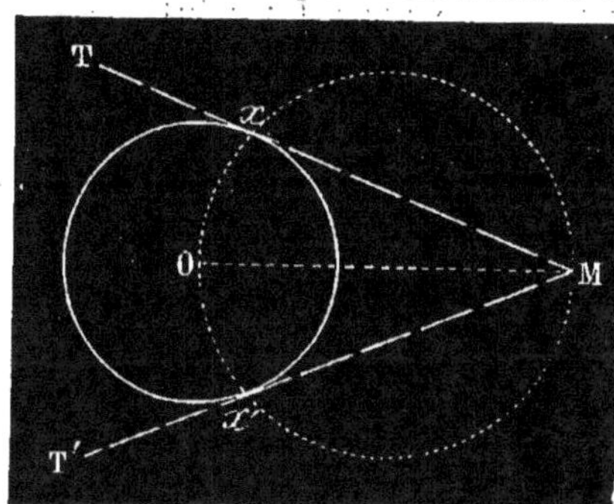

ligne MT passant par ce point et tangente à cette circonférence, et soit x le point de contact. Si on joignait Ox, cette ligne serait perpendiculaire sur MT. Nous savons donc ceci sur le point de contact cherché x, que, si on le joint aux points O et M qui sont don-nés, l'angle OxM est droit ; le point x doit donc se trouver sur une demi-circonférence décrite sur la ligne OM comme diamètre, et comme c'est essentiellement un point de la circonférence O, il devra se trouver à la rencontre des deux circonférences, et la tangente MT sera déterminée.

La raison de symétrie fait voir, d'ailleurs, qu'il y aura deux tangentes : l'une en dessous, l'autre en dessus de la ligne OM.

Scholie. — Cette figure donne lieu à d'importantes re-marques.

Il est facile, en effet, de voir que les arcs Ox, Ox', sont égaux, car ils correspondent à des cordes Ox et Ox' égales comme rayon d'un même cercle. Les deux angles OMx et OMx' sont donc égaux comme ayant même mesure.

De l'égalité des arcs Ox et Ox' résulte celle des arcs Mx et Mx', et par conséquent celle des droites Mx et Mx'. On peut donc dire :

Les deux tangentes que l'on peut mener à une circonférence par un point extérieur 1°. forment des angles égaux avec la ligne qui joint ce point au centre de la circonférence, 2°. sont égales entre elles.

Réciproquement, — *Lorsqu'on voudra mener une circonférence tangente à deux droites données, il faudra chercher le centre de cette circonférence sur la bissectrice de l'angle des droites données.*

Il est facile aussi de déduire de ce qui précède que

Dans tout quadrilatère inscriptible les sommes des côtés opposés sont égales, et réciproquement.

3°. Soit une circonférence O à laquelle on veut mener une tangente qui soit parallèle à une droite AB.

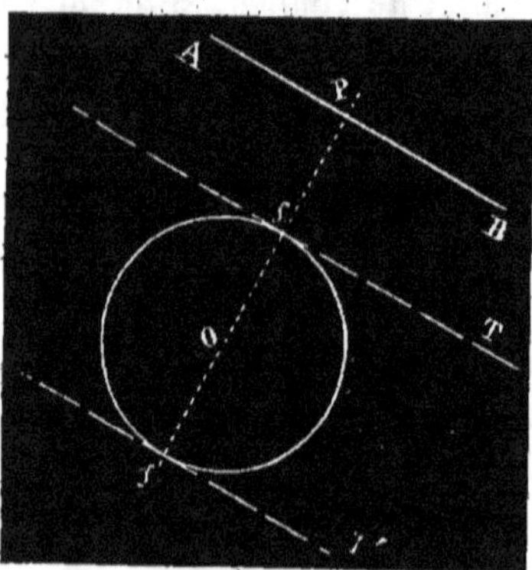

Supposons le problème résolu. Soit Tx une tangente parallèle à AB. Le rayon qui passe par le point de contact x est perpendiculaire sur la tangente Tx, et par conséquent sur la droite AB, à laquelle cette tangente est parallèle.

De là cette construction : abaissons une perpendiculaire OP sur la droite donnée AB, elle rencontre la circonférence aux points x et x'; en ces points menons les tangentes Tx et $T'x'$: ces deux tangentes satisfont à la question.

PROBLÈME XXV.

Étant donné un point M *intérieur ou extérieur à une circonférence, mener par ce point une droite sur laquelle cette circonférence intercepte une longueur donnée.*

La figure montre les constructions, 1°. lorsque le point M est intérieur, 2°. lorsqu'il est extérieur; mais nous ne distinguerons pas ces deux cas dans l'explication, parce qu'elle est identique pour chacun d'eux.

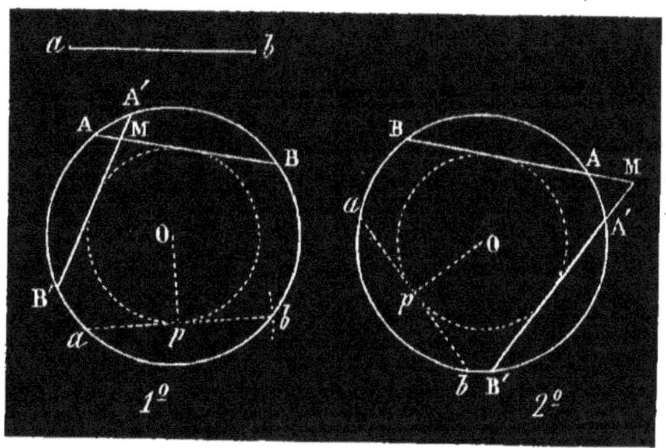

Soit *ab* la longueur que doit avoir la partie interceptée. Toutes les cordes égales que l'on peut inscrire dans une circonférence sont équidistantes du centre de cette circonférence; elles sont donc toutes tangentes à une circonférence concentrique à la première, et ayant pour rayon la distance de l'une quelconque de ces cordes au centre. De là cette construction : inscrivons dans la circonférence donnée une corde égale à *ab*, ce qui n'est pas difficile; abaissons Op perpendiculaire sur cette corde; avec le rayon Op décrivons une circonférence à laquelle il n'y aura plus qu'à mener une ou deux tangentes, suivant les cas.

Quant aux conditions de possibilité de problème, il est bien évident qu'il faut, dans tous les cas, que la longueur *ab* soit plus petite que le diamètre de la circonférence donnée. En outre, lorsque le point M est intérieur à la circonférence donnée, il faut que l'on ait toujours $Op < OM$, ou au plus $Op = OM$.

PROBLÈME XXVI

Construire les tangentes communes à deux circonférences.

1°. *Construction des tangentes extérieures :*

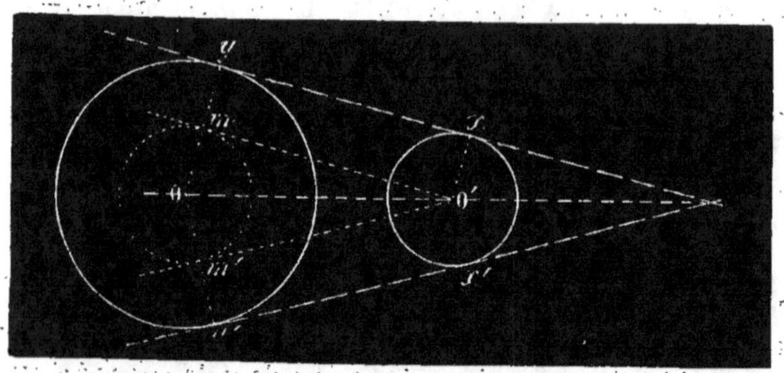

Soit xy une tangente extérieure aux deux circonférences O et O'; joignons Oy et O'x; ces deux lignes, étant toutes deux perpendiculaires à la ligne xy, sont parallèles entre elles. Si maintenant nous menons O'm parallèle à xy, les lignes my et O'x seront égales; la ligne Om sera donc égale à la différence R — R' des rayons des deux circonférences.

Si maintenant nous décrivons du point O comme centre, avec Om pour rayon, une circonférence, cette circonférence sera tangente à la ligne O'm.

On déduit de là cette construction :

Du centre O de la plus grande circonférence décrivons une circonférence ayant pour rayon la différence R — R' des rayons des deux circonférences données; du centre O' de la seconde menons, par le procédé exposé plus haut, des tangentes O'm et O'm' à la circonférence de rayon R — R'. Joignons Om et prolongeons, nous aurons ainsi le point de contact y; et menant O'x parallèle à Oy, nous obtiendrons le second point de contact x.

Il résulte évidemment de la construction qu'il y a deux tangentes extérieures, et par raison de symétrie elles doivent se couper sur la ligne qui joint les centres des deux circonférences.

2°. Construction des tangentes intérieures :

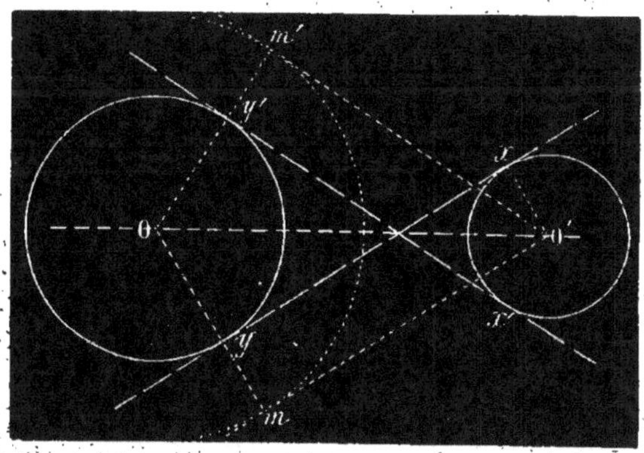

Soit *xy* une tangente intérieure. Joignons O*y* et O'*x* ; menons par le point O' la parallèle O'*m* à cette tangente, etc. ; on a dans ce cas O*m* = R + R'. Les constructions et les raisonnements sont d'ailleurs identiquement les mêmes que dans le cas précédent.

Remarque. — Nous avons supposé que le centre de la plus grande des deux circonférences servait de point de départ à nos constructions ; mais on pourrait également y employer le centre de la plus petite, ces deux centres jouissant, l'un par rapport à l'autre, de propriétés réciproques.

PROBLÈME XXVII.

Mener une circonférence tangente à trois droites données.

Conformément à la remarque que nous avons faite à propos du second cas du Problème 24, le centre de toute circonférence tangente aux deux droites AC et AB, dans l'intérieur de l'angle BAC, doit se trouver sur la bissectrice AO de cet angle ; le centre d'une circonférence tangente aux deux droites AC et CB doit donc aussi se trouver sur la bissectrice de l'angle ACB. On en conclut que le point O, où se rencontrent les deux bissectrices AO et CO, sera le centre d'une circonférence tangente aux trois droites AO, CB et AB ; ce point est, en effet, équidistant de ces trois droites.

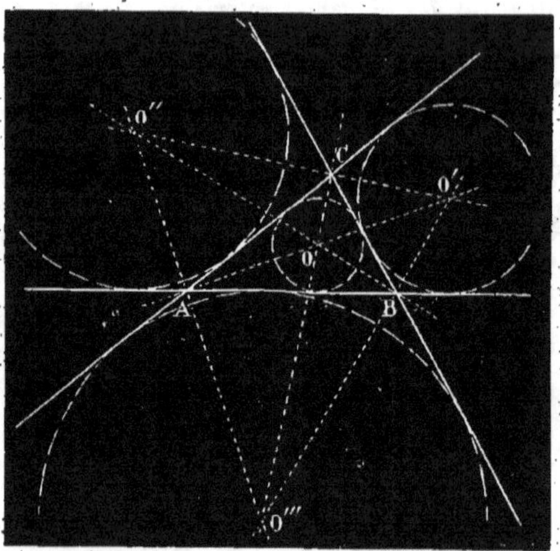

Au lieu de considérer les deux bissectrices des angles CAB et ACO, nous aurions pu prendre les deux bissectrices des angles CAB et ABC; mais le résultat eût été le même, car le point d'intersection de deux de ces bissectrices appartient à la troisième. En effet, le point O, considéré comme intersection des deux bissectrices AO et CO, est équidistant des côtés AB et BC; il appartient donc à la bissectrice de l'angle formé par ces côtés.

Une fois le point O trouvé, la construction est facile à achever. Il n'y a, en effet, qu'à abaisser de ce point une perpendiculaire sur l'une des droites AB, par exemple : ce sera le rayon de la circonférence cherchée.

Nous avons spécialement considéré les angles formés par les trois droites AB, AC et CB, à l'intérieur du triangle ABC; mais on peut faire les mêmes raisonnements sur les angles formés par ces lignes et par leurs prolongements. On obtient ainsi les centres O', O", O''', de trois autres circonférences tangentes aux côtés du triangle ABC et à leurs prolongements.

La circonférence O est dite *inscrite* au triangle ABC ; les trois circonférences O', O", O''', lui sont *ex-inscrites*.

La figure formée par les 6 bissectrices des trois angles du triangle ABC et de leurs suppléments mérite d'être remarquée.

On voit que les bissectrices des angles extérieurs de ce triangle forment un triangle o', o'', o''', dont les bissectrices des angles intérieurs du triangle ABC sont les hauteurs.

Choix de questions proposées comme exercices.

THÉORÈMES A DÉMONTRER.

1. — Un point P étant donné dans l'intérieur d'une circonférence, démontrer que les distances de ce point aux extrémités du diamètre qui y passe sont : l'une le minimum, l'autre le maximum des distances de ce point à la circonférence.

2. — Les diagonales d'un trapèze inscriptible se coupent sur le diamètre qui passe par le point de rencontre des côtés non parallèles. — Ce diamètre est perpendiculaire aux bases du trapèze.

3. — Si par un des points de rencontre de deux circonférences on mène une parallèle à la ligne de leurs centres, la somme des longueurs interceptées sur cette parallèle par les deux circonférences est égale au double de la distance des centres.

4. — Dans tout polygone convexe inscrit d'un nombre pair de côtés, la somme des angles de rang pair est égale à la somme des angles de rang impair.

[On s'appuiera sur ce que tout polygone d'un nombre pair de côtés peut être décomposé en quadrilatères par un certain nombre de diagonales issues d'un même sommet.]

5. — Étant donné un quadrilatère inscriptible, si on décrit, avec des rayons quelconques, quatre circonférences qui aient pour cordes chacune un des côtés de ce quadrilatère, ces cir-

conférences se couperont à nouveau en quatre points intérieurs au quadrilatère donné. Démontrer que ces quatre points sont aussi les sommets d'un quadrilatère inscriptible.

6. — Le diamètre de la circonférence inscrite dans un triangle rectangle est égal à l'excès de la somme des côtés de l'angle droit sur l'hypoténuse.

7. — Lorsque deux circonférences sont tangentes, si, par leur point de contact, on mène deux sécantes communes, les cordes qui joignent les extrémités de ces sécantes sont parallèles.

8. — Dans tout quadrilatère les bissectrices des quatre angles se coupent en quatre points qui sont les sommets d'un quadrilatère inscriptible.

9. — Les bissectrices des angles formés par les côtés opposés d'un quadrilatère sont perpendiculaires entre elles.

10. — Étant donnée une circonférence O et un point P intérieur ou extérieur, toutes les cordes passant par ce point ont leur milieu sur une circonférence décrite sur la distance OP comme diamètre.

PROBLÈMES.

1. — Étant données deux droites, tracer une circonférence de rayon donné qui intercepte sur ces deux droites des cordes de longueurs données.

2. — Tracer une circonférence qui passe par un point donné et qui soit tangente à une droite donnée en un point donné.

3. — Tracer une circonférence d'un rayon donné passant par un point donné, et qui soit tangente à une droite donnée.

4. — Décrire une circonférence qui intercepte sur deux parallèles des cordes de longueurs données.

5. — Décrire une circonférence qui passe par un point donné et soit tangente à une circonférence en un point donné.

6. — Décrire une circonférence qui passe par deux points donnés, et qui coupe une circonférence donnée de manière que la corde commune soit parallèle à une direction donnée.

7. — Construire un triangle, connaissant un angle, l'un des côtés qui comprennent cet angle et la somme ou la différence des deux autres côtés.

8. — Inscrire entre deux circonférences données une droite de longueur donnée et qui soit parallèle à une direction donnée.

9. — Tracer une circonférence qui passe à égale distance de quatre points donnés.

10. — Inscrire dans un cercle donné deux cordes dont la somme soit donnée, et qui partent chacune d'un point donné de la circonférence.

11. — Construire un triangle, connaissant la base, la hauteur correspondante à cette base et l'angle qui lui est opposé.

12. — Construire un triangle, connaissant l'un des côtés, l'angle opposé et la somme ou la différence des deux autres côtés.

13. — Construire un triangle, connaissant un côté, l'angle opposé et le rayon du cercle inscrit.

14. — Étant donnée une circonférence, trouver le lieu des points tels que les tangentes que l'on peut mener à cette circonférence fassent un angle donné.

15. — Étant données trois circonférences, trouver un point tel que les tangentes menées de ce point aux trois circonférences soient égales.

16. — Construire un parallélogramme, connaissant ses diagonales et leur angle.

17. — Construire un triangle, connaissant chacun des angles et la somme de ses côtés.

18. — Décrire, avec un rayon donné, une circonférence tangente à une circonférence donnée et dont le centre se trouve sur une ligne donnée.

19. — Décrire une circonférence tangente à une droite donnée en un point donné, et à une circonférence donnée.

20. — Étant données deux droites et un point sur l'une d'elles, décrire un cercle qui touche cette droite au point donné, et qui coupe une circonférence donnée de manière que la corde commune soit parallèle à la seconde droite.

N. B. Nous engageons le lecteur qui désirerait s'exercer sur un plus grand nombre de problèmes, ou connaître la solution de plusieurs de ceux-ci, à consulter l'excellent recueil de Théorèmes et Problèmes de M. E. Catalan.

[illegible]

[illegible]
[illegible]
[illegible]
[illegible]

[illegible]
[illegible]

[illegible]
[illegible]
[illegible]

[illegible]

[illegible]
[illegible]
[illegible]
[illegible]

[illegible]

LIVRE .III

DÉFINITIONS DE QUELQUES TERMES.

Aire. — On appelle *aire* d'une figure la surface de cette figure considérée au point de vue de sa grandeur. On emploie d'ailleurs indifféremment, dans le même sens, le mot *aire* et le mot *surface*. C'est ainsi qu'on dira à volonté l'*aire d'un triangle* ou la *surface d'un triangle*.

Deux aires ou surfaces qui ne sont pas superposables, mais qui sont composées de parties égales, ou bien dont le rapport à une troisième est le même, sont dites *équivalentes*.

Hauteur. — On appelle *hauteur* d'un point au-dessus d'une ligne la longueur de la perpendiculaire abaissée du point sur la ligne.

Quand le point est le sommet C, par exemple, d'un triangle,
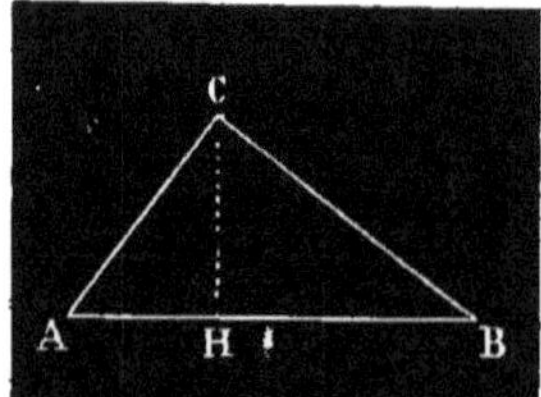
on rapporte la position de ce sommet au côté opposé AB, qui porte alors le nom de *base*.

La ligne CH s'appelle alors *hauteur du triangle*.

Il n'y a pas de raison pour prendre pour base un côté plutôt qu'un autre ; un triangle a donc *trois bases* et *trois hauteurs*. L'usage a consacré ces expressions parce qu'elles servent à abréger le discours.

Le mot *hauteur* s'applique aussi à la distance de deux côtés parallèles d'un parallélogramme ou d'un trapèze.

Projection. — On appelle *projection* d'un point A sur une droite XY le pied *a* de la perpendiculaire abaissée du point A sur cette ligne XY.

On appelle *projection* d'une droite AB la distance *ab* des projections de ses extrémités.

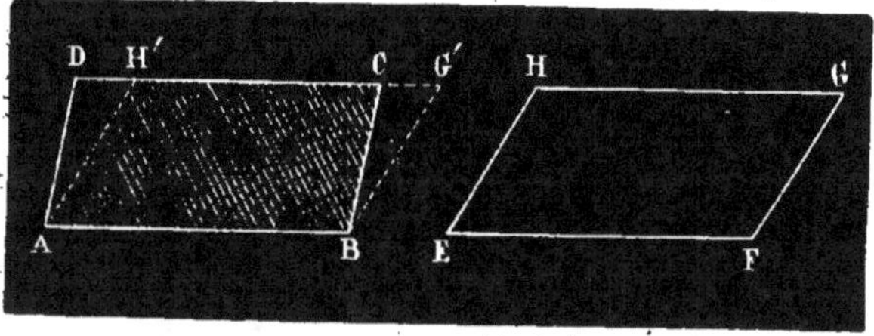

THÉORÈMES FONDAMENTAUX DE LA MESURE DES SURFACES.

THÉORÈME Ier.

Deux parallélogrammes ABCD et EFGH, qui ont des bases égales et même hauteur, sont équivalents.

Portons le parallélogramme EFGH sur le parallélogramme ABCD, de telle sorte que la base EF coïncide avec la base AB,

ce qui pourra avoir lieu, puisqu'elles sont supposées égales. Les hauteurs étant aussi égales par hypothèse, la base supérieure HG viendra prendre sur la ligne CD une position telle que H'G'.

Dans cette situation, les deux parallélogrammes ont une partie commune ABCH'; si à cette partie commune on ajoute le triangle ADH', on a le parallélogramme ABCD; si à cette même partie on ajoute le triangle BG'C, on a le parallélogramme ABG'H', qui est la même chose que EFGH. Si donc nous pouvons démontrer que ces deux triangles sont égaux, nous aurons démontré que les deux parallélogrammes sont composés d'une partie commune et de parties égales entre elles, et sont par conséquent équivalents, c'est-à-dire égaux en surface.

Or, les deux triangles ADH′ et BCG′ ont les côtés AD = BC et AH′ = BG′ comme côtés opposés de mêmes parallélogrammes, et en outre *angle* DAH′ = *angle* CBG′, les côtés de ces angles étant parallèles et dirigés dans le même sens. Ainsi ces deux triangles sont égaux. Donc, etc.

Corollaire. — *Tout parallélogramme ABCD est équivalent au rectangle RSPQ de même base et de même hauteur.*

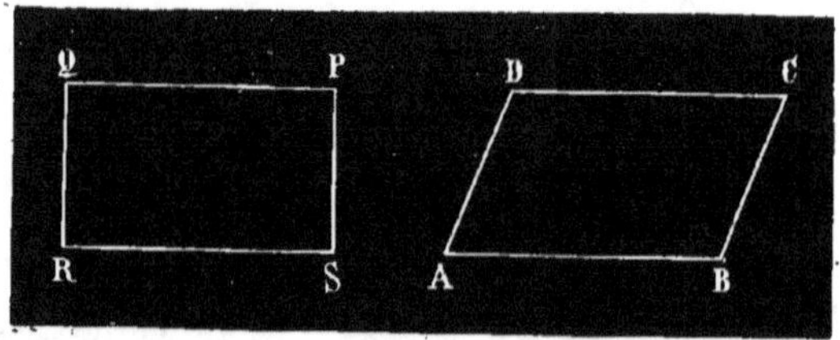

Car, le rectangle étant un parallélogramme, ceci n'est qu'un cas particulier du théorème.

THÉORÈME II.

Deux rectangles de même hauteur sont entre eux comme leurs bases.

Soient les deux rectangles ABCD et *abcd*, que j'appellerai, pour abréger, R et *r*, et qui sont construits de manière à avoir

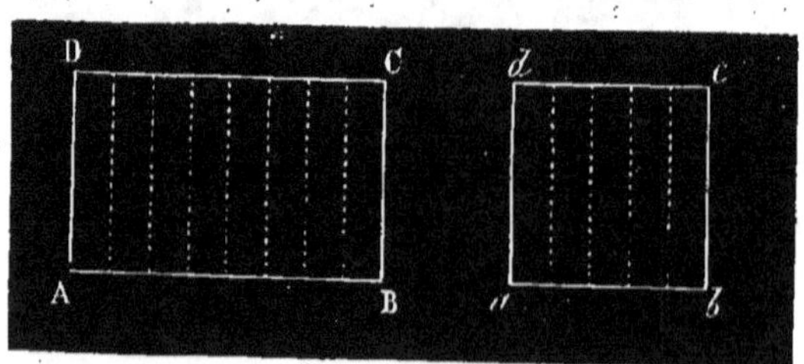

même hauteur, c'est-à-dire AD = *ad*.

Supposons aux bases de ces deux rectangles une commune mesure qui soit contenue, par exemple, 8 fois dans AB et 5 fois dans *ab*. On aura donc

$$\frac{AB}{ab} = \frac{8}{5} \qquad\qquad [1]$$

Partageons donc, puisque cela est possible, AB en 8 et ab en 5 parties toutes égales entre elles.

Par les points de division que nous obtiendrons, menons des perpendiculaires aux bases AB et ab : nous formerons ainsi une série de petits rectangles tous égaux entre eux, comme ayant même base et même hauteur. Le rectangle ABCD contiendra 8 de ces petits rectangles, et le rectangle $abcd$ en contiendra 5 ; on pourra donc écrire

$$\frac{R}{r} = \frac{8}{5} \qquad\qquad [2]$$

Or, en vertu des égalités [1] et [2] les deux rapports $\dfrac{R}{r}$ et $\dfrac{AB}{ab}$ sont égaux entre eux comme l'étant à un troisième ; on peut donc écrire

$$\frac{R}{r} = \frac{AB}{ab} \qquad\qquad C.\,Q.\,F.\,D.$$

Remarque. — Nous avons supposé que les deux bases AB et ab étaient commensurables entre elles ; pour le cas où elles seraient incommensurables, nous prions le lecteur de se reporter à l'introduction du Livre II (page 72), où nous avons donné une fois pour toutes le raisonnement à employer dans ce cas.

Corollaire. — *Deux rectangles de même base sont entre eux comme leurs hauteurs.*

On peut, en effet, dans un rectangle, prendre à volonté un même côté pour base ou pour hauteur.

THÉORÈME III.

Deux rectangles quelconques sont entre eux comme les produits de leurs bases par leurs hauteurs.

Soient deux rectangles R et r dont les bases sont B et b et les hauteurs H et h.

Imaginons un troisième rectangle R′ ayant la base B du premier et la hauteur h du second ; ce rectangle R′ ayant une dimension commune avec chacun des deux rectangles R et r, ceux-ci pourront lui être comparés d'après le Théorème précédent. Nous exprimerons alors les valeurs de R et de r au moyen de R', et en comparant entre elles ces valeurs, nous aurons le rapport de R à r que nous cherchons. Nous trouvons ainsi :

$$\frac{R}{R'} = \frac{H}{h}, \qquad \text{d'où} \qquad R = R'.\frac{H}{h} \qquad [1]$$

et

$$\frac{r}{R'} = \frac{B}{b}, \qquad \text{d'où} \qquad r = R'.\frac{b}{B} \qquad [2]$$

En divisant les deux égalités [1] et [2] membre à membre, il vient

$$\frac{R}{r} = \frac{R'.\dfrac{H}{h}}{R'.\dfrac{b}{B}}.$$

En supprimant le facteur commun R' et effectuant la division indiquée des deux fractions $\dfrac{H}{h}$ et $\dfrac{b}{B}$, il reste

$$\frac{R}{r} = \frac{B.H}{b.h};$$

ce qui justifie l'énoncé du Théorème.

Remarque. — Il va sans dire que dans l'expression $\dfrac{B.H}{b.h}$ les lettres B, H, b, h, représentent non pas les lignes elles-mêmes, mais les nombres qui expriment leur grandeur évaluée au moyen d'une certaine unité.

Le rapport $\dfrac{B.H}{b.h}$ peut s'écrire $\dfrac{B}{b}.\dfrac{H}{h}$, de telle sorte que l'on peut énoncer le théorème sous cette forme : *Le rapport de deux rectangles est égal au produit du rapport de leurs bases multiplié par le rapport de leurs hauteurs.*

Corollaire. — *Deux parallélogrammes sont entre eux comme les produits de leurs bases par leurs hauteurs.*

Cela résulte de ce que tout parallélogramme est équivalent au rectangle de même base et de même hauteur. (Th. 1, Coroll.)

THÉORÈME IV.

La surface d'un rectangle est au carré construit avec l'unité de longueur pour côté comme le produit des nombres qui mesurent sa base et sa hauteur est à l'unité.

En d'autres termes, *le rectangle a pour mesure le produit de sa base par sa hauteur.*

En effet, le rapport de deux rectangles R et r pouvant s'écrire

$$\frac{R}{r} = \frac{B}{b} \cdot \frac{H}{h}, \qquad [1]$$

si nous supposons que r soit le carré construit sur l'unité de longueur, alors $b = h =$ *l'unité de longueur*, de telle sorte que B et H sont les nombres qui expriment les longueurs de la base et de la hauteur mesurées avec cette même unité; l'égalité [1] exprime donc bien que le rectangle R contient autant de fois l'unité pour les surfaces qu'il y a d'unités dans le produit des nombres qui mesurent sa base et sa hauteur, ou, plus brièvement, qu'*il est mesuré par le produit de sa base par sa hauteur.*

Comme dans le cas supposé, on prend le rectangle r pour unité; on aura donc $r = 1$, $b = 1$, $h = 1$; et on écrira $R = B \cdot H$.

Corollaire. — *Le parallélogramme a pour mesure le produit de sa base par sa hauteur.*

Scholie. — Les deux côtés d'un rectangle sont appelés ses *deux dimensions*; ce sont, en effet, les grandeurs de ces deux éléments qui déterminent la valeur superficielle de ce rectangle.

Dans le parallélogramme, les dimensions sont une base et la hauteur correspondante; etc.

En général, on appelle *dimensions* d'une figure les éléments de cette figure qui suffisent pour en déterminer la grandeur superficielle.

Le Théorème 4 rend compte aussi de l'expression *produit de deux lignes* que l'on emploie habituellement au lieu de *rectangle construit avec deux lignes pour dimensions;* inversement on dit souvent *rectangle de deux lignes* pour *produit des nombres qui représentent ces deux lignes.*

Cela explique encore comment a dû s'introduire dans le langage l'expression *carré d'un nombre* pour exprimer le *produit de deux nombres égaux.* C'est ainsi que le carré construit avec une ligne a pour côté, ou bien le produit de deux facteurs égaux au nombre a, se représenteront l'un et l'autre par $a.a$ ou a^2.

THÉORÈME V.

Tout triangle étant la moitié d'un parallélogramme de même base et de même hauteur a pour mesure la moitié du produit de sa base par sa hauteur.

Étant donné le triangle ABC, menons par les sommets C et B des parallèles CD et BD aux côtés AB et AC : nous formons ainsi

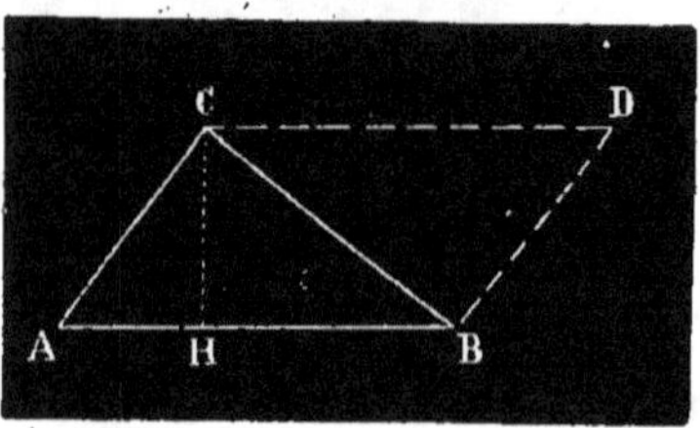

un parallélogramme ABDC, qui a même base AB et même hauteur CH que le triangle ABC. D'ailleurs le triangle ABC est évidemment la moitié de ce parallélogramme (I, Th. 26); il a donc pour mesure la moitié de la mesure de ce parallélogramme, c'est-à-dire la moitié du produit de sa base par sa hauteur.

Scholie. — D'après l'énoncé du théorème, on a :

$$\text{surface } ABC = \frac{1}{2}\,(AB.CH);$$

mais $\frac{1}{2}(AB.CH)$ peut s'écrire $AB.\dfrac{CH}{2}$; aussi se sert-on souvent de l'énoncé : *Un triangle a pour mesure le produit de sa base par la moitié de sa hauteur.*

Corollaire 1er. — *Deux triangles de même base sont entre eux comme leurs hauteurs, et deux triangles de même hauteur sont entre eux comme leurs bases.*

Corollaire 2ᵉ. — *Deux triangles qui ont même base AB et*

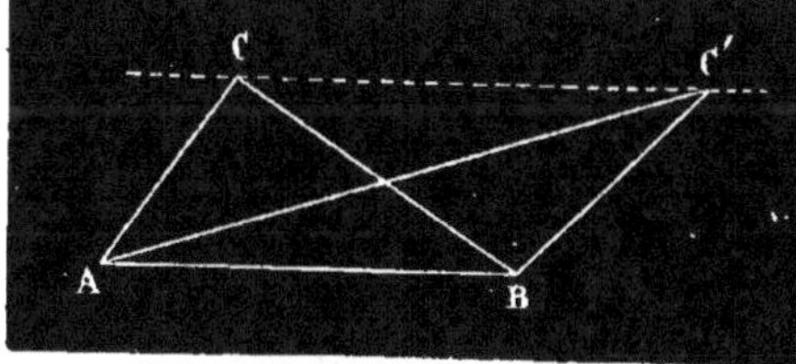

leurs sommets C et C′ sur une même parallèle à la base sont équivalents.

Ils se trouvent, en effet, avoir même base et même hauteur.

Corollaire 3ᵉ. — *Deux triangles ABC, $A_1B_1C_1$, qui ont deux côtés égaux chacun à chacun, comprenant des angles supplémentaires, sont équivalents.*

Supposons que l'on ait

$$AB = A_1B_1, \qquad AC = A_1C_1 \qquad \text{et} \quad \text{angle A} + \text{angle } A_1 = 2 \text{ droits.}$$

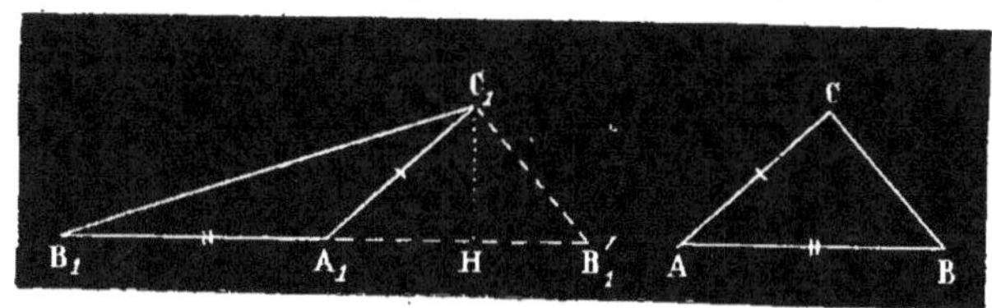

Portons le triangle ABC contre le triangle $A_1B_1C_1$, de manière à faire coïncider les deux côtés égaux AC et A_1C_1. Les deux angles A et A_1 étant supplémentaires, le côté AB prendra la direction A_1B_1', prolongement de B_1A_1 (I, Th. 2, Récipr.).

Si donc nous abaissons du point C_1 la ligne C_1H, perpendiculaire sur B_1B_1', cette ligne servira de hauteur aussi bien au triangle $A_1B_1C_1$ qu'au triangle $A_1C_1B_1'$, et comme on a supposé $A_1B_1' = AB = A_1B_1$, on voit que les deux triangles proposés ont même base et même hauteur ; ils sont donc équivalents.

THÉORÈME VI.

Les aires de deux triangles qui ont un angle égal ou supplémentaire compris entre des côtés différents sont entre elles comme les produits des côtés qui comprennent ces angles.

1°. Soient donnés les deux triangles ABC et A′DE qui ont les angles A et A′ égaux, je dis que l'on aura :

$$\frac{\text{triangle A B C}}{\text{triangle A′D E}} = \frac{AB \cdot AC}{A′D \cdot A′E}$$

Pour le démontrer, portons le triangle A'DE sur le triangle ABC, de manière à faire coïncider l'angle A' avec l'angle A qui lui est égal; le triangle A'DE vient alors prendre la position A D'E'.

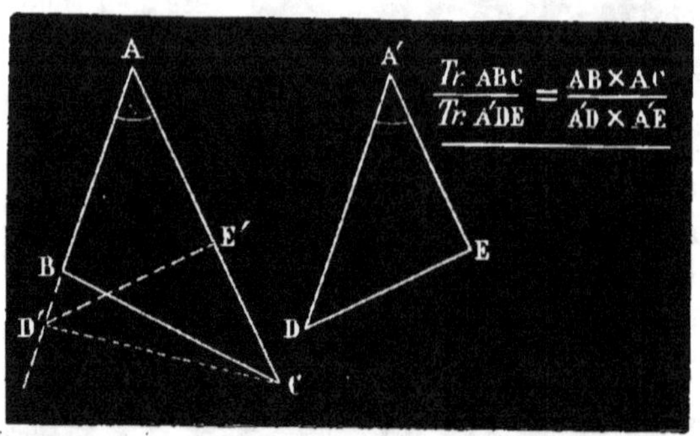

Pour pouvoir comparer les deux triangles ABC et A D'E' entre eux, nous allons successivement les comparer à un troisième, le triangle A D'C, par exemple, que l'on formera en joignant un sommet D' de l'un des triangles au sommet opposé C de l'autre triangle. [On aurait pu aussi bien joindre BE'.]

Le triangle ABC et le triangle A D'C ayant même sommet C et leurs bases sur la même droite, ils sont entre eux comme ces bases; on a donc

$$\frac{triangle\ A\,B\,C}{triangle\ A\,D'C} = \frac{A\,B}{AD'} = \frac{A\,B}{A'D},$$

d'où $\qquad\qquad tr.\ ABC = A\,D'C\,.\,\dfrac{A\,B}{A'D}.$ $\qquad\qquad$ [1]

Pour la même raison on aura aussi

$$\frac{triangle\ A\,D'E'}{triangle\ A\,D'C} = \frac{AE'}{A\,C} = \frac{A'E}{A\,C},$$

d'où $\qquad triangle\ A'D\,E = triangle\ A\,D'C\,.\,\dfrac{A'E}{A\,C}.$ $\qquad\qquad$ [2]

En divisant membre à membre les deux égalités [1] et [2], et supprimant le facteur commun triangle A D'C, il vient

$$\frac{triangle\ A\,B\,C}{triangle\ A'D\,E} = \frac{\dfrac{AB}{AD'}}{\dfrac{AE'}{AC}} = \frac{A\,B\,.\,A\,C}{A'D\,.\,A'E}.$$

2°. Le Théorème s'applique aussi à deux triangles qui ont deux angles supplémentaires, car on peut toujours remplacer l'un d'eux par un triangle d'angle supplémentaire compris entre les mêmes côtés, ce qui fait rentrer ce cas dans le précédent : et nous savons que deux triangles qui ont deux angles supplémentaires compris entre les mêmes côtés sont équivalents. (Th. 5, Coroll. 2ᵉ.)

On peut d'ailleurs démontrer aussi ce cas directement. Nous engageons le lecteur à le faire comme exercice.

THÉORÈME VII.

La surface d'un trapèze a pour mesure le produit de la demi-somme de ses bases par sa hauteur.

Partageons le trapèze ABCD en deux triangles au moyen de la diagonale BD.

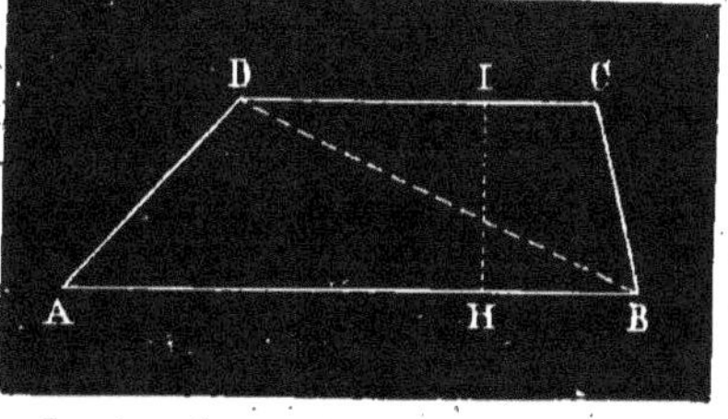

On a

$$\text{triangle ABD} = \frac{1}{2}\,AB \cdot IH$$

et

$$\text{triangle DCB} = \frac{1}{2}\,CD \cdot IH.$$

Le trapèze qui est la somme de ces deux triangles aura donc pour mesure

$$\frac{1}{2}\,AB \cdot IH + \frac{1}{2}\,CD \cdot IH; \quad \text{ou, en réduisant,} \quad \frac{1}{2}\,(AB + CD) \cdot IH.$$

Scholie I. — Nous avons démontré plus haut (I, Th. 31) que la ligne MM' qui joint les milieux des côtés non parallè-

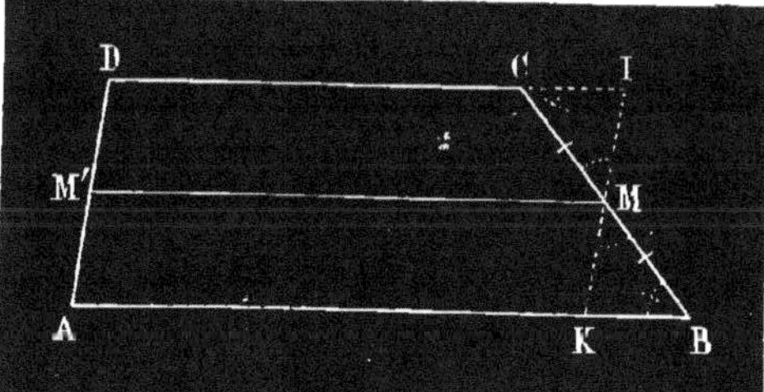

les d'un trapèze était égale à leur demi-somme ; au lieu de $\frac{1}{2}\,(AB + CD)$, on peut donc écrire MM', et dire que *la surface d'un trapèze a pour mesure le produit de sa hauteur par la ligne qui joint les milieux de ses côtés non parallèles.*

Scholie II. — On peut donner aussi l'expression que voici de la mesure du trapèze :

Le trapèze a pour mesure le produit de l'un AD de ses côtés non parallèles par la perpendiculaire Mm abaissée du milieu du second sur le premier.

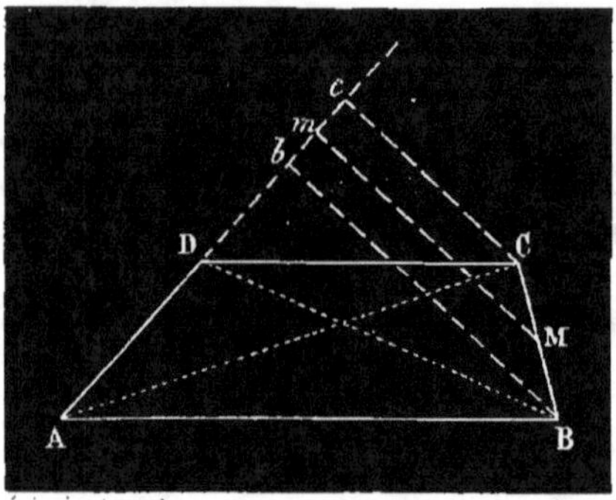

Prolongeons le côté AD, par exemple, et des extrémités de l'autre côté BC abaissons les perpendiculaires Bb et Cc, puis décomposons comme ci-dessus le trapèze en deux triangles par la diagonale BD.

Le triangle ABD étant considéré comme ayant AD pour base, on a

$$\text{triangle ADB} = \tfrac{1}{2}\, \text{AD}\,.\,\text{B}b.$$

Quant au triangle DCB, nous pouvons le remplacer par le triangle DCA, qui a même base et même hauteur.

$$\text{triangle DCB} = \text{triangle DCA} = \tfrac{1}{2}\, \text{AD}\,.\,\text{C}c.$$

La surface du trapèze peut donc être représentée par

$$\tfrac{1}{2}\text{AD}\,.\,\text{B}b + \tfrac{1}{2}\text{AD}\,.\,\text{C}c \qquad \text{ou} \qquad \text{AD}\,\frac{(\text{B}b+\text{C}c)}{2}.$$

Mais la figure BCbc est aussi un trapèze, et si du milieu M du côté BC nous abaissons la perpendiculaire Mm, cette ligne sera parallèle aux bases et égale à leur demi-somme ; on pourra donc remplacer $\dfrac{\text{B}b + \text{C}c}{2}$ par Mm, et il vient finalement

$$\text{trapèze ABCD} = \text{AD}\,.\,\text{M}m.$$

THÉORÈMES

DESTINÉS A ÉTABLIR CERTAINES RELATIONS NUMÉRIQUES ENTRE LES LIGNES QUI COMPOSENT QUELQUES FIGURES SIMPLES.

A ne considérer que ce que nous avons vu jusqu'ici de la géométrie, il semblerait que cette science n'a d'autre but que d'apprendre à *tracer* certaines figures satisfaisant à des conditions données. Ainsi restreinte, cette science conserverait encore une immense utilité, tout en se trouvant considérablement amoindrie. Mais la construction graphique n'est qu'un des moyens que nous fournit la géométrie pour la résolution de certaines questions ; ce moyen devient souvent illusoire à cause de l'insuffisance matérielle de nos instruments et de nos organes, tandis qu'aucun degré de grandeur ni de petitesse ne peut jamais être un obstacle au développement des calculs équivalant à une construction graphique indiquée. Il y a mieux : à toute construction graphique correspond toujours un calcul pouvant faire connaître ce que l'on cherche avec tel degré d'approximation que l'on peut désirer ; mais il y a un nombre infini de calculs qui ne peuvent être remplacés par aucune construction graphique, au moins faite avec les instruments usuels.

On conçoit donc que le but général de la géométrie doit être d'établir des relations entre les nombres qui représentent les grandeurs des divers éléments des figures, pour ensuite déduire de ces relations le moyen de calculer des éléments inconnus, ou bien établir des relations nouvelles entre les éléments donnés.

Aux deux points de vue qui viennent d'être indiqués correspondent deux méthodes de démonstration et d'investigation, l'une ne considérant que les figures, l'autre ne considérant que les relations numériques existant entre les éléments de ces figures. La raison de simplicité fait donner la préférence tantôt à l'une, tantôt à l'autre de ces deux méthodes ; le plus souvent on les entremêle ; mais ce qu'il est important pour les commençants de se bien persuader, c'est qu'elles se valent, et qu'au fond elles sont entièrement équivalentes.

Les Théorèmes qui vont suivre sont un exemple de cette alliance des considérations faites directement sur certaines figures, et de l'emploi du calcul pour exprimer les relations qui existent entre les éléments de ces figures.

THÉORÈME VIII.

1°. *Le rectangle construit avec une ligne et la somme de deux autres est égal à la somme des rectangles construits séparément avec la première et chacune de ces deux autres.*

2°. *Le rectangle construit avec une ligne et la différence de deux autres est égal à la différence des rectangles construits séparément avec la première et chacune des deux autres.*

1°. Il est évident, d'après la figure, que le rectangle MQRS, qui a pour dimensions la ligne MS et la somme MQ des deux lignes MP et PQ, est égal à la somme des rectangles MPP_1S et $PQRP_1$, qui ont pour dimensions les lignes MP et PQ et la ligne MS.

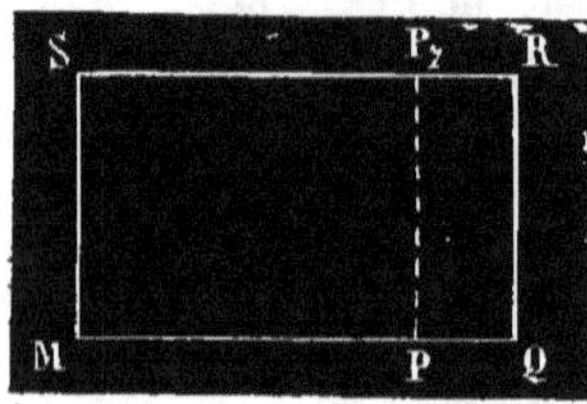

Si l'on pose

$$MP = a, \qquad PQ = b, \qquad MS = c,$$

ce Théorème se traduira algébriquement par l'expression

$$(a + b)c = ac + bc,$$

car, d'après le Théorème 4, les rectangles $MQRS$, MPP_1S et PP_1QR, ont respectivement pour expression de leurs surfaces $(a + b)c$, ac et bc.

2°. En faisant une figure convenable, on verrait de même que
$$(a - b)c = ac - bc.$$

THÉORÈME IX.

Le rectangle construit avec la somme (a + b) *de deux lignes et la somme* (c + d) *de deux autres est égal à la somme des rectangles de ces lignes prises deux à deux.*

On a, en effet, d'après le Théorème précédent, en considérant $(c + d)$ comme une seule ligne :

$$(a + b)(c + d) = a(c + d) + b(c + d).$$

En appliquant à nouveau le même Théorème, cette expression devient

$$(a + b)(c + d) = ac + ad + bc + bd.$$

Corollaire. — *Le carré construit sur la somme* $(a + b)$ *de deux lignes est égal à la somme des carrés construits sur chacune de ces lignes, plus deux fois le rectangle construit avec ces deux lignes.*

Si, en effet, nous supposons dans l'expression précédente $c = a$ et $d = b$, on trouve

$$(a + b)(a + b) = a^2 + ab + ab + b^2 = a^2 + 2ab + b^2.$$

ou $$(a + b)^2 = a^2 + 2ab + b^2.$$

THÉORÈME X.

Le rectangle construit avec la somme $(a + b)$ *de deux lignes et la différence* $(c - d)$ *de deux autres est égal à la somme des rectangles construits avec chacune des deux premières et celle des deux dernières qui a le signe* $+$ (^{1}), *moins la somme des rectangles construits avec ces deux premières et celle des deux dernières qui a le signe* $-$.

En appliquant toujours le Théorème 8, on trouve comme ci-dessus

$$(a + b)(c - d) = (a + b)c - (a + b)d = ac + bc - ad - bd.$$

Corollaire. — *Le rectangle construit avec la somme* $(a + b)$ *de deux lignes et leur différence* $(a - b)$ *est égal à la différence des carrés construits sur ces lignes.*

Si, en effet, on fait $c = a$, $b = d$, on trouve que la formule précédente devient

$$(a + b)(a - b) = a^2 - b^2.$$

(^{1}) Une quantité qui n'est précédée d'aucun signe est supposée avoir le signe $+$.

THÉORÈME XI.

Le rectangle construit avec la différence (a — b) *de deux lignes et la différence* (c — d) *de deux autres est égal à la somme des rectangles ac et bd, moins la somme des rectangles bc et ad;*

C'est-à-dire à la somme des rectangles faits avec celles de ces lignes qui ont le même signe, moins la somme des rectangles faits avec celles qui ont des signes différents.

En appliquant une première fois le Théorème 8 nous trouvons

$$\text{rectangle } (a-b)(c-d) = \text{rectangle } a(c-d) - \text{rectangle } b(c-d).$$

On a d'ailleurs $\text{rectangle } b(c-d) = bc - bd$.

Si donc on a à retrancher le *rectangle* $b(c-d)$, on pourra retrancher d'abord le rectangle bc, mais il faudra rajouter au reste le rectangle bd, retranché de trop; il viendra donc finalement

$$(a-b)(c-d) = ac - cd - bc + bd.$$

Corollaire. — *Le carré construit sur la différence* (a — b) *de deux lignes est égal à la somme des carrés construits sur chacune de ces lignes, moins deux fois le rectangle construit avec ces deux lignes.*

Faisons, en effet, dans la formule précédente, $c = a$, $d = b$; elle devient

$$(a-b)(a-b) = (a-b)^2 = a^2 - 2ab + b^2.$$

Scholie. — Nous aurons fréquemment à faire usage des relations

$$(a+b)^2 = a^2 + 2ab + b^2,$$
$$(a-b)^2 = a^2 - 2ab + b^2,$$
$$(a+b)(a-b) = a^2 - b^2,$$

et nous engageons les commençants à bien se familiariser avec leur emploi.

Ces trois formules peuvent aussi se démontrer directement en construisant des figures spéciales pour chacune d'elles.

·THÉORÈME XII.

Le carré construit sur l'hypoténuse d'un triangle rectangle est égal [en surface] à la somme des carrés construits sur les côtés de l'angle droit.

Sur l'hypoténuse BC et sur chacun des côtés AB et AC de l'angle droit d'un triangle rectangle ABC construisons les carrés BCDE, ABFG, ACKH.

Cela fait, du sommet A de l'angle droit abaissons une ligne AP perpendiculaire sur l'hypoténuse BC; prolongeons cette ligne jusqu'à sa rencontre en Q avec le côté DE du carré BCDE. Ce carré se trouve ainsi partagé en deux rectangles PQDC, PQEB, qui sont respectivement équivalents aux carrés ACKH et ABFG.

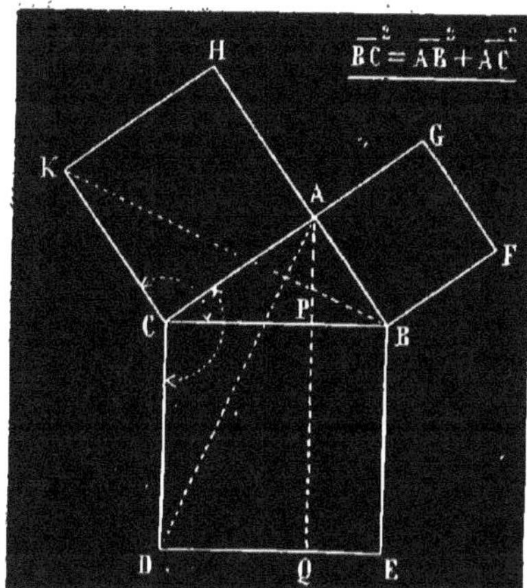

Démontrons d'abord l'équivalence du carré ACKH et du rectangle PQDC.

Dans ce but,. joignons le point K au point B, et le point A au point D; nous formons ainsi les deux triangles BCK et ACD, que je dis être égaux. Leurs angles en C sont égaux comme étant composés chacun d'un angle droit et de la partie commune ACB; les côtés AC et KC sont égaux comme côtés d'un même carré; il en est de même, et pour la même raison, des côtés BC et CD.

Ainsi on a

$$\text{triangle BCK} = \text{triangle ACD}.$$

Mais le triangle BCK a même base et même hauteur que le carré ACKH, il est donc équivalent à la moitié de ce carré; pour la même raison, le triangle ACD est équivalent à la moitié du rectangle PQDC. Les moitiés de ce carré et de ce rectangle étant équivalentes à des triangles égaux, on peut donc écrire :

rectangle PQDC égale en surface *carré* ACKH.

En joignant le point A au point E et le point C au point F, on démontrerait de même que

rectangle PQEB égale en surface *carré* ABFG.

On déduit de là que la somme des deux rectangles PQEB et PQDC, c'est-à-dire le *carré* BCDE, égale en surface le *carré* ABFG, plus le *carré* ACKH : c'est ce qu'il fallait démontrer.

Scholie. — Les surfaces des carrés construits sur les lignes BC, AB et AC, étant représentées par les produits BC.BC, AB.AB et AC.AC, ou $\overline{BC}^2$, $\overline{AB}^2$ et $\overline{AC}^2$, ce théorème peut être exprimé par l'égalité

$$\overline{BC}^2 = \overline{AB}^2 + \overline{AC}^2.$$

Cette même égalité peut être considérée comme exprimant la relation qui existe entre les nombres qui représentent l'hypoténuse et les côtés de l'angle droit d'un triangle rectangle, ces longueurs étant, bien entendu, supposées mesurées avec la même unité.

Corollaire 1er. — *Le carré d'un des côtés de l'angle droit est égal au carré de l'hypoténuse, moins le carré de l'autre côté.*

Corollaire 2e. — *Le carré construit sur la diagonale d'un carré est double de ce carré.*

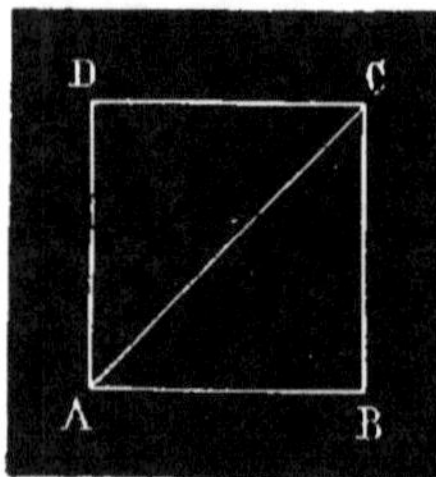

Dans le carré ABCD, menons la diagonale AC ; le triangle ABC étant rectangle en B, on aura $\overline{AC}^2 = \overline{AB}^2 + \overline{BC}^2$, et, comme AB = BC, cette égalité devient

$$\overline{AC}^2 = 2\,\overline{AB}^2.$$

Rapport de la diagonale au côté du carré. — En extrayant la racine carrée des deux membres de l'égalité précédente, il vient

$$AC = \sqrt{2}\,AB, \quad \text{d'où} \quad \frac{AC}{AB} = \sqrt{2}$$

ce qui exprime que la diagonale d'un carré est au côté de ce carré comme $\sqrt{2}$ est à l'unité.

Or, le nombre 2 n'étant pas un carré parfait, $\sqrt{2}$ est incommensurable (voir les Traités d'Arithmétique); la diagonale d'un carré et le côté de ce carré sont donc des lignes incommensurables entre elles.

Corollaire 3°. — *Le carré d'un des côtés de l'angle droit est au carré de l'hypoténuse comme la projection de côté sur l'hypoténuse est à l'hypoténuse.*

Reprenons la figure qui nous a servi à la démonstration du Théorème.

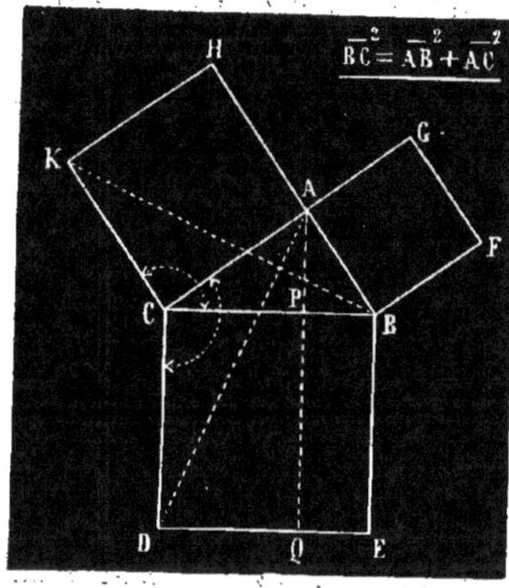

Le rectangle PQDC et le carré BCDE construit sur l'hypoténuse ont même base CD; ils sont donc entre eux comme leurs hauteurs (Th. 2).

On a donc

$$\frac{rectangle\ \text{PQDC}}{carré\ \text{BCDE}} = \frac{\text{CP}}{\text{BC}},$$

et comme le rectangle PQDC est équivalent au carré ACKH. on en conclut

$$\frac{carré\ \text{ACKH}}{carré\ \text{BCDE}} = \frac{\text{CP}}{\text{BC}}, \qquad \text{ou} \qquad \frac{\overline{\text{AC}}^2}{\overline{\text{BC}}^2} = \frac{\text{CP}}{\text{BC}}.$$

On démontrerait de même que $\dfrac{\overline{\text{AB}}^2}{\overline{\text{BC}}^2} = \dfrac{\text{BP}}{\text{BC}}.$

Corollaire 4°. — *Les carrés des côtés de l'angle droit sont entre eux comme les projections de ces côtés sur l'hypoténuse.*

Les deux rectangles PQDC et PQEB, ayant la hauteur CD commune, sont entre eux comme leurs bases CP et BP; les carrés ACKH et ABFG, qui sont égaux en surface à chacun de ces deux rectangles, sont donc entre eux dans le même rapport; on a donc la relation $\dfrac{\overline{\text{AC}}^2}{\overline{\text{AB}}^2} = \dfrac{\text{CP}}{\text{BP}}.$

THÉORÈME XIII.

Dans tout triangle, le carré d'un côté opposé à un angle aigu est égal à la somme des carrés des deux autres côtés, moins deux fois le rectangle de l'un de ces côtés par la projection du second sur le premier.

Soit BC le côté opposé à un angle aigu A dans le triangle ABC ; si l'on abaisse BI perpendiculaire sur AC, la ligne AI sera la projection du côté AB, et on devra avoir

$$\overline{BC}^2 = \overline{AB}^2 + \overline{AC}^2 - 2\,AC\,.\,AI.$$

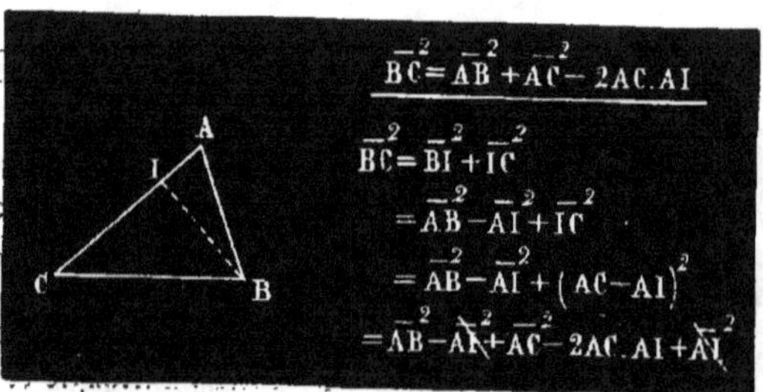

Pour le démontrer, remarquons que, le triangle ABC étant rectangle en I, on a

$$\overline{BC}^2 = \overline{BI}^2 + \overline{IC}^2.$$

Il n'y a maintenant qu'à remplacer BI et IC par leurs valeurs dans cette égalité. Or, le triangle AIB donne

$$\overline{BI}^2 = \overline{AB}^2 - \overline{AI}^2 ;$$

la ligne IC est d'ailleurs égale à AC — AI ; on aura donc

$$\overline{BC}^2 = \overline{AB}^2 - \overline{AI}^2 + (AC - AI)^2,$$

et, en développant le carré de (AC — AI) d'après le Corollaire du Théorème 11, il vient

$$\overline{BC}^2 = \overline{AB}^2 - \overline{AI}^2 + \overline{AC}^2 + \overline{AI}^2 - 2\,AC\,.\,AI,$$

ce qui se réduit à

$$\overline{BC}^2 = \overline{AB}^2 + \overline{AC}^2 - 2\,AC\,.\,AI. \qquad C.\ Q.\ F.\ D.$$

Remarque I. — On eût pu aussi bien abaisser une perpendiculaire CK du point C sur AB, et alors on eût trouvé par des calculs identiques aux précédents

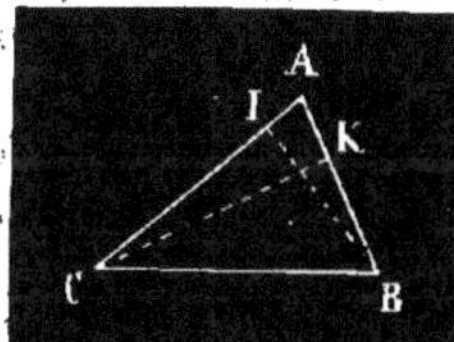

$$\overline{BC}^2 = \overline{AB}^2 + \overline{AC}^2 - 2AB \cdot AK.$$

Remarque II. — Ainsi qu'on a pu le remarquer, la démonstration que nous venons de donner de ce théorème est déduite à l'aide du *calcul* de la relation précédemment démontrée entre l'hypoténuse d'un triangle rectangle et les côtés de l'angle droit.

Mais on aurait pu aussi bien donner de ce même Théorème une démonstration purement géométrique; c'est ce que nous allons faire.

Construisons donc sur chacun des côtés du triangle les carrés ACKH, BCDE,

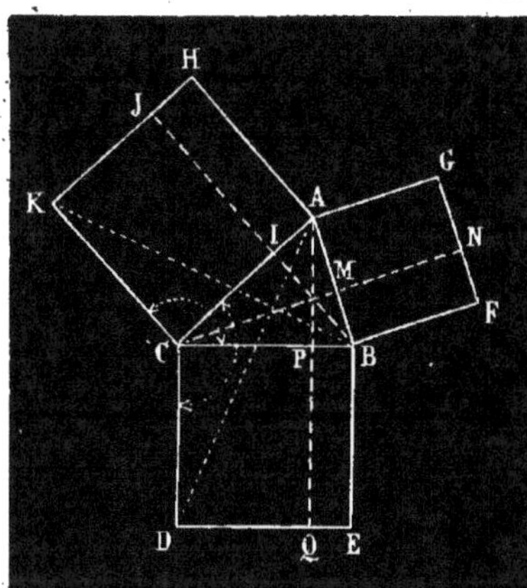

ABFG. Des sommets A, B et C, abaissons des perpendiculaires AP, BI, CM, sur les côtés opposés; prolongeons ces perpendiculaires jusqu'à leur rencontre en Q, J, N, avec les côtés des carrés construits sur ces côtés.

Chacun des carrés construits sur les côtés du triangle se trouve ainsi partagé en deux rectangles; cela fait en tout six rectangles qui offrent cette particularité qu'ils sont équivalents deux à deux. Ceux qui sont ainsi équivalents entre eux sont ceux qui sont adjacents à un même sommet du triangle. D'après cela, AIJH et AMNG sont équivalents entre eux; il en est de même des rectangles MNFB et BPQE, PQDC et CJIK. Démontrons, par exemple, l'équivalence de ces deux derniers.

Pour cela, joignons KB et DA. Les deux triangles KCB et ACD sont égaux comme ayant un angle égal compris entre côtés égaux chacun à chacun. Or, ces deux triangles sont équivalents l'un à la moitié du rectangle IJKC, l'autre à la moitié du rectangle PQDC.

On démontrerait de même que le rectangle BPQE est équivalent au rectangle MNFB; le carré construit sur BC est donc équivalent à la somme des carrés construits sur AC et sur AB, diminués l'un du rectangle AIJH, l'autre du rectangle AMNG. Or, ces deux derniers rectangles étant aussi équivalents, on peut, au lieu de leur somme, prendre le double de l'un d'eux, AIJH, par exemple, dont la surface est mesurée par le produit AC . AI.

Ce résultat est, comme on le voit, conforme à l'énoncé du Théorème.

Il est hors de doute que la démonstration purement géométrique que nous venons de donner demande une attention plus longuement soutenue que la démonstration donnée précédemment, et exige une figure beaucoup moins simple. Cet exemple suffira, je crois, pour faire comprendre au lecteur quelle peut être la puissance d'un mode de démonstration et d'investigation qui, comme le calcul, échappe, par sa nature, à la complication matérielle que peuvent présenter les figures lorsqu'on veut les considérer exclusivement.

Nous ferons remarquer aussi l'analogie de la construction qui vient d'être décrite avec celle qui a servi à démontrer la proposition du carré de l'hypoténuse. L'une n'est, en effet, qu'un cas particulier de l'autre, de même que la proposition du carré de l'hypoténuse n'est qu'un cas particulier de la relation qui existe entre un côté d'un triangle et les deux autres. Or, c'est un procédé qui réussit assez souvent, de traiter d'abord une question dans un de ses cas particuliers pour s'élever ensuite au cas général.

THÉORÈME XIV.

Dans tout triangle obtusangle le carré du côté opposé à un angle obtus est égal à la somme des carrés des deux autres côtés, plus deux fois le rectangle de l'un de ces côtés par la projection du second sur le premier.

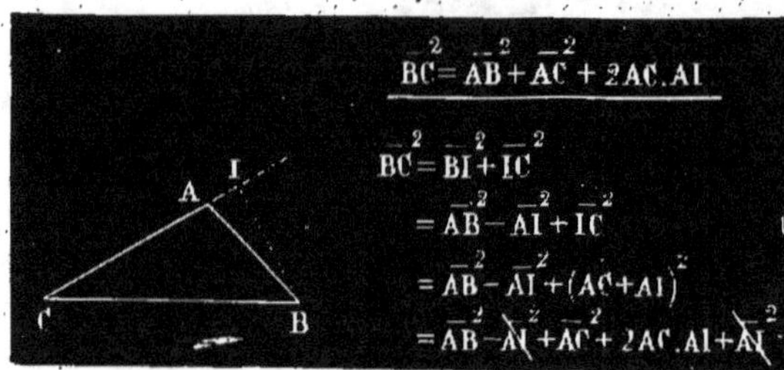

Du point B abaissons la perpendiculaire BI sur le côté CA prolongé. Dans le triangle rectangle BIC on a

$$\overline{BC}^2 = \overline{BI}^2 + \overline{IC}^2. \qquad [1]$$

Le triangle rectangle AIB donne $\overline{BI}^2 = \overline{AB}^2 - \overline{AI}^2$, et la figure montre d'ailleurs que $IC = AC + AI$. Substituant donc dans l'égalité [1] ces valeurs de BI et de IC, il vient

$$\overline{BC}^2 = \overline{AB}^2 - \overline{AI}^2 + (AC + AI)^2$$
$$= \overline{AB}^2 - \overline{AI}^2 + \overline{AC}^2 + \overline{AI}^2 + 2\,AC.AI,$$

et en simplifiant

$$\overline{BC}^2 = \overline{AB}^2 + \overline{AC}^2 + 2\,AC.AI. \qquad C.\ Q.\ F.\ D.$$

Il est d'ailleurs évident que nous eussions pu, au lieu de projeter le côté AB sur le côté AC, projeter le côté AC sur le côté AB, et que cela eût conduit à une expression analogue.

Scholie général sur les trois théorèmes précédents. — Concevons une série de triangles ACB_1, ACB_2, ACB_3, etc., ayant des angles inégaux compris entre deux côtés égaux chacun à chacun, et placés de façon à avoir tous un de ces côtés AC

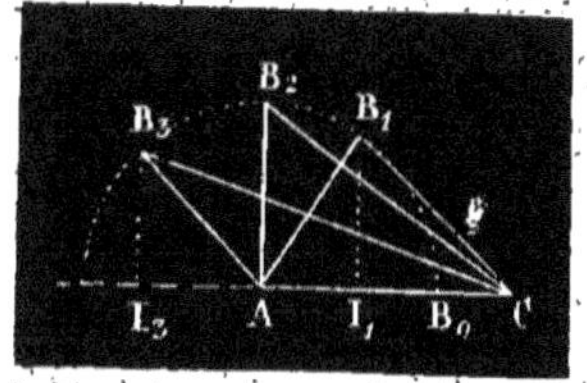

commun ; les sommets B_1, B_2, B_3, seront tous situés sur une circonférence de cercle ayant son centre au point A.

Le côté B_1C de l'un de ces triangles sera lié aux deux autres par la relation

$$\overline{B_1C}^2 = \overline{AC}^2 + \overline{AB_1}^2 - 2\,AC \cdot AI_1 ,$$

l'angle B_1AC étant supposé aigu.

Or, d'après la figure, si cet angle B_1AC diminue, le point B_1 se rapprochera du point B_0 et le point I_1 s'éloignera du point A, c'est-à-dire que AI_1 augmentera et que le produit $2\,AC \cdot AI_1$ augmentera, et, comme ce terme est négatif, BC diminuera, ce que nous savions déjà (I, Th. 15).

Si, au contraire, l'angle B_1AC augmente, le point I_1 se rapprochera du point A, et lorsque le point B_1 sera arrivé en B_2 à 90 degrés du point B_0, le point I_1 se confondra avec le point A. Nous retombons alors sur la formule du triangle rectangle

$$\overline{B_2C}^2 = \overline{AC}^2 + \overline{AB_2}^2 .$$

Passé cette position, l'angle B_3AC est obtus, et l'on a

$$\overline{B_3C}^2 = \overline{AC}^2 + \overline{AB_3}^2 + 2\,AC \cdot AI_3 ,$$

et à mesure que l'angle CAB_3 continue de croître, la longueur AI_3 augmente, et par conséquent aussi le côté B_3C.

On voit par cette discussion que dans un triangle la grandeur d'un côté BC opposé à un angle A peut être considérée comme liée à celle de cet angle au moyen de la projection d'un des côtés qui comprennent cet angle sur l'autre.

Énoncé général des Théorèmes 12, 13 et 14. — On peut remarquer aussi que les trois Théorèmes 12, 13 et 14, n'en forment réellement qu'un, dont voici l'énoncé : *Le carré d'un côté d'un triangle est égal à la somme des carrés des deux autres côtés, moins deux fois le rectangle de l'un de ces côtés par la projection du second sur le premier, cette projection étant regardée comme positive lorsqu'elle tombe sur le côté lui-même, et comme négative lorsqu'elle tombe sur son prolongement.*

Et avec cette convention la formule

$$\overline{BC}^2 = \overline{AC}^2 + \overline{AB}^2 - 2\,AC\,.\,AI$$

s'applique aux trois cas de l'angle A, aigu, droit ou obtus.

Réciproquement, — *Un angle d'un triangle est aigu, droit ou obtus, suivant que le carré du côté opposé à cet angle est inférieur, égal ou supérieur à la somme des carrés des côtés qui comprennent cet angle.*

THÉORÈME XV.

Dans tout triangle la somme des carrés de deux côtés est égale à deux fois le carré de la médiane (¹) *comprise entre ces côtés, plus deux fois le carré de la moitié du troisième côté.*

Soit M le milieu du côté BC; joignons AM. Nous partageons ainsi le triangle proposé en deux autres ABM et ACM, et nous pou-

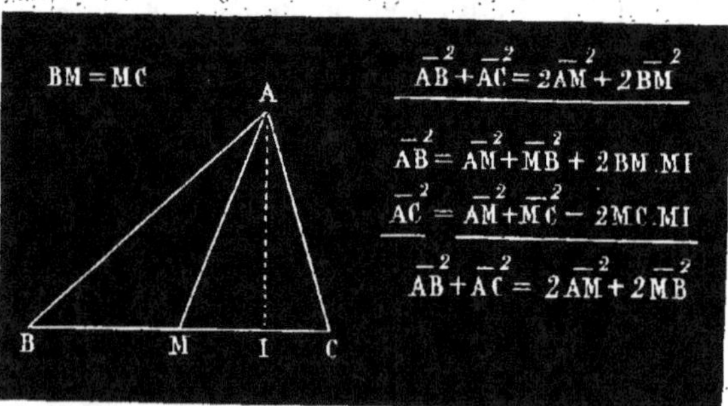

$$\overline{AB}^2 + \overline{AC}^2 = 2\overline{AM}^2 + 2\overline{BM}^2$$

$$\overline{AB}^2 = \overline{AM}^2 + \overline{MB}^2 + 2\,BM\,.\,MI$$

$$\overline{AC}^2 = \overline{AM}^2 + \overline{MC}^2 - 2\,MC\,.\,MI$$

$$\overline{AB}^2 + \overline{AC}^2 = 2\,\overline{AM}^2 + 2\overline{MB}^2$$

vons, en appliquant les Théorèmes précédents, écrire les va-

(¹) **On appelle** *médiane* dans un triangle une ligne qui joint un sommet au milieu du côté opposé.

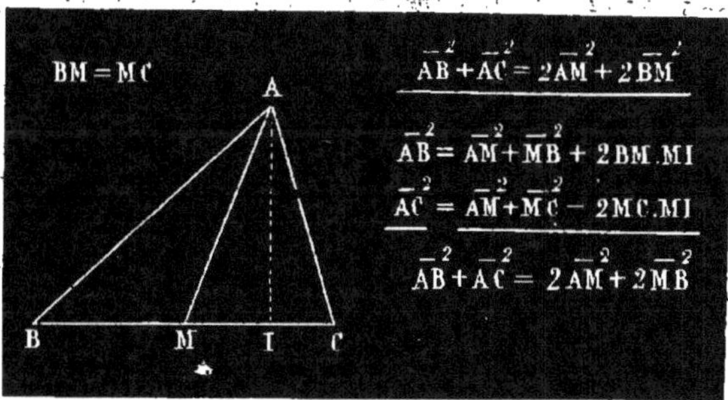

leurs de $\overline{AB}^2$ et de $\overline{AC}^2$, considérées dans chacun de ces deux triangles. Pour cela, abaissons du point A la perpendiculaire AI sur BC, nous aurons

$$\overline{AB}^2 = \overline{AM}^2 + \overline{MB}^2 + 2\,MB.MI$$

et

$$\overline{AC}^2 = \overline{AM}^2 + \overline{MC}^2 - 2\,MC.MI.$$

En additionnant et remarquant que MB = MC, il vient

$$\overline{AB}^2 + \overline{AC}^2 = 2\,\overline{AM}^2 + 2\,\overline{MB}^2. \qquad [1]$$

Scholie I. — Comme on a, d'après la construction, $MB = \frac{1}{2}BC$, on aura $\overline{MB}^2 = \dfrac{\overline{BC}^2}{4}$, de telle sorte que l'égalité [1] pourra s'écrire

$$\overline{AB}^2 + \overline{AC}^2 = 2\,\overline{AM}^2 + \frac{\overline{BC}^2}{2}. \qquad [2]$$

Scholie II. — Le Théorème que nous venons de démontrer permet de calculer une médiane d'un triangle connaissant les côtés de ce triangle, ou un côté connaissant les deux autres et une de ces médianes.

Si on appelle a, b, c, les côtés, comme nous en sommes déjà convenus, et α la médiane qui aboutit au sommet A, l'égalité [2] devient

$$b^2 + c^2 = 2\alpha^2 + \frac{a^2}{2}.$$

Si on appelle de même β et γ les deux autres médianes, on trouve facilement

$$\alpha^2 + \beta^2 + \gamma^2 = \frac{3}{4}\,(a^2 + b^2 + c^2).$$

THÉORÈME XVI.

Dans tout quadrilatère, la somme des carrés des quatre côtés est égale à la somme des carrés des diagonales, plus quatre fois le carré de la droite qui joint les milieux de ces diagonales.

Soit donné le quadrilatère ABCD, tirons ses diagonales, prenons leurs milieux, et joignons-les par la droite MM'. Puis joignons le milieu M d'une des diagonales aux sommets opposés B et D du quadrilatère.

Les lignes MB et MD, ainsi menées, sont les médianes des deux triangles ABC et ADC, suivant lesquels la diagonale AC

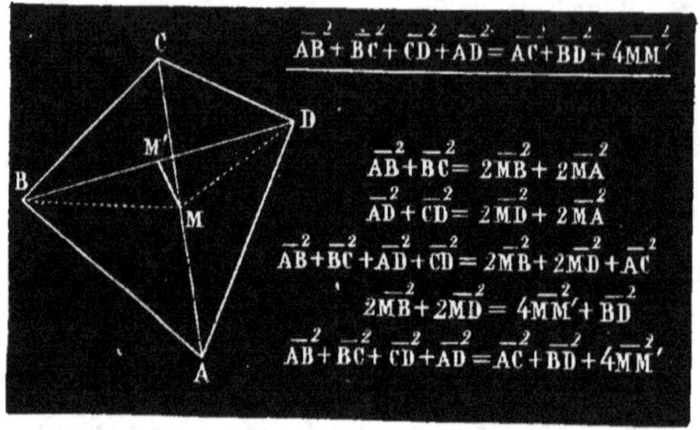

partage le quadrilatère, et, en appliquant à chacun de ces triangles le Théorème précédent, on a

$$\overline{AB}^2 + \overline{BC}^2 = 2\overline{MB}^2 + 2\overline{AM}^2,$$

et
$$\overline{AD}^2 + \overline{CD}^2 = 2\overline{MD}^2 + 2\overline{AM}^2;$$

en additionnant

$$\overline{AB}^2 + \overline{BC}^2 + \overline{CD}^2 + \overline{AD}^2 = 2\overline{MB}^2 + 2\overline{MD}^2 + 4\overline{AM}^2. \quad [1]$$

Remarquant maintenant que $4\overline{AM}^2 = \overline{AC}^2$, et que MM' étant la médiane du triangle BMD, on a

$$\overline{MB}^2 + \overline{MD}^2 = 2\overline{MM'}^2 + 2\overline{BM'}^2,$$

et par conséquent $2\overline{MB}^2 + 2\overline{MD}^2 = 4\overline{MM'}^2 + \overline{BD}^2$,

et, substituant dans l'égalité [1], celle-ci devient

$$\overline{AB}^2 + \overline{BC}^2 + \overline{CD}^2 + \overline{AD}^2 = \overline{AC}^2 + \overline{BD}^2 + 4\overline{MM'}^2.$$

Corollaire 1ᵉʳ. — *Dans un parallélogramme, la somme des carrés des côtés est égale à la somme des carrés des diagonales.*

En effet, les diagonales du parallélogramme se coupant en leurs milieux (I, Th. 29), la ligne qui joint ces milieux est nulle.

Corollaire 2ᵉ. — *Dans un trapèze, la ligne qui joint les milieux des diagonales est parallèle aux bases et égale à leur demi-différence, de sorte que dans ce quadrilatère la somme des carrés des côtés non parallèles est égale à la somme des carrés des diagonales, moins deux fois le rectangle des bases.*

Dans un trapèze ABCD menons la ligne mm', qui joint les milieux des côtés non parallèles, cette ligne passera par les milieux M et M' des diago-

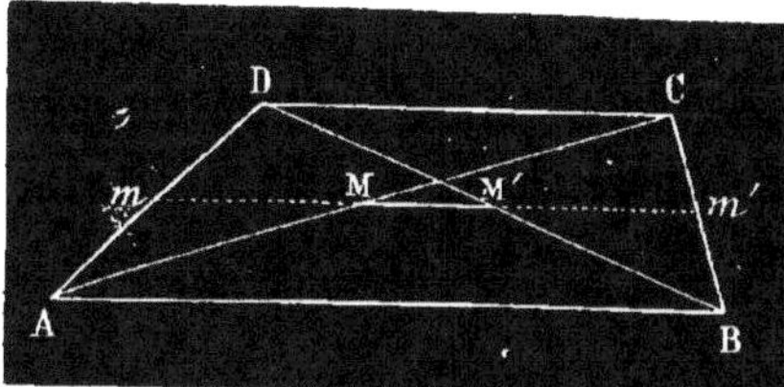

nales. Cela résulte de ce théorème, que nous démontrerons ci-après, qu'*une parallèle à la base d'un triangle menée par le milieu d'un des côtés passe par le milieu de l'autre.*

Or, nous savons (I, Th. 31) que la ligne mm' est parallèle aux bases AB et CD ; elle passera donc par les milieux M et M' des diagonales.

Or, ainsi qu'il sera aussi démontré, la ligne Mm, qui joint les milieux des deux côtés d'un triangle ACD, est égale à la moitié du troisième côté CD ; on aura donc

$$\mathrm{M}m = \frac{1}{2}\mathrm{CD} \qquad \text{et} \qquad \mathrm{M}'m' = \frac{1}{2}\mathrm{CD} ;$$

mais nous savons que l'on a $mm' = \frac{1}{2}(\mathrm{AB} + \mathrm{CD})$.

On aura donc

$$\mathrm{MM}' = \frac{1}{2}(\mathrm{AB}+\mathrm{CD}) - \mathrm{M}m - \mathrm{M}'m' = \frac{1}{2}\mathrm{AB} + \frac{1}{2}\mathrm{CD} - 2\cdot\frac{1}{2}\mathrm{CD} = \frac{1}{2}\mathrm{AB} - \frac{1}{2}\mathrm{CD}$$

$$= \frac{1}{2}(\mathrm{AB} - \mathrm{CD}).$$

Appliquons maintenant au trapèze le Théorème 16, en écrivant, au lieu de MM', sa valeur $\dfrac{(\mathrm{AB}-\mathrm{CD})}{2}$; nous avons ainsi

$$\overline{\mathrm{AB}}^2 + \overline{\mathrm{BC}}^2 + \overline{\mathrm{CD}}^2 + \overline{\mathrm{AD}}^2 = \overline{\mathrm{AC}}^2 + \overline{\mathrm{BD}}^2 + 4\frac{(\mathrm{AB}-\mathrm{CD})^2}{4},$$

$$= \overline{\mathrm{AC}}^2 + \overline{\mathrm{BD}}^2 + \overline{\mathrm{AB}}^2 + \overline{\mathrm{CD}}^2 - 2\,\mathrm{AB}\cdot\mathrm{CD},$$

et, en supprimant les termes communs aux deux membres, il reste

$$\overline{\mathrm{BC}}^2 + \overline{\mathrm{AD}}^2 = \overline{\mathrm{AC}}^2 + \overline{\mathrm{BD}}^2 - 2\,\mathrm{AB}\cdot\mathrm{CD}.$$

DES LIGNES PROPORTIONNELLES DANS LES TRIANGLES.

THÉORÈME XVII.

Toute droite parallèle à l'un des côtés d'un triangle divise les deux autres côté sen parties proportionnelles [c'est-à-dire que, si les deux parties de l'un des côtés sont dans un certain rapport, les parties correspondantes de l'autre sont dans le même rapport].

Soit B′C′ une ligne menée parallèlement au côté BC d'un triangle dans l'intérieur de ce triangle; il s'agit de démontrer

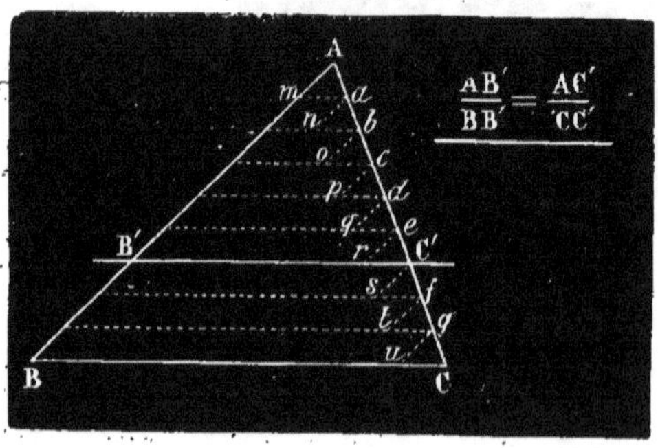

qu'on a entre les parties ou segments des côtés AB et AG du triangle la proportion

$$\frac{AB'}{BB'} = \frac{AC'}{CC'}.$$

Pour cela, imaginons que les deux lignes AB′ et BB′ aient une commune mesure, et que cette commune mesure soit contenue m fois, par exemple, dans AB′ et n fois dans BB′, il en résultera que le rapport $\frac{AB'}{BB'}$ sera égal à $\frac{m}{n}$.

Cela posé, par les points résultant de la division de AB′ en m et de BB′ en n parties égales menons une série de lignes toutes parallèles entre elles et au côté BC; ces lignes détermineront sur le côté AC des points a, b, c, etc., que nous allons démontrer être également espacés. Pour cela, par les points a, b, c, etc., menons des parallèles an, bo, cp, etc., au côté AB. Nous formons ainsi une série de petits triangles Ama, anb, boc, etc., qui sont tous égaux entre eux. Les côtés Am, an, bo, etc., de ces petits triangles, sont tous égaux entre eux comme l'étant chacun à une des portions du côté AB, comme parallèles comprises entre parallèles. Les angles de ces petits triangles ayant d'ailleurs leurs côtés parallèles et dirigés dans le même sens, ils sont égaux ; les triangles Ama, anb, boc, etc., ont donc un côté égal compris entre deux angles égaux chacun à chacun ; tous ces triangles sont donc égaux, et les lignes Aa, ab, bc, etc., toutes égales entre elles.

Il résulte de là que, si l'on a pu partager les deux segments AB′ et BB′, l'un en m, l'autre en n parties toutes égales entre elles, on pourra en faire autant pour les segments AC′ et CC′ ; le rapport $\frac{AC'}{CC'}$ est donc aussi égal à $\frac{m}{n}$; il est donc le même que celui des segments AB′ et BB′ ; on aura donc la proportion

$$\frac{AB'}{BB'} = \frac{AC'}{CC'}. \qquad C.Q.F.D.$$

Nous avons supposé pour cette démonstration que les deux segments AB′ et BB′ étaient commensurables ; nous renvoyons, pour le cas où ils ne le seraient pas, à la page 72, où nous avons traité de ces sortes de cas d'une manière générale.

Corollaire 1ᵉʳ. — *Deux segments correspondants sont avec les côtés auxquels ils appartiennent dans le même rapport.*

La proportion $\qquad \frac{AB'}{BB'} = \frac{AC'}{CC'}$

donne $\qquad \frac{AB'}{AB' + BB'} = \frac{AC'}{AC' + CC'}$ ou $\qquad \frac{AB'}{AB} = \frac{AC'}{AC}.$

On verrait de même que $\dfrac{BB'}{AB} = \dfrac{CC'}{AC}.$

Comme cas particulier d'un fréquent usage, il en résulte que, si le segment AB′ est la moitié du côté AB, le segment AC′ sera la moitié du côté AC.

Corollaire 2ᵉ. — *Deux segments correspondants sont entre eux dans le même rapport que les côtés auxquels ils appartiennent.*

De la proportion $\dfrac{AB'}{AB} = \dfrac{AC'}{AC}$ on tire, en changeant les moyens de place,

$$\frac{AB'}{AC} = \frac{AB}{AC}.$$

On verrait de même que $\quad \dfrac{BB'}{CC'} = \dfrac{AB}{AC}.$

Corollaire 3ᵉ. — *Lorsque deux droites PQ et RS sont coupées par plusieurs lignes parallèles entre elles, les segments correspondants [c'est-à-dire déterminés par les mêmes parallèles] sont dans un rapport constant.*

Soient AA′, BB′, CC′, etc., des lignes, toutes parallèles à une même direction, qui coupent les lignes PQ et RS, je dis que l'on aura $\quad \dfrac{AB}{A'B'} = \dfrac{BC}{B'C'} = \dfrac{CD}{C'D'} = \ldots$

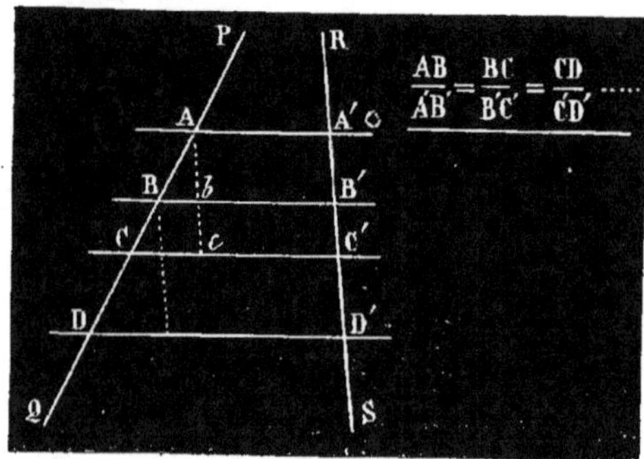

Menons par le point A une ligne A*bc* parallèle à RS, on aura A*b*=A′B′, *bc*=B′C′, comme parallèles comprises entre parallèles.

Mais la ligne B*b* étant parallèle à la base C*c* du triangle AC*c*, on doit avoir $\dfrac{AB}{Ab} = \dfrac{BC}{bc}$, et par conséquent $\dfrac{AB}{A'B'} = \dfrac{BC}{B'C'}.$

En menant par le point B une nouvelle parallèle à RS, on verrait de même que $\dfrac{BC}{B'C'} = \dfrac{CD}{C'D'}$, et ainsi de suite.

On peut donc écrire

$$\frac{AB}{A'B'} = \frac{BC}{B'C'} = \frac{CD}{C'D'} = \ldots$$

10.

Réciproque du Théorème. — *Toute droite B'C' qui partage deux côtés d'un triangle ABC en parties proportionnelles est parallèle au troisième côté.*

La ligne B'C' partageant les côtés AB et AC en parties telles que l'on ait

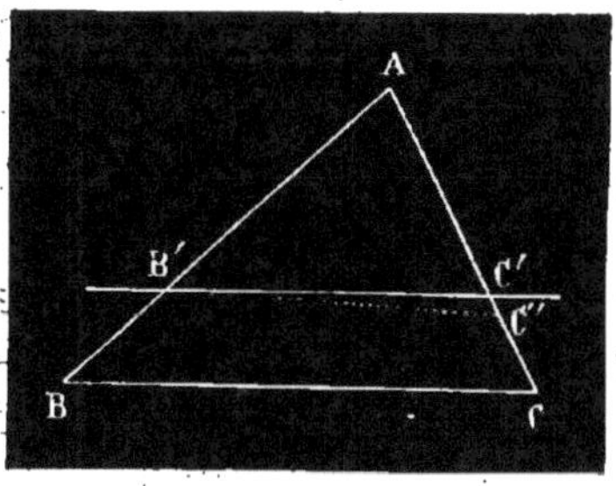

$$\frac{AB'}{BB'} = \frac{AC'}{CC'}, \qquad [1]$$

je dis que cette ligne doit être parallèle au côté BC.

Si elle ne l'était pas, une ligne B'C'', menée parallèlement au côté BC, partagerait les côtés AB et AC en parties telles que l'on aurait

$$\frac{AB'}{BB'} = \frac{AC''}{CC''}. \qquad [2]$$

Les proportions [1] et [2] ayant un rapport commun, on en déduit

$$\frac{AC'}{CC'} = \frac{AC''}{CC''}.$$

Voyons si cela est possible. Pour cela, changeons les moyens de place : il vient

$$\frac{AC'}{AC''} = \frac{CC'}{CC''},$$

proportion qui ne peut avoir lieu, car on a, d'après la figure,

$$\frac{AC'}{AC''} < 1 \quad \text{et} \quad \frac{CC'}{CC''} > 1.$$

Ces deux rapports ne peuvent donc être égaux.

Une ligne B'C'' menée parallèlement au côté BC ne peut donc être distincte de la ligne B'C'. Donc, etc.

Scholie. — On peut concevoir qu'on mène une parallèle à l'un des côtés BC d'un triangle : 1°. dans l'intérieur de ce triangle, c'est-à-dire entre ce côté BC et le sommet A; 2°. à l'extérieur du triangle, mais du même côté du sommet A que le côté BC; 3°. à l'extérieur du triangle, mais de l'autre côté du sommet A par rapport au côté BC; c'est ce cas qui est représenté dans la figure ci-après.

Dans les deux derniers cas, certains segments doivent être comptés sur le prolongement des côtés; mais la proportionnalité entre les segments n'en subsiste pas moins.

Le deuxième cas ne diffère pas réellement du premier. Quant au troisième cas, on pourrait l'établir directement comme le premier; mais on peut facilement le ramener au premier ou au second de la manière que voici :

Prenons AB″ = AB′, AC″ = AC′, et joignons B′C′ : les deux triangles AB′C′ et AB″C″ seront égaux comme ayant un angle égal

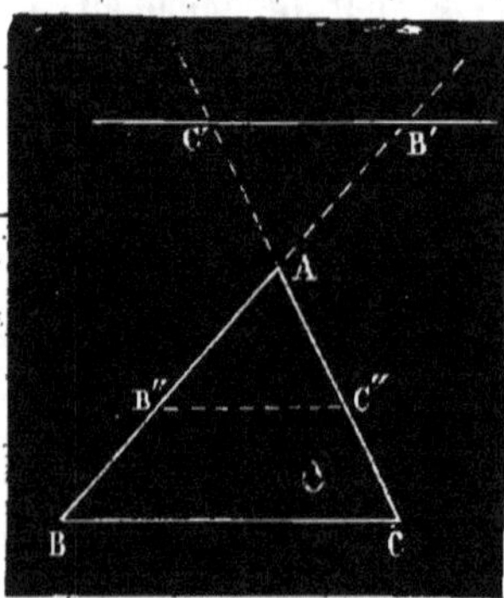

compris entre deux côtés égaux chacun à chacun; il en résulte que l'angle AB′C′, par exemple, est égal à AB″C″; la ligne B″C″ est donc parallèle à B′B′, et par conséquent à BC; nous sommes donc ramenés au premier cas, et tout ce qui a été démontré pour les segments AB′ et AC′ s'appliquera aux segments AB″ et AC″, qui leur sont égaux.

On peut donc rendre plus général l'énoncé du Théorème en disant :

Toute droite parallèle à l'un des côtés d'un triangle divise les deux autres côtés, ou leurs prolongements, en parties proportionnelles.

Il va sans dire que toutes les conséquences du Théorème sont susceptibles de la même généralisation.

THÉORÈME XVIII.

La bisséctrice d'un angle [soit intérieur, soit extérieur] d'un triangle rencontre le côté opposé en un point dont les distances aux extrémités de ce même côté sont entre elles dans le même rapport que les côtés adjacents.

Nous examinerons successivement le cas de l'angle intérieur et celui de l'angle extérieur.

1°. Soit AD la bissectrice de l'angle A d'un triangle. Je dis que l'on aura :

$$\frac{DB}{DC} = \frac{AB}{AC}.$$

Pour le démontrer, prolongeons l'un des côtés qui comprennent l'angle A, le côté BA, par exemple, puis par le sommet opposé C menons une parallèle CE à la bissectrice AD; nous

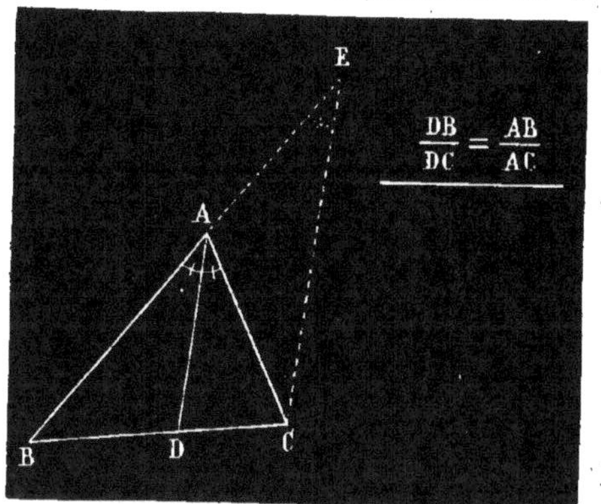

formons ainsi le triangle ACE, dans lequel les angles E et C sont égaux comme l'étant respectivement à chacune des moitiés de l'angle A, à savoir l'angle E à l'angle BAD, et l'angle C à l'angle DAC, d'après la propriété des parallèles.

Le triangle ACE est donc isoscèle, et on a $AC = AE$.

Cela posé, la ligne AD étant parallèle à la base EC du triangle BEC, on a, d'après le Théorème précédent (Coroll. 1er),

$$\frac{DB}{DC} = \frac{AB}{AE};$$

d'où, puisque $AE = AC$,

$$\frac{DB}{DC} = \frac{AB}{AC}. \qquad C. Q. F. D.$$

2°. Soit D′ le point où la bissectrice d'un angle extérieur d'un triangle rencontre le prolongement du côté opposé : je dis que l'on aura

$$\frac{\text{D′B}}{\text{D′C}} = \frac{\text{AB}}{\text{AC}}.$$

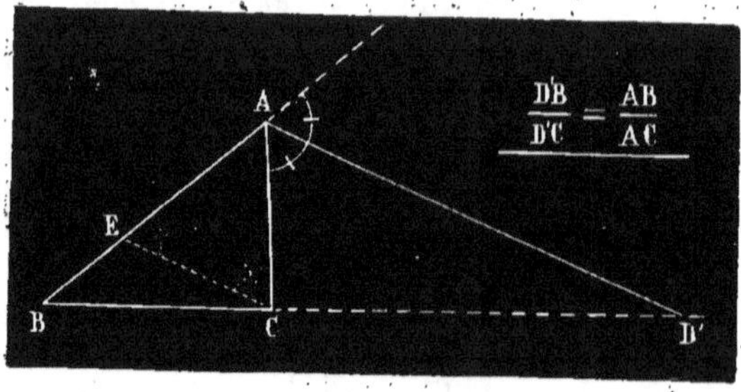

Par le sommet C menons une parallèle CE à la bissectrice AD′, on forme ainsi le triangle AEC, dont les angles E et C sont égaux comme l'étant chacun à l'une des moitiés de l'angle en A. Les deux côtés AE et AC sont donc égaux.

Or, dans le triangle ABD′ la ligne CE étant parallèle à la base AD′, on a

$$\frac{\text{D′B}}{\text{D′C}} = \frac{\text{AB}}{\text{AE}},$$

d'où, puisque AE = AC,

$$\frac{\text{D′B}}{\text{D′C}} = \frac{\text{AB}}{\text{AC}}. \qquad C. \, Q. \, F. \, D.$$

Réciproquement, — *Lorsqu'une ligne menée par un sommet d'un triangle rencontre le coté opposé en un point dont les distances aux extrémités de ce coté soient dans le même rapport que les cotés adjacents, cette ligne est la bissectrice de l'angle [intérieur ou extérieur] dans l'intérieur duquel elle est menée.*

Nous laisserons au lecteur le soin de démontrer cette Réciproque, ce qui se ferait identiquement par le même procédé que celui qui a été employé à propos de la Réciproque du Théorème 17.

Corollaire. — *Le lieu géométrique des points A tels que les distances de chacun d'eux à deux points fixes B et C soient dans un rapport constant $\frac{m}{n}$ est une circonférence de cercle ayant son centre sur la ligne qui joint ces deux points.*

Pour tout point A satisfaisant à la condition demandée, on devra avoir $\dfrac{AB}{AC} = \dfrac{m}{n}$. Or, si on mène les bissectrices de l'angle

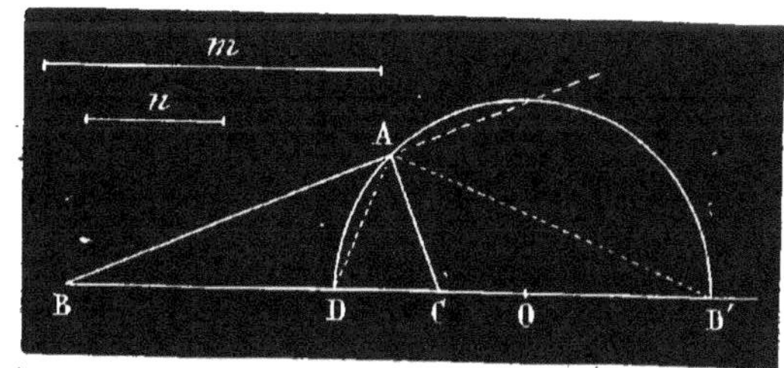

BAC et de l'angle extérieur adjacent, les points D et D′ où ces lignes rencontreront la ligne BC seront tels que l'on aura

$$\frac{BD}{DC} = \frac{BD'}{CD'} = \frac{AB}{AC} = \frac{m}{n};$$

la position des points D et D′ ne dépend donc que de la valeur du rapport $\dfrac{m}{n}$.

Il résulte de là, pour toutes les positions du point A, qui satisferont à la condition, que les bissectrices des deux angles supplémentaires qui ont leur sommet en A passeront par ces deux points D et D′; or, ces bissectrices sont rectangulaires; le lieu des points A est donc le lieu des sommets d'un angle droit dont les côtés sont assujettis à passer par deux points fixes D et D′. On sait (II, Th. 13, Coroll. 2) que c'est une circonférence décrite sur la ligne DD′ comme diamètre.

Le problème peut donc être résolu graphiquement, puisqu'il suffit de pouvoir construire le point A dans une quelconque de ses positions, ce qui n'est pas difficile.

On peut aussi calculer le rayon de cette circonférence et la position de son centre; on a, en effet, en posant $BC = a$,

$$\frac{BD}{a - BD} = \frac{m}{n}, \qquad \text{d'où} \qquad BD = a\,\frac{m}{m + n};$$

on a aussi

$$\frac{BD'}{BD' - a} = \frac{m}{n}, \qquad \text{d'où} \qquad BD' = a\,\frac{m}{m - n}.$$

On a d'ailleurs pour le diamètre de la circonférence :

$$DD' = BD' - BD = am\left(\frac{1}{m - n} - \frac{1}{m + n} \right)$$

DE LA SIMILITUDE DES TRIANGLES.

DÉFINITIONS.

La signification vulgaire du mot *semblable* n'offre d'ambiguïté pour personne. Quand on dit qu'*une figure est semblable à une autre*, tout le monde comprend que l'*une est en petit ce que l'autre est en grand*; tout le monde pourra, au vu des deux figures, reconnaître si leur similitude laisse quelque chose à désirer. Mais combien peu de personnes pourraient, sans notions de géométrie, énumérer les conditions nécessaires et suffisantes pour que deux figures soient semblables.

La géométrie vient préciser le sentiment naturel, et nous donner les moyens de réduire au plus petit nombre possible les conditions que doivent remplir deux figures pour être semblables.

Deux figures sont semblables lorsqu'elles sont composées d'un même nombre de figures deux à deux semblables et semblablement placées. Cela est évident.

Comme toute figure peut être décomposée en un nombre plus ou moins grand d'autres figures plus simples, on voit que pour étudier la similitude de figures quelconques il suffit d'étudier celle d'une classe de figures assez simples pour être contenues dans toute autre espèce de figures. Voilà pourquoi on commence par étudier la similitude des triangles; c'est d'ailleurs, comme nous le verrons, un moyen commode pour parvenir à la démonstration d'un grand nombre de théorèmes.

Deux triangles sont dits semblables lorsque les angles de l'un sont égaux, chacun à chacun, à ceux de l'autre, et que les côtés opposés aux angles égaux sont proportionnels.

Cet énoncé n'est évidemment que la traduction du sentiment naturel de la similitude, qui, dans deux figures semblables, nous fait considérer à la fois leur *forme* et la *grandeur de leurs dimensions*.

Or, il est facile de voir qu'il y a un véritable pléonasme dans les conditions qui viennent d'être énoncées, au moins pour les triangles, car la forme d'un triangle dépend de la grandeur relative de ses côtés, et si les côtés sont proportionnels, cette grandeur relative n'est pas altérée.

Dans un triangle il y a *six* éléments, *trois* angles et *trois* côtés. La définition que nous venons de donner de la similitude de deux triangles conduit donc à six relations entre les douze éléments constitutifs de ces triangles. Le but des Théorèmes qui vont suivre est de montrer que, lorsque trois de ces relations sont satisfaites, les trois autres le sont aussi.

Dans l'étude des figures semblables nous ferons souvent usage du mot *homologue*. Il veut dire *semblablement placé*. Ce mot s'applique non-seulement aux éléments constitutifs des figures semblables, mais encore aux lignes que l'on peut tracer dans ces figures.

Le rapport de deux côtés homologues de deux triangles semblables est constant, d'après la définition ; on lui donne le nom de *rapport de similitude*. Nous démontrerons plus bas que dans deux triangles, et en général dans deux figures semblables, deux lignes homologues quelconques sont entre elles dans le rapport de similitude.

THÉORÈME XIX.

Lorsqu'on mène une parallèle B'C' *à l'un des côtés* BC *d'un triangle, on détermine un triangle partiel* A B'C' *semblable au premier.*

Il s'agit donc de démontrer que les angles des deux triangles sont égaux, et que leurs côtés homologues sont proportionnels.

1er *Cas.* — La parallèle est menée dans l'intérieur du triangle.

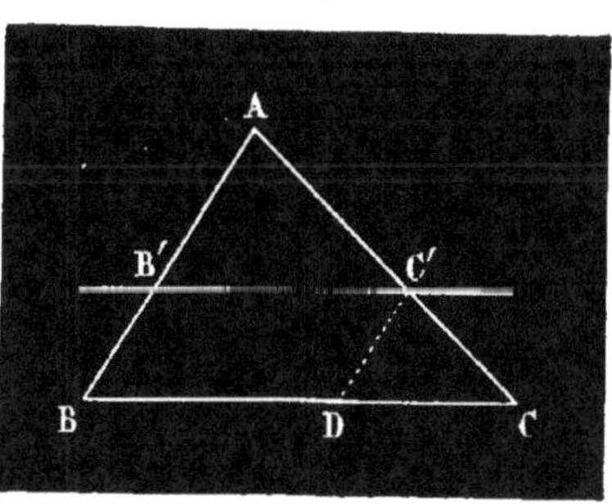

Il est bien évident que les triangles ABC et A B'C' ont leurs angles égaux chacun à chacun, car l'angle A est commun, et les angles B et B', C et C', sont égaux chacun à chacun, comme correspondants par rapport aux deux parallèles BC et B'C'.

Quant à la proportionnalité des côtés, on a, d'après le Théorème 17,

$$\frac{AB}{AB'} = \frac{AC}{AC'};$$

il n'y a donc plus qu'à faire voir que le rapport des côtés BC et B'C' est le même.

Pour cela, menons par le point C' la ligne C'D parallèle au côté AB, on aura, toujours d'après le Théorème 17 (Coroll. 2e),

$$\frac{AC}{AC'} = \frac{BC}{BD}.$$

Mais les lignes BD et B'C' sont égales comme parallèles comprises entre parallèles (I, Th. 26, Coroll. 1er); on peut donc écrire :

$$\frac{AB}{AB'} = \frac{AC}{AC'} = \frac{BC}{B'C'}. \qquad C.\,Q.\,F.\,D.$$

2e *Cas.* — La parallèle est menée en dehors du triangle et au-dessous du côté A, auquel elle est parallèle.

Ce cas rentre évidemment dans le précédent.

3e *Cas.* — La parallèle au côté BC est menée en dehors du triangle et de l'autre côté du sommet A.

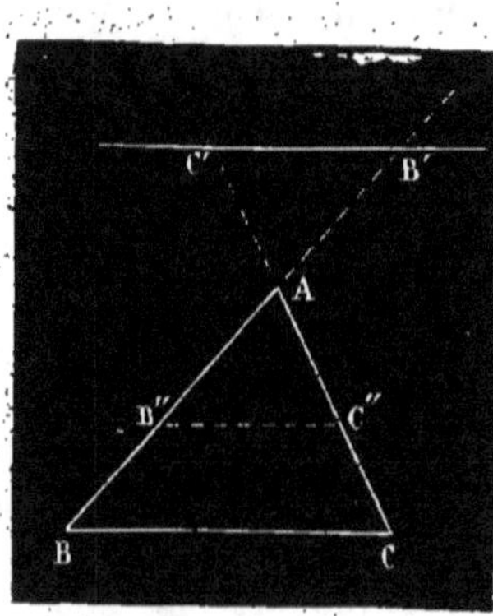

Prenons sur le côté AB une longueur AB″ égale à AB′, et menons B″C″ parallèle à BC. Les deux triangles A B'C' et A B″C″ sont égaux, comme ayant un côté égal compris entre deux angles égaux chacun à chacun. Comme d'ailleurs le triangle A B″C″ est, d'après ce qui vient d'être démontré dans le premier cas, semblable au triangle ABC, il s'ensuit que le triangle A B'C' l'est aussi.

Corollaire. — *La ligne qui joint les milieux des deux côtés d'un triangle est égale à la moitié du troisième côté.*

En effet, d'après la Réciproque du Théorème 17, cette ligne est parallèle à la base, et, d'après le Théorème qui vient d'être démontré, son rapport à cette base est le même que celui des segments avec les côtés auxquels ils appartiennent.

THÉORÈME XX.

Deux triangles ABC, A'B'C', qui ont les angles égaux chacun à chacun, ont les côtés proportionnels et par suite sont semblables.

Portons le triangle A'B'C' sur le triangle ABC, de manière à faire coïncider les angles A et A'; ce qui est possible, puisque

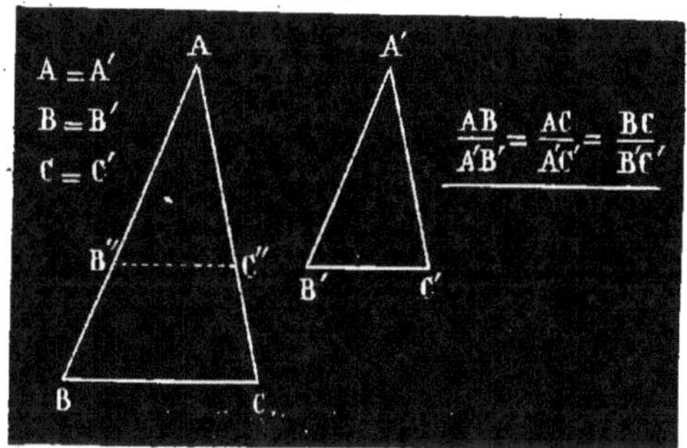

ces angles sont supposés égaux. Le triangle A'B'C' prendra alors la position A B''C''. Or, l'angle B'' n'étant autre chose que l'angle B', et l'angle B' étant par hypothèse égal à l'angle B, il s'ensuit que les deux lignes BC et B''C'' sont parallèles (I, Th. 21, Réc.).

Nous sommes donc ramenés au 1er cas du Théorème précédent, etc.

Corollaire 1er. — *Deux triangles qui ont deux angles égaux chacun à chacun sont semblables.*

Nous avons, en effet, vu (I, Th. 24, Coroll. 3e) que lorsque deux triangles ont deux angles égaux chacun à chacun, les troisièmes angles sont aussi égaux.

Corollaire 2ᵉ. — *Deux triangles qui ont les côtés parallèles ou perpendiculaires chacun à chacun, ont les angles égaux et par suite sont semblables.*

Soient A et A′, B et B′, C et C′ les angles de ces deux triangles compris entre les côtés qui sont parallèles ou perpendiculaires chacun à chacun. Nous avons démontré plus haut (I, Théorèmes 22 et 23) que deux angles qui ont leurs côtés parallèles ou perpendiculaires sont égaux ou supplémentaires.

On peut donc faire quatre hypothèses; ou bien :

1° Tous les angles de l'un des triangles sont supplémentaires des angles du second ;

2° Ou bien deux angles de l'un sont supplémentaires de deux angles de l'autre, et les troisièmes angles sont égaux ;

3° Ou bien deux angles de l'un sont égaux à deux angles de l'autre, les troisièmes angles étant supplémentaires ;

4° Ou bien, enfin, les trois angles sont égaux chacun à chacun.

Examinons successivement ces quatre cas.

1er cas.

$$A + A' = 2^{dr}.$$
$$B + B' = 2^{dr}.$$
$$C + C' = 2^{dr}.$$

$$A + B + C + A' + B' + C' = 6^{dr}.$$

2e cas.

$$A = A'$$
$$B + B' = 2^{dr}.$$
$$C + C' = 2^{dr}.$$

$$A + B + C + B' + C' = 4^{dr}.$$

d'où

$$A + B + C + A' + B' + C' = 4^{dr}. + 2\,A'$$

On voit qu'en faisant la somme des angles des deux triangles on arrive, dans ces deux premiers cas, à une impossibilité manifeste, puisque la somme des angles d'un triangle étant égale à 2 *droits*, celle des angles de deux triangles ne peut dépasser 4 *droits*.

Le 3ᵉ cas, traité de la même manière, donne

$$A = A'$$
$$B = B'$$
$$C + C' = 2^{dr.}$$

$$A + B + C + C' = 2^{dr.} + A' + B'$$

et, en tenant compte de ce que $A + B + C = 2^{dr.}$, on arrive à la condition $A' + B' = C'$, c'est-à-dire que l'angle C' doit être droit, et par conséquent égal à C, puisqu'on a $C + C' = 2^{dr.}$

En résumé, les deux premiers cas sont inadmissibles, et le troisième rentre dans le quatrième ; c'est donc le seul possible.

Ainsi deux triangles qui ont les côtés parallèles ou perpendiculaires chacun à chacun, ont les angles égaux et par suite sont semblables.

Corollaire 3ᵉ. — *Deux triangles isoscèles qui ont l'angle au sommet égal sont semblables.*

Soit A la valeur de l'angle au sommet de ces deux triangles, la valeur de chacun des angles à la base sera la même et égale à $\frac{2^{dr.} - A}{2}$, les triangles sont donc équiangles, et par suite semblables.

THÉORÈME XXI.

Deux triangles qui ont les côtés proportionnels ont les angles égaux chacun à chacun, et par suite sont semblables.

Supposons que les deux triangles ABC, A'B'C', soient tels que l'on ait

$$\frac{AB}{A'B'} = \frac{AC}{A'C'} = \frac{BC}{B'C'},\qquad [1]$$

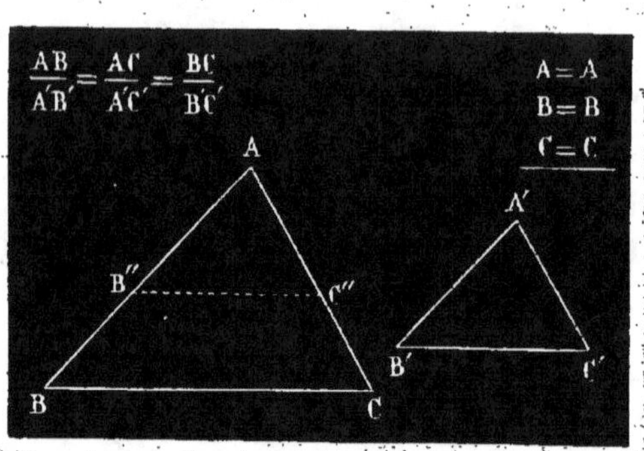

je dis que les angles de ces deux triangles seront égaux chacun à chacun.

Pour le faire voir, prenons sur les côtés AB et AC du triangle ABC deux longueurs AB"=A'B' et AC"=A'C'. On aura, en vertu de [1], $\frac{AB}{AB''} = \frac{AC}{AC''}$. Mais alors la ligne B"C", partageant les côtés AB et AC en parties proportionnelles, sera parallèle au côté BC (Th. 17); le triangle A B"C" sera par conséquent semblable au triangle ABC (Th. 19). On aura donc

$$\frac{AB}{AB''} = \frac{AC}{AC''} = \frac{BC}{B''C''}.\qquad [2]$$

Or, par construction, AB" = A'B', AC" = A'C', les troisièmes rapports des suites [1] et [2] sont donc égaux, c'est-à-dire que

$$\frac{BC}{B'C'} = \frac{BC}{BC''},$$

ce qui montre que BC"=B'C'.

Il en résulte que le triangle A B"C" et le triangle A'B'C' sont égaux comme ayant les trois côtés égaux chacun à chacun, et, comme les angles du triangle AB"C" sont égaux à ceux du triangle ABC, il en est de même du triangle A'B'C', *C. Q. F. D.*

THÉORÈME XXII.

Deux triangles qui ont un angle égal compris entre des côtés proportionnels sont semblables.

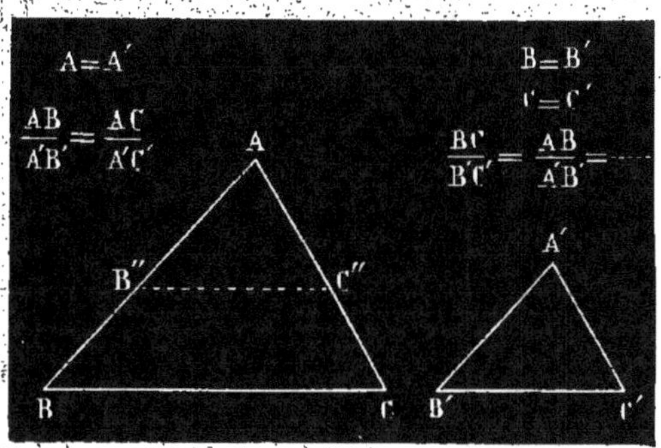

Si l'angle A' est égal à l'angle A, nous pouvons porter le premier sur le second, et alors le point B' tombera en B'' et le point C' en C''. Mais comme, de plus, on a

$$\frac{AB}{A'B'} = \frac{AC}{A'C'},$$

on aura, par suite,

$$\frac{AB}{AB''} = \frac{AC}{AC''},$$

il en résulte (Th. 17, Récipr.) que la ligne B''C'' est parallèle au côté BC.

Le triangle AB''C'' est donc (Th. 19) semblable au triangle ABC; il en est de même, par conséquent, du triangle A'B'C', qui est égal au triangle AB''C''.

THÉORÈME XXIII.

Dans deux triangles semblables, deux lignes homologues quelconques sont entre elles dans le même rapport que les côtés.

Une ligne droite peut être déterminée par deux de ses points ou par un de ses points et par sa direction. Deux lignes homologues DE et D'E', c'est-à-dire semblablement placées dans deux

triangles semblables, peuvent être déterminées soit par les points
D et E, D′ et E′, par lesquels elles doivent passer, soit par un

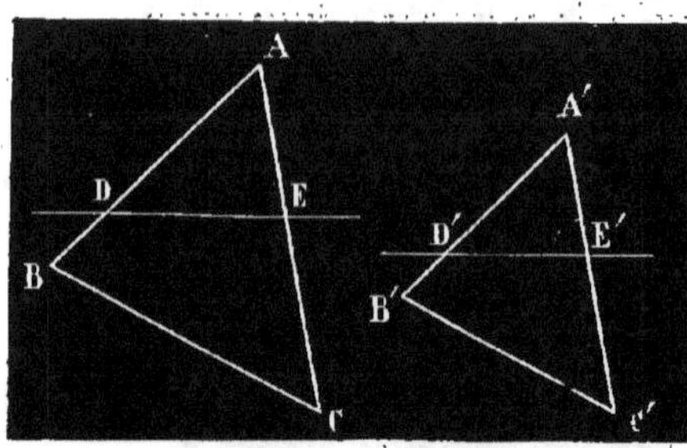

point D et D′ de chacune
d'elles et par leur angle
avec un des côtés du tri-
angle; quant à leur lon-
gueur, elle sera détermi-
née par leur intersection
avec d'autres lignes ho-
mologues dans les trian-
gles, par exemple, avec les côtés.

Supposons donc, pour fixer les idées, que dans les triangles
semblables ABC et A′B′C′ deux droites DE et D′E′ passent par des
points D et D′ semblablement placés, c'est-à-dire tels que l'on ait

$$\frac{AD}{AB} = \frac{A'D'}{A'B'}, \qquad [1]$$

et fassent avec les côtés AC et A′C′ des angles DEA, D′E′A′, égaux
entre eux.

Les triangles ABC et A′B′C′ étant semblables, les deux angles
A et A′ sont égaux; comme, en outre, les angles en E et en E′
sont supposés égaux, il en résulte que les deux triangles ADE,
A′D′E′, ont deux angles égaux, et par suite sont semblables
(Th. 20, Coroll. 1er); on a donc

$$\frac{DE}{D'E'} = \frac{AD}{A'D'}.$$

Mais, en changeant les moyens de place dans la proportion [1], on trouve

$$\frac{AD}{A'D'} = \frac{AB}{A'B'},$$

donc $\qquad \dfrac{DE}{D'E'} = \dfrac{AD}{A'D'} = \dfrac{AB}{A'B'} = \ldots \qquad C.\ Q.\ F.\ D.$

Corollaire. — *Dans deux triangles semblables, les médianes,
bissectrices, hauteurs homologues, les projections de lignes homologues sur les côtés homologues, etc., sont entre elles dans le rapport de similitude de ces deux triangles.*

                    GÉOMÉTRIE PLANE.

APPLICATIONS DES THÉORÈMES SUR LA SIMILITUDE DES TRIANGLES.

THÉORÈME XXIV.

Il y a proportionnalité entre les segments déterminés sur deux droites parallèles par un nombre quelconque de droites OA, OB, OC, etc., issus d'un même point O.

1°. Le point O est situé à l'extérieur des deux parallèles.

2°. Le point O est situé entre les deux parallèles.

La démonstration est identiquement la même pour les deux cas.

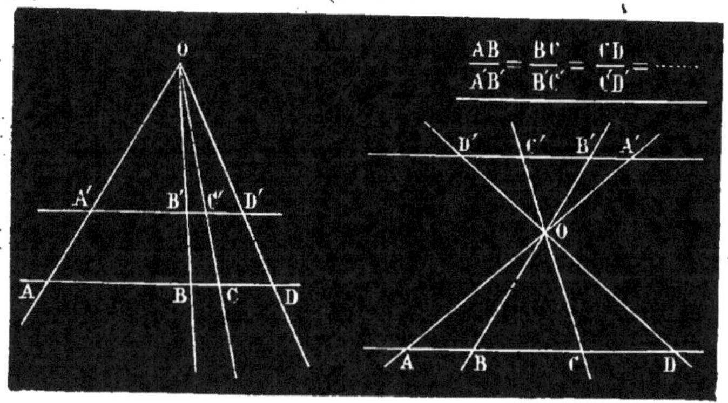

Considérons d'abord les deux lignes OA et OA', coupées par les deux parallèles AB et A'B'. D'après le Théorème 19, on aura

$$\frac{AB}{A'B'} = \frac{OB}{OB'}.$$
$$[1]$$

Le système des deux lignes OB et OC fournira, par la même raison, la suite de rapports égaux

$$\frac{OB}{OB'} = \frac{BC}{B'C'} = \frac{OC}{OC'}.$$
$$[2]$$

On trouverait de même que

$$\frac{OC}{OC'} = \frac{CD}{C'D} = \frac{OD}{OD'} \cdot \qquad [3]$$

Or, les suites de rapports [1], [2] et [3], ont toutes un rapport commun l'une avec l'autre ; on en déduit

$$\frac{AB}{A'B'} = \frac{BC}{B'C'} = \frac{CD}{C'D'} = \dots \qquad C. Q. F. D.$$

Scholie. — La valeur constante du rapport des segments déterminés sur les deux parallèles est donc indépendante de l'inclinaison des droites issues du point O ; il est facile de voir que ce rapport est égal au rapport des distances du point O à chacune de ces deux droites.

Réciproques de ce Théorème.

En raison de la multiplicité des hypothèses faites sur les données, ce Théorème donne lieu à plusieurs réciproques.

Réciproque 1re. — *Lorsque deux droites AC et A'C' sont coupées en parties proportionnelles par trois droites OA, OB, OC, issues d'un même point O, ces deux droites sont parallèles.*

Supposons que l'on ait
$$\frac{AB}{A'B'} = \frac{BC}{B'C'}, \qquad [1]$$
je dis que les deux droites AC et A'C' sont parallèles.

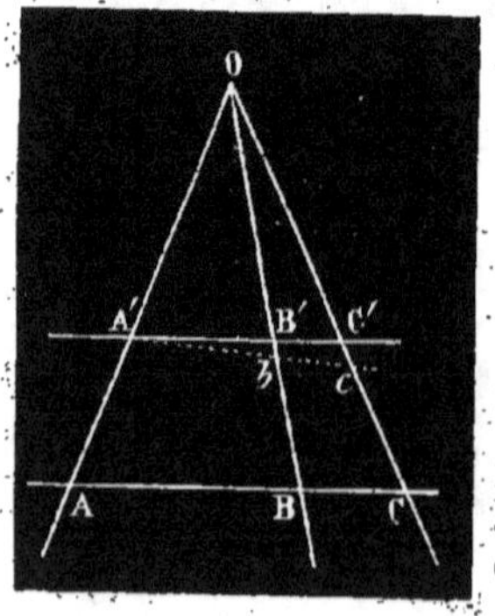

Si elles ne l'étaient pas, on pourrait, par le point A', par exemple, mener la droite A'bc parallèle à AC, on aurait alors, d'après le théorème direct $\frac{AB}{A'b} = \frac{BC}{bc}$ [2].

Or, de la comparaison des deux proportions [1] et [2] on tire, en changeant les moyens de place dans chacune d'elles, $\frac{A'B'}{B'C'} = \frac{Ab}{bc}$; d'après cela, il faudrait (Th. 7, Récipr.) que les lignes BB' et CC' fussent parallèles, ce qui est contre l'hypothèse.

Réciproque 2e. — *Lorsque trois droites* AA′, BB′, CC′, *déterminent sur deux parallèles* AC *et* A′C′ *des segments proportionnels entre eux, ces trois droites concourent en un même point.*

Soit O le point de concours de deux d'entre elles; joignons le point O au point B′, par exemple, je dis que la ligne OB′ devra se confondre avec la

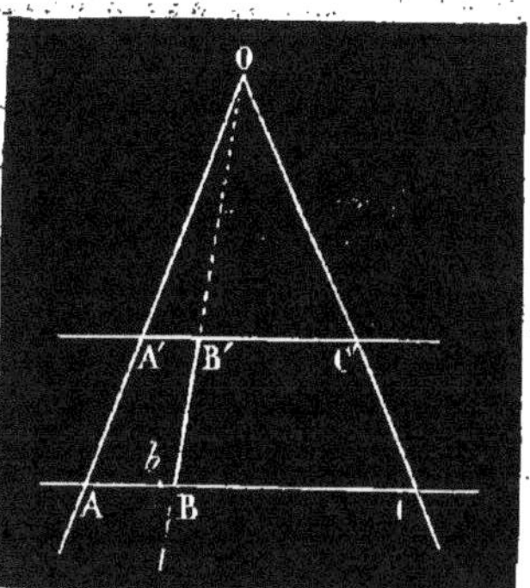

ligne BB′. Si, en effet, la ligne OB′ ne se confondait pas avec BB′, elle irait couper la ligne AC en quelque point b différant du point B; on aurait alors, d'après le théo-rème, $\dfrac{Ab}{bC} = \dfrac{A'B'}{B'C'}$. Or, d'après l'hypothèse que les segments sont proportionnés, on a $\dfrac{AB}{BC} = \dfrac{A'B'}{B'C'}$; il faudrait donc que l'on eût $\dfrac{Ab}{bC} = \dfrac{AB}{BC}$, ou bien encore $\dfrac{Ab}{AB} = \dfrac{bC}{BC}$, proportion impossible, puisque, d'après la figure, si l'un des rapports est plus grand que l'unité, il faut nécessairement que l'autre soit plus petit.

Corollaire. — *Dans tout trapèze* ABCD, *les milieux* M *et* N *des côtés parallèles, le point de concours* O *des côtés non parallèles et le point de concours* I *des deux diagonales sont en ligne droite.*

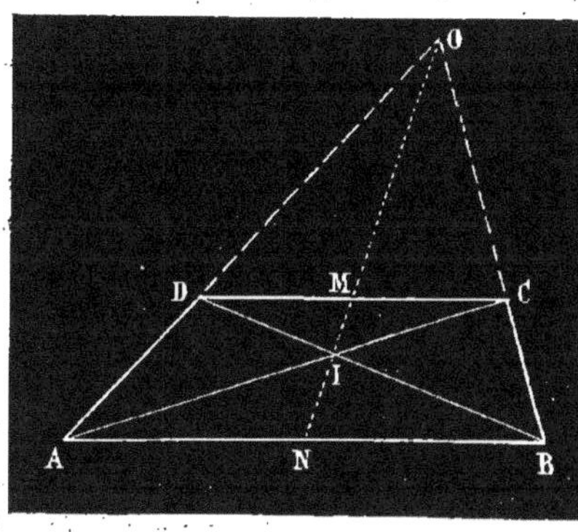

En effet, les lignes AD, MN et BC, partageant en parties pro-portionnelles les deux parallèles AB et CD, doivent, d'après la Ré-ciproque précédente, concourir en un même point O. Pour la même raison, les lignes AC, BD et MN, doivent aussi concourir en un même point I; les quatre points M, N, O et I, appartiennent donc tous les quatre à la ligne MN.

THÉORÈME XXV.

Lorsque du sommet de l'angle droit d'un triangle rectangle on abaisse une perpendiculaire sur l'hypoténuse :

1°. Les deux triangles partiels ainsi formés sont semblables entre eux et au triangle total;

2°. *Chaque côté de l'angle droit est moyen proportionnel entre l'hypoténuse et sa projection sur l'hypoténuse;*

3°. *La perpendiculaire est moyenne proportionnelle entre les deux segments qu'elle détermine sur l'hypoténuse;*

4°. *Les carrés des côtés de l'angle droit sont entre eux comme leurs projections sur l'hypoténuse.*

1°. Soit AD la perpendiculaire abaissée du sommet A de l'angle

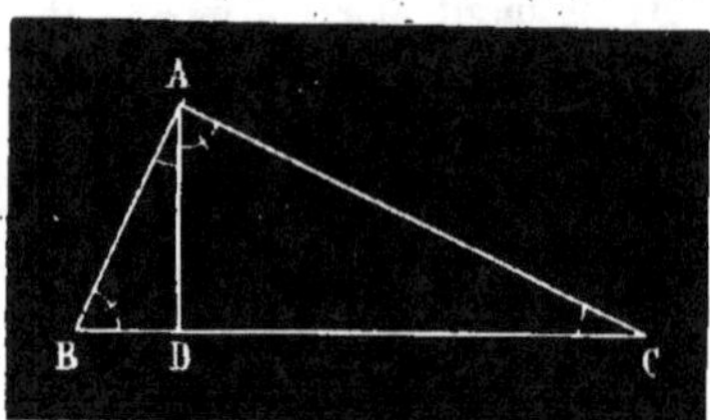

droit sur l'hypoténuse ; elle partage le triangle en deux autres ABD et ADC.

Le triangle ADC, par exemple, a l'angle C commun avec le triangle total, et comme ils sont donc tous deux rectangles, ils se trouvent avoir deux angles égaux chacun à chacun, et par suite sont semblables (Th. 20, Coroll. 1er).

On verrait de même que le triangle ABD est aussi semblable au triangle ABC ; les deux triangles ABD et ABC, étant semblables à un troisième, sont donc semblables entre eux.

2°. De la similitude du triangle ABD avec le triangle total on tire

$$\frac{AB}{BC} = \frac{BD}{AB}, \qquad \text{d'où} \qquad \overline{AB}^2 = BC.BD.$$

En comparant de même le triangle ADC au triangle ABD, on aura

$$\frac{AC}{BC} = \frac{CD}{AC}, \qquad \text{d'où} \qquad \overline{AC}^2 = BC.BD.$$

3°. De la similitude des triangles partiels entre eux, on tire

$$\frac{AD}{BD} = \frac{DC}{AD}, \qquad \text{d'où} \qquad \overline{AD}^2 = BD.DC.$$

4°. Nous avons trouvé tout à l'heure

$$\overline{AB}^2 = BC.AD \qquad \text{et} \qquad \overline{AD}^2 = BC.DC.$$

En divisant membre à membre ces deux égalités, il vient

$$\frac{\overline{AB}^2}{\overline{AD}^2} = \frac{BD}{DC}.$$

Scholie. — Le lecteur a pu reconnaître dans la dernière des relations qui font l'objet de ce Théorème une propriété des côtés de l'angle droit du triangle rectangle qui a déjà été démontrée en même temps qu'on a établi la Proposition dite du carré de l'hypoténuse (Th. 12). Cette importante proposition peut aussi être déduite des relations qui viennent d'être établies.

Si, en effet, on additionne membre à membre les égalités

$$\overline{AB}^2 = BC.BD \quad\text{et}\quad \overline{AD}^2 = BC.DC,$$

il vient $\overline{AB}^2 + \overline{AD}^2 = BC\,(BD + DC) = BC.BC = \overline{BC}^2.$

Corollaire 1er. — *Toute corde est moyenne proportionnelle entre sa projection sur un des diamètres qui passent par ses extrémités et ce diamètre.*

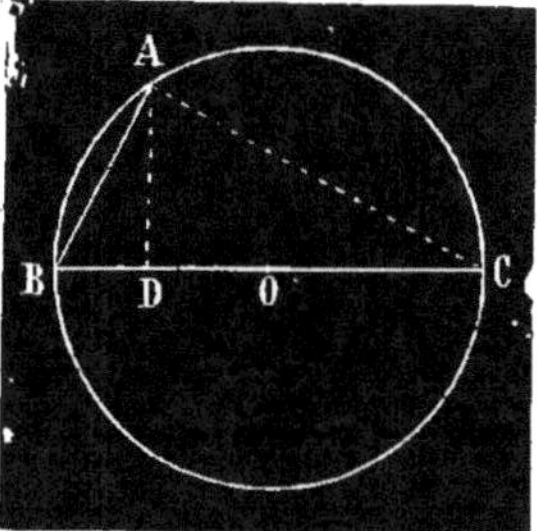

Menons le diamètre BC, l'arc BAC est la moitié de la circonférence ; si donc on joint AC, l'angle BAC est droit (II, Th. 13, Coroll. 2e) ; or il vient d'être démontré que le côté AB de l'angle droit est moyen proportionnel entre sa projection BD sur l'hypoténuse et l'hypoténuse BC, et on aura donc $\overline{AB}^2 = BD.BC.$

Corollaire 2e. — *Toute ligne AD abaissée perpendiculairement d'un point de la circonférence sur un diamètre est moyenne proportionnelle entre les deux segments qu'elle détermine sur ce diamètre.*

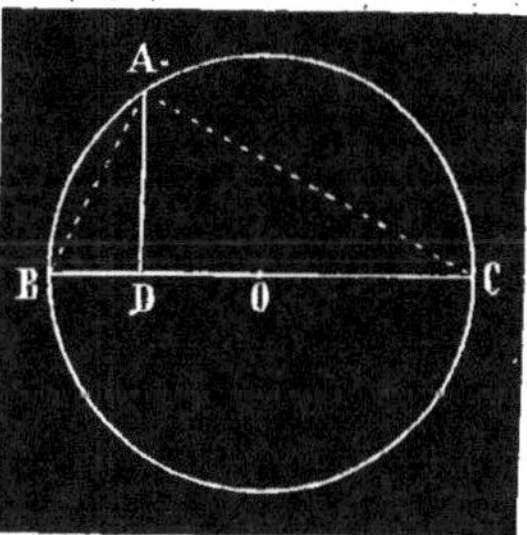

Car si on joint AB et BC, le triangle BAC est rectangle en A, et d'après ce qui vient d'être démontré dans le Théorème la perpendiculaire AD abaissée du sommet de l'angle droit sur l'hypoténuse est moyenne proportionnelle entre les segments qu'elle détermine sur l'hypoténuse. Ainsi on a $\overline{AD}^2 = BD.DC.$

DES LIGNES PROPORTIONNELLES DANS LE CERCLE.

THÉORÈME XXVI.

Les parties de deux cordes qui se coupent dans l'intérieur d'un cercle sont inversement proportionnelles. (¹)

Soient les deux cordes AB et CD qui se coupent au point E dans un cercle; joignons les extrémités A et D, B et C de ces

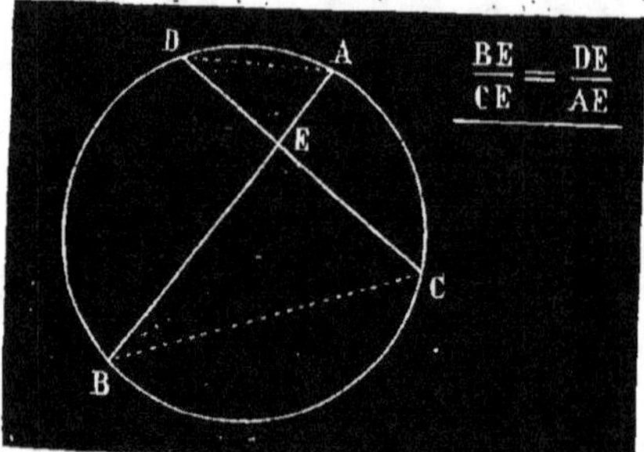

cordes, nous formons ainsi deux triangles ADE et BEC, que je dis semblables,

En effet, les angles en E sont égaux comme opposés par le sommet, les angles D et B sont aussi égaux comme ayant tous deux pour mesure la moitié de l'arc AC. Ces deux triangles ayant deux angles égaux chacun à chacun sont équiangles, et par suite semblables (Th. 20, Coroll. 1er).

De leur similitude on tire

$$\frac{BE}{CE} = \frac{DE}{AE}.$$

(¹) Il faut expliquer ce qu'on entend par *proportionnalité directe* et *proportionnalité inverse*.

Toutes les proportions que l'on peut imaginer être formées avec quatre quantités, A_1, A_2, B_1 et B_2, ne sont pas distinctes; elles se réduisent à deux, qui sont les suivantes :

$$\frac{A_1}{B_1} = \frac{A_2}{B_2} \qquad [1]$$

$$\frac{A_1}{B_1} = \frac{B_2}{A_2} \qquad [2]$$

Si l'une est dite *directe*, l'autre sera dite *inverse* ou *réciproque*. Elles sont en effet telles que, les deux premiers rapports de chacune d'elles étant les mêmes, les deux seconds sont inverses l'un de l'autre.

Les raisons qui font donner à l'une ou à l'autre de ces deux proportions la

Scholie I. — Dans toute proportion, le produit des extrêmes étant égal à celui des moyens, on tire de celle-ci

$$BE . AE = DE . EC$$

c'est-à-dire que, *lorsque deux cordes se coupent dans un cercle, le rectangle des deux portions de l'une est égal au rectangle des deux portions de l'autre.* Cet énoncé est assez facile à retenir et surtout à appliquer.

Scholie II. — Étant données deux cordes se coupant dans un cercle en un point E, nous venons de voir que le rectangle des deux portions de l'une est égal au rectangle des deux portions de l'autre. S'il en passait une troisième par le même point, le rectangle des deux portions de celle-là serait égal au rectangle des portions de chacune des deux premières ; de même pour une quatrième, et ainsi de suite. La valeur du produit des deux portions de toute corde passant par un point donné dans l'intérieur d'un cercle donné est donc constante, et ne dépend que du rayon du cercle et de la position du point.

---

première ou la seconde de ces dénominations sont tirées des relations de situation qui existent entre les quantités représentées par A_1, A_2, B_1 et B_2.

Si, par exemple, A_1 et B_1, A_2 et B_2, sont des valeurs simultanées de deux quantités de nature différente, la proportionnalité représentée par l'expression [1] sera dite *directe*, parce qu'elle exprime que ces quantités croissent ensemble.

De même encore la proportionnalité est dite *directe* entre les segments des côtés d'un triangle coupés par une parallèle à la base (Th. 17), parce que, pour former une proportion convenable, on compare un segment du 1er côté au segment correspondant du 2e côté, et ainsi de suite.

Au contraire, la proportionnalité est dite *inverse* entre les segments de deux cordes, parce que, pour établir la proportionnalité, on compare un segment de la 1re à un segment de la 2e, puis le second segment de la 2e au second de la 1re. L'ordre de comparaison est donc inverse dans ce cas de ce qu'il était dans le précédent.

On pourrait encore faire des remarques intéressantes sur la manière dont se composent le produit des extrêmes et celui des moyens dans la proportion directe et dans la proportion inverse ; mais nous laisserons au lecteur le soin de faire ces remarques.

Soit P un point pris dans l'intérieur d'un cercle; AB et CD

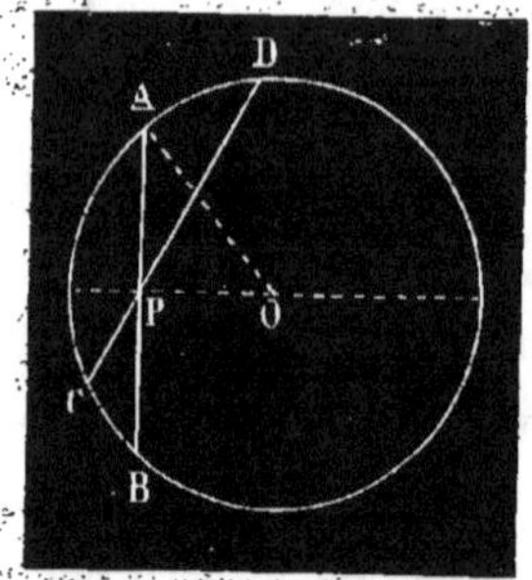

deux cordes qui passent par ce point, on a, d'après le Théorème, AP.PB = CP.PD; mais, si nous supposons que la corde AP soit menée perpendiculairement au diamètre qui passe par le point P, les deux portions AP et PB de la corde seront égales et l'on aura CP.PD = $\overline{AP}^2$.

Or, si on joint OA et que, pour abréger, nous posions OP = d et *rayon du cercle* = R, on a CP.PD = R² − d^2.

THÉORÈME XXVII.

Si d'un point E pris hors d'un cercle on mène deux sécantes, les sécantes entières CE et BE sont réciproquement proportionnelles à leurs parties extérieures DE et AE.

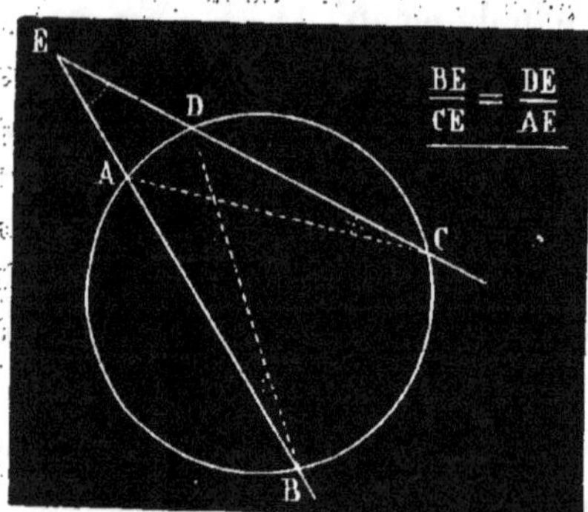

Joignons BD et AC, nous formons ainsi deux triangles EBD et EAC, qui sont équiangles, ainsi qu'il est facile de le vérifier, et par suite semblables. En comparant les côtés homologues, on trouve

$$\frac{BE}{CE} = \frac{DE}{AE}.$$

Ce qui vérifie l'énoncé du Théorème.

Scholie I. — On peut transformer l'énoncé de ce Théorème de la même manière que celui du précédent et dire : *Les produits des sécantes entières par leur partie extérieure sont égaux.*

Scholie II. — Autrement dit : *Si d'un point pris hors d'un cercle on mène tel nombre de sécantes que l'on voudra, le produit d'une sécante quelconque par sa partie extérieure est constant.*

La valeur de ce produit est déterminée par la valeur du rayon du cercle et la distance du point au centre de ce cercle. En appelant d cette distance, on trouve facilement que ce produit est égal à $(d + R)(d - R)$ ou à $d^2 - R^2$.

THÉORÈME XXVIII.

Si d'un point pris hors d'un cercle on mène à ce cercle une tangente et une sécante, la tangente est moyenne proportionnelle entre la sécante entière et sa partie extérieure.

Ce théorème n'est qu'un cas particulier du précédent, car nous pouvons considérer la tangente CE comme la position limite de la sécante CE du théorème précédent, et alors la partie extérieure devient égale à la sécante entière.

On peut aussi le démontrer directement. Pour cela, joignons AC et CB. Les deux triangles AEC et BEC sont équiangles, car l'angle E est commun, et les deux angles B et C ont même mesure, à savoir la moitié de l'arc AC. Ces deux triangles sont donc semblables, et on a

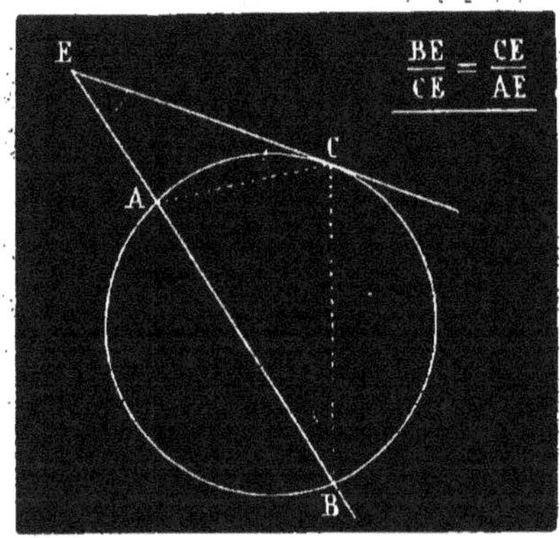

$$\frac{BE}{CE} = \frac{CE}{AE} \qquad \text{ou} \qquad \overline{CE}^2 = BE \cdot AE.$$

Scholie commun aux trois propositions précédentes.— Les trois Théorèmes que nous venons de démontrer ne sont évidemment que les divers cas d'un même Théorème plus général, que l'on peut énoncer ainsi :

Si par un point E pris dans le plan d'un cercle on mène une droite quelconque rencontrant la circonférence de ce cercle, le produit des distances du point E aux points de rencontre est con-

stant et ne dépend que de la position du point et de la grandeur du cercle.

Réciproquement. — Si sur deux droites qui se coupent en un point E on prend, sur chacune d'elles, soit de part et d'autre de

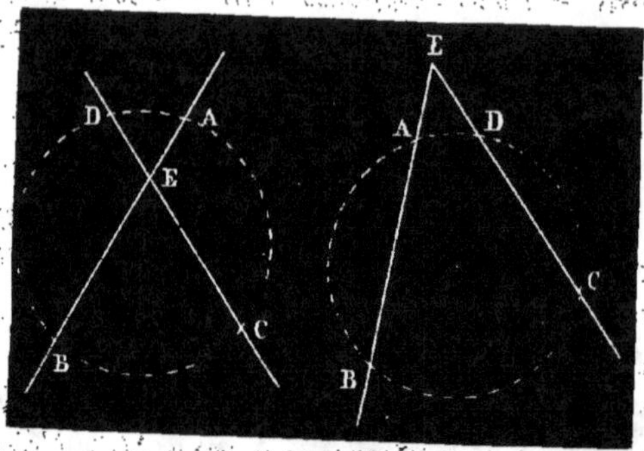

ce point, soit d'un même côté, des points A et B, D et C, tels que le produit AE.EB soit égal au produit CE.ED, les quatre points A, B, C et D sont sur une circonférence de cercle.

On peut toujours, en effet, par trois de ces points, A, B et C par exemple, faire passer une circonférence. Si elle ne passait pas par le quatrième D, elle rencontrerait la droite AC en un point C', tel que l'on aurait AE.EB = EC'.ED, et comme par hypothèse AE.EB = AC.ED, on déduit de là EC'.ED = EC.ED, ou EC' = EC. La circonférence qui passe par trois de ces points doit donc passer par le quatrième.

DE LA SIMILITUDE DES POLYGONES. — RAPPORT DES PÉRIMÈTRES ET DES AIRES DE DEUX POLYGONES SEMBLABLES.

Définition. — *Deux polygones sont dits semblables lorsqu'ils sont composés d'un même nombre de triangles semblables et semblablement placés.*

THÉORÈME XXIX.

Deux polygones semblables ont les angles homologues égaux et les côtés homologues proportionnels.

Soient les deux polygones ABCDEF, A'B'C'D'E'F', semblables comme composés, par hypothèse, de triangles ABC, A'B'C',

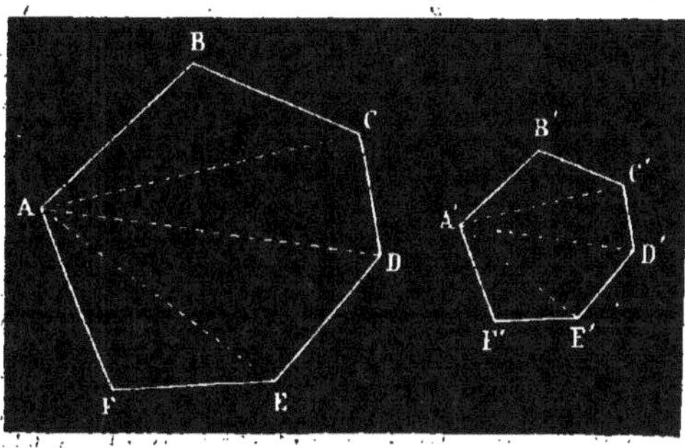

ACD, A'C'D', etc., semblables deux à deux : je dis que les angles homologues A et A', B et B', C et C', etc., de deux polygones sont égaux, et que leurs côtés homologues sont proportionnels, c'est-à-dire qu'on aura

$$\frac{AB}{A'B'} = \frac{BC}{B'C'} = \frac{CD}{C'D'} = \text{etc.}$$

1º. Les angles sont égaux.

Car de ce que les deux triangles ABC, A'B'C', sont semblables, il s'ensuit que leurs angles sont égaux ; donc *angle* B $=$ *angle* B', et aussi l'angle BCA est égal à l'angle B'C'A'.

Mais de la similitude des deux triangles ACB et A'C'B' on déduit l'égalité des angles ACD et A'C'D'. Les deux angles C et C' des deux polygones sont donc égaux, comme composés de deux parties égales.

On démontrerait de la même manière l'égalité des angles D et D', et ainsi de suite.

2º. Les côtés sont proportionnels.

Puisque les deux triangles ABC et A'B'C' sont semblables, on a

$$\frac{AB}{A'B'} = \frac{BC}{B'C'} = \frac{AC}{A'C'} \qquad [1]$$

Mais la similitude des triangles ACD et A'C'D' donne aussi

$$\frac{AC}{A'C'} = \frac{CD}{C'D'} = \frac{AD}{A'D'} \qquad [2]$$

Les deux suites de rapports égaux [1] et [2] ayant le rapport $\frac{AC}{A'C'}$ commun, les autres rapports sont égaux entre eux ; on doit donc avoir

$$\frac{AB}{A'B'} = \frac{BC}{B'C'} = \frac{CD}{C'D'} = \dots$$

et ainsi de suite.

Corollaire. — *Dans deux polygones semblables, deux lignes homologues quelconques sont entre elles dans le même rapport que les côtés homologues.*

Réciproquement. — *Lorsque deux polygones ont les angles égaux chacun à chacun et semblablement disposés, et que les côtés compris entre des angles homologues sont proportionnels, ces deux polygones sont composés d'un même nombre de triangles semblables, et par suite sont semblables.*

Il est facile, en effet, de voir que deux triangles homologues de ces deux polygones ont un angle égal compris entre côtés proportionnels et par suite sont semblables (Th. 22).

THÉORÈME XXX.

Les périmètres de deux triangles, et en général de deux polygones semblables, sont entre eux dans le rapport de deux côtés homologues quelconques.

Soient AB et A'B', BC et B'C', CD et C'D', etc., les côtés homologues de deux polygones semblables, on a, d'après le Théorème précédent

$$\frac{AB}{A'B'} = \frac{BC}{B'C'} = \frac{CD}{C'D'} = \dots$$

Or on sait que, dans une suite de rapports égaux, la somme d'un nombre quelconque d'antécédents est à la somme des conséquents correspondants comme un antécédent quelconque est à son conséquent. On aura donc

$$\frac{AB + BC + CD + \dots}{A'B' + B'C' + C'D' + \dots} = \frac{AB}{A'B'} = \frac{BC}{B'C'} = \frac{CD}{C'D'} = \dots$$

THÉORÈME XXXI.

Les surfaces de deux triangles et, en général, de deux polygones semblables sont entre elles dans le rapport des carrés de deux côtés homologues quelconques.

1°. Pour les triangles.

Soient deux triangles ABC, A'B'C', semblables. La surface d'un triangle a pour mesure la moitié du produit de sa base par sa

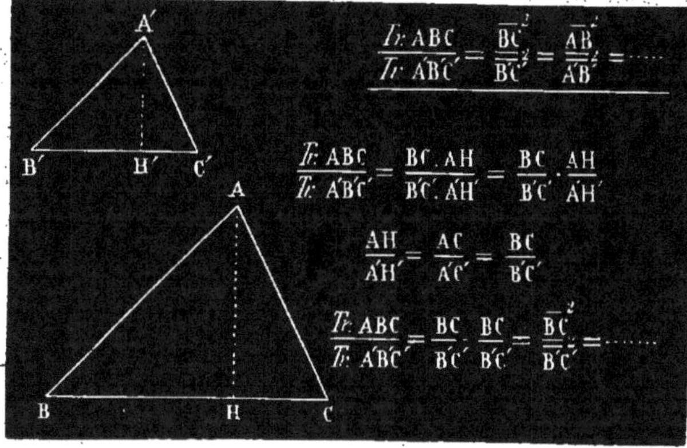

hauteur (Th. 5). Les surfaces des deux triangles seront donc entre elles comme $\dfrac{BC.AH}{B'C'.A'H'}$. Ce rapport peut s'écrire $\dfrac{BC}{B'C'}.\dfrac{AH}{A'H'}$.

Or les hauteurs AH et A'H' sont des lignes homologues dans les deux triangles semblables ABC, A'B'C', elles sont donc entre elles dans le rapport de deux côtés homologues, BC et B'C', par exemple (Th. 23).

Au lieu de
$$\frac{Tr.\ ABC}{Tr.\ A'B'C'} = \frac{BC}{B'C'} \cdot \frac{AH}{A'H'},$$

on peut donc écrire

$$\frac{Tr.\ ABC}{Tr.\ A'B'C'} = \frac{BC}{B'C'} \cdot \frac{BC}{B'C'} = \frac{\overline{BC}^2}{\overline{B'C'}^2}.$$

Comme d'ailleurs les côtés des deux triangles sont proportionnels, on a
$$\frac{BC}{B'C'} = \frac{AB}{A'B'} = \frac{AC}{A'C'},$$

et par conséquent
$$\frac{\overline{BC}^2}{\overline{B'C'}^2} = \frac{\overline{AB}^2}{\overline{A'B'}^2} = \frac{\overline{AC}^2}{\overline{A'C'}^2}.$$

Les surfaces des deux triangles sont donc bien entre elles dans le même rapport que les carrés de deux côtés homologues quelconques.

2°. Pour deux polygones.

Deux polygones semblables étant décomposables en un même nombre de triangles semblables et semblablement placés, repré-

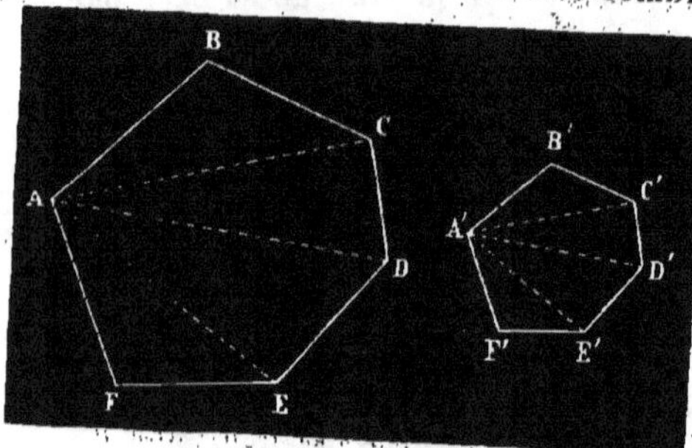

sentons pour abréger par T et t, T_1 et t_1, T_2 et t_2, etc., les triangles homologues ABC et A'B'C', ACD et A'C'D', etc., qui composent ces deux polygones.

Deux triangles homologues quelconques sont entre eux comme les carrés de deux de leurs côtés homologues, et par conséquent comme les carrés de deux côtés homologues quelconques du polygone. Les triangles homologues sont donc tous entre eux dans le même rapport, c'est-à-dire que l'on a

$$\frac{T}{t} = \frac{T_1}{t_1} = \frac{T_2}{t_2} = \ldots$$

et par conséquent

$$\frac{T + T_1 + T_2 + \ldots}{t + t_1 + t_2 + \ldots} = \frac{T}{t} = \frac{T_1}{t_1} = \ldots = \text{le rapport des carrés de deux côtés homologues quelconques.}$$

THÉORÈMES DIVERS SUR LE TRIANGLE.

THÉORÈME XXXII.

Dans tout triangle, les trois médianes se coupent en un même point.

Considérons d'abord deux médianes, BM' et CM", par exemple, et cherchons à déterminer quelle position occupe sur chacune d'elles leur point de rencontre G.

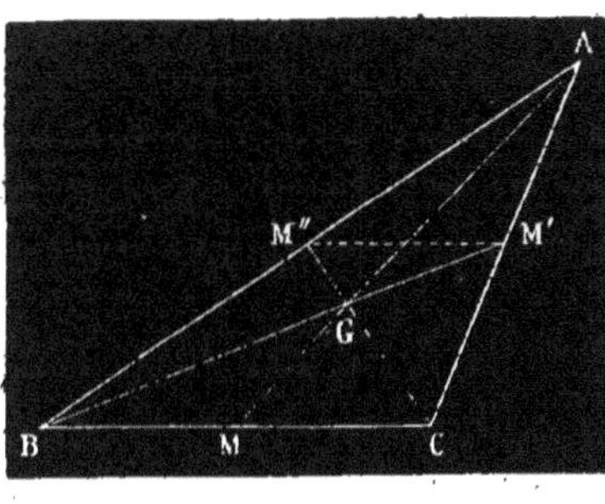

Pour cela, tirons M'M"; cette ligne joignant les milieux des côtés AB et AC est parallèle à la base BC et égale à sa moitié. Les deux triangles BCG et M'G M" sont donc semblables. On a donc

$$\frac{GM''}{GC} = \frac{GM'}{GB} = \frac{M'M''}{BC} = \frac{1}{2}.$$

Deux médianes quelconques se coupent donc en leur tiers; elles doivent donc toutes les trois se rencontrer au même point.

THÉORÈME XXXIII.

Dans tout triangle, si l'on mène la bissectrice AD d'un angle quelconque intérieur A, le produit des côtés qui comprennent cet angle est égal au carré de la bissectrice AD, plus le produit des segments BD et DC du 3e côté.

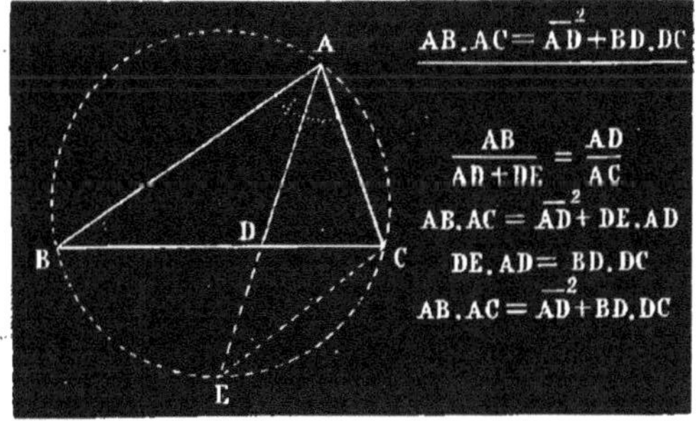

Traçons la circonférence circonscrite au triangle ABC, prolongeons la ligne AD jusqu'à sa rencontre en E avec cette circonférence, et joignons CE. Nous formons ainsi les deux triangles semblables ABD et AEC, qui donnent lieu à la proportion

$$\frac{AB}{AD + DE} = \frac{AD}{AC},$$

d'où, en effectuant le produit des extrêmes et l'égalant au produit des moyens,

$$AB \cdot AC = \overline{AD}^2 + AD \cdot DE.$$

Or, d'après la propriété des lignes qui se coupent dans l'intérieur d'un cercle (Th. 26), on a

$$AD \cdot DE = BD \cdot DC,$$

d'où finalement

$$AB \cdot AC = \overline{AD}^2 + BD \cdot DC.$$

THÉORÈME XXXIV.

La surface d'un triangle est égale à son périmètre multiplié par la moitié du rayon du cercle inscrit.

Construisons la circonférence inscrite au triangle ABC et joignons son centre O aux trois sommets du triangle. Celui-ci se

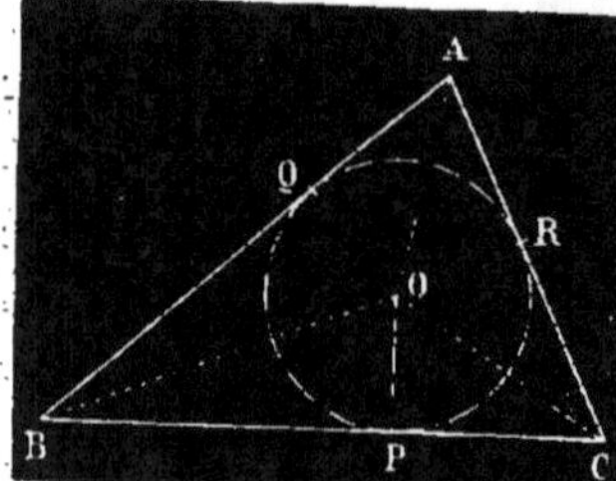

trouve ainsi partagé en trois triangles ayant chacun pour base un des côtés du triangle et le rayon du cercle inscrit pour hauteur; car le point P, par exemple, étant le point de contact du cercle O avec le côté BC, le rayon OP est perpendiculaire sur le côté BC.

Ainsi, en désignant par S la surface du triangle ABC, le rayon OP par r, et les côtés par a, b, c, on aura

$$S = a \cdot \tfrac{1}{2} r + b \cdot \tfrac{1}{2} r + c \cdot \tfrac{1}{2} r = (a + b + c) \tfrac{1}{2} r. \qquad [1]$$

THÉORÈME XXXV.

Dans tout triangle, le rectangle de deux côtés est égal au rectangle formé par le diamètre du cercle circonscrit et la hauteur correspondante au 3ᵉ côté.

Construisons la circonférence circonscrite au triangle ABC; du sommet A abaissons AH perpendiculaire sur le côté BC, me-

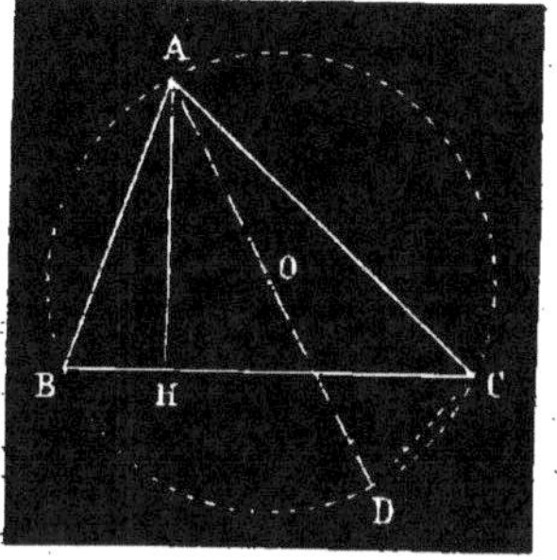

nons le diamètre AD, et enfin joignons le point D au point C.

L'angle ACD est droit comme inscrit dans une demi-circonférence; l'angle ABC est égal à l'angle ADC, comme ayant même mesure, à savoir la moitié de l'arc AC.

Les deux triangles ABH et ADC sont donc équiangles, et par suite semblables, de telle sorte que l'on aura

$$\frac{AB}{AD} = \frac{AH}{AC}, \quad \text{d'où} \quad AB.AC = AD.AH.$$

Corollaire. — *Le produit des côtés d'un triangle est égal à sa surface multipliée par le double du diamètre du cercle circonscrit.*

En représentant, pour abréger, par a, b, c, les côtés du triangle, et par R le rayon de la circonférence circonscrite, l'égalité qui vient d'être démontrée peut s'écrire $bc = 2R.AH$; en multipliant par a les deux membres de cette égalité, il vient $abc = 2R.AH.a$. Or le produit $AH.a$ représente le double de la surface S du triangle, on aura donc finalement

$$abc = 4R.S \qquad [2]$$

Scholie. — Les deux Théorèmes qui précèdent nous donnent les relations [1] et [2] entre les trois côtés d'un triangle, sa surface et les rayons des cercles inscrits et circonscrits, c'est-à-dire entre six quantités. Si, entre ces deux relations, nous éliminons l'une quelconque de ces six quantités, il nous restera une relation entre les cinq autres.

Par exemple, en remplaçant dans la relation [2] la quantité S par la valeur donnée par [1], on a

$$ abc = 4\,\mathrm{R} \cdot (a+b+c)\tfrac{1}{2}r \quad\text{ou}\quad abc = 2\,(a+b+c)\,\mathrm{R}r, $$

ce qui donne une relation entre les trois côtés d'un triangle et les rayons des cercles inscrits et circonscrits.

THÉORÈME XXXVI.

Si on représente par 2p le périmètre d'un triangle, et par a, b, c, ses trois côtés, sa surface est exprimée par

$$ \sqrt{p\,(p-a)\,(p-b)\,(p-c)}. $$

Commençons par chercher l'expression d'une hauteur AH, 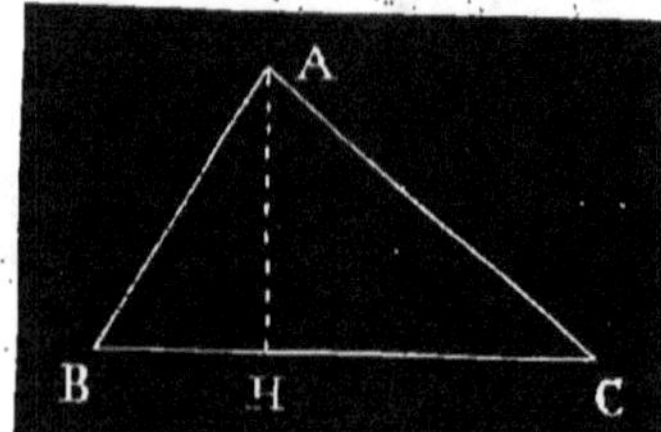 par exemple, d'un triangle en fonction des trois côtés de ce triangle.

On a

$$ \overline{AH}^2 = c^2 - \overline{BH}^2 = (c+BH)(c-BH) $$

Mais, d'après l'un des deux Théorèmes 13 et 14, on a aussi

$$ b^2 = a^2 + c^2 - 2\,a\,BH, \qquad \text{d'où} \qquad BH = \frac{a^2 + c^2 - b^2}{2a}, $$

on a alors en substituant à BH cette valeur.

$$ \overline{AH}^2 = \left[c + \frac{a^2 + c^2 - b^2}{2a} \right]\left[c - \frac{a^2 + c^2 - b^2}{2a} \right] $$
$$ = \frac{1}{4a^2}\left[2ac + a^2 + c^2 - b^2 \right]\left[2ac - a^2 - c^2 + b^2 \right]. $$

Or la première quantité est égale à $(a+c)^2 - b^2$, de même la seconde est égale à $b^2 - (a-c)^2$, on aura donc

$$ \overline{AH}^2 = \frac{1}{4a^2}\left[(a+c)^2 - b^2 \right]\left[b^2 - (a-c)^2 \right]. $$

Chacune des deux quantités entre crochets étant la différence de deux carrés, on peut écrire

$$ \overline{AH}^2 = \frac{1}{4a^2}\left[(a+c+b)\,(a+c-b) \right]\left[(b+a-c)\,(b-a+c) \right]. $$

12

Si maintenant nous posons $a + c + b = 2p$, on aura

$$b + c - a = 2p - 2a = 2\,(p - a)$$
$$a + c - b = 2p - 2b = 2\,(p - b)$$
$$a + b - c = 2p - 2c = 2\,(p - c)$$

et la valeur de AH deviendra, en extrayant la racine carrée, supprimant les crochets inutiles et réduisant,

$$\mathrm{AH} = \frac{2}{a}\,\sqrt{p\,(p - a)\,(p - b)\,(p - c)}.$$

Il est facile maintenant de trouver l'expression de la surface du triangle, car on a

$$\mathrm{S} = a \cdot \frac{\mathrm{AH}}{2} = \sqrt{p\,(p - a)\,(p - b)\,(p - c)}.$$

Cette formule est très-commode pour calculer la surface d'un triangle donné par ses trois côtés ; elle offre l'avantage d'être calculable par logarithmes, lorsque l'on a formé les quantités $(p - a)$, $(p - b)$, $(p - c)$, dans lesquelles il ne faut pas oublier que p est le demi-périmètre.

Scholie. — En rapprochant cette valeur de la surface S d'un triangle des deux expressions

$$\mathrm{S} = (a + b + c)\,\frac{1}{2}\,r \qquad \text{et} \qquad abc = 4\,\mathrm{R.S},$$

qui ont fait l'objet des Théorèmes 37 et 38, on trouve immédiatement

$$r = \frac{2\,\sqrt{p\,(p - a)\,(p - b)\,(p - c)}}{a + b + c} = \sqrt{\frac{(p - a)\,(p - b)\,(p - c)}{p}},$$

et

$$\mathrm{R} = \frac{abc}{4\,\sqrt{p\,(p - a)\,(p - b)\,(p - c)}}.$$

Ces deux expressions donnent le moyen de calculer les rayons des cercles inscrits et circonscrits à un triangle dont on connaît les trois côtés.

THÉORÈMES SUR LE QUADRILATÈRE INSCRIPTIBLE.

THÉORÈME XXXVII.

Dans tout quadrilatère inscriptible, le rectangle des deux diagonales est égal à la somme des rectangles des côtés opposés [entre eux].

Étant donné le quadrilatère ABCD inscrit dans une circonférence, je dis que l'on aura

$$AC.BD = AB.DC + AD.BC.$$

Par le sommet D, par exemple, menons une ligne AI faisant, avec le côté DC un angle égal à l'angle ADB.

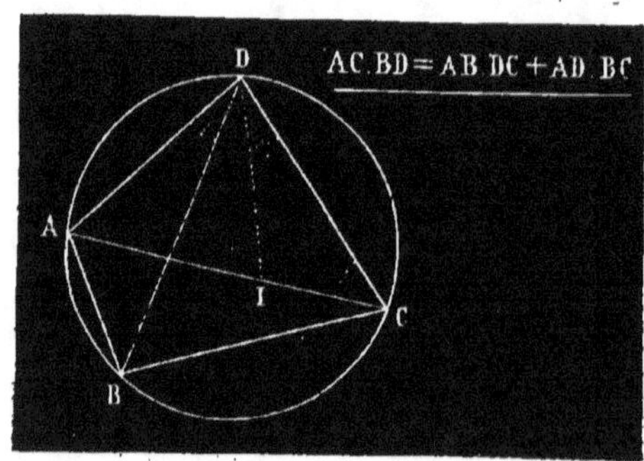

Nous formons ainsi un triangle DIC, qui est semblable au triangle ABD, car leurs angles en D sont égaux par construction, et les angles ACD et ABD sont aussi égaux comme ayant tous deux pour mesure la moitié de l'arc AD.

Dé la similitude de ces deux triangles, on tire

$$\frac{AB}{IC} = \frac{BD}{DC}, \qquad \text{d'où} \qquad AB.DC = IC.BD. \qquad [1]$$

Il est facile de voir que les deux triangles AID et BDC sont aussi semblables, et leur similitude donne

$$\frac{AD}{BD} = \frac{AI}{BC}, \qquad \text{d'où} \qquad AD.BC = AI.BD. \qquad [2]$$

En additionnant membre à membre les deux égalités [1] et [2], il vient

$$AB.DC + AD.BC = (AI + IC)\,BD = AC.BD.$$

Scholie. — *Dans tout quadrilatère non inscriptible, le rectangle des deux diagonales est plus petit que la somme des rectangles des côtés opposés.*

Nous ne ferons qu'énoncer cette propriété, d'ailleurs moins importante que le Théorème.

Applications de ce Théorème. — Parmi les applications du Théorème qui vient d'être démontré, nous indiquerons les suivantes :

1º. *Étant données les cordes* a *et* b *de deux arcs* BC *et* AC *et le rayon* R *du cercle auquel ils appartiennent, calculer la corde* AB *de la somme de ces arcs.*

Menons le diamètre COD, joignons AD et BD, le quadrilatère ACBD étant

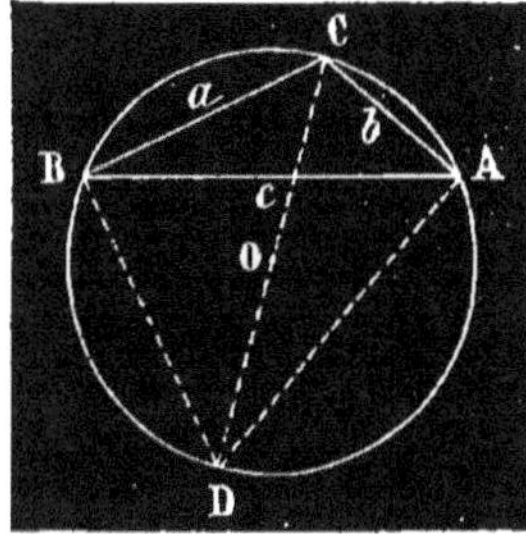

inscrit, on aura, en posant, pour abréger, $AB = c$ et $CD = 2R$,

$$2R . c = a . CD + b . AD. \qquad [1]$$

Mais les deux triangles CAD et CBD étant rectangles, on en tire

$$AD = \sqrt{4R^2 - b^2} \quad \text{et} \quad BD = \sqrt{4R^2 - a^2},$$

et en substituant dans [1] et divisant par $2R$, il vient

$$c = \frac{a}{2R} \sqrt{4R^2 - b^2} + \frac{b}{2R} \sqrt{4R^2 - a^2}. \qquad [2]$$

2º. *Trouver la corde du double d'un arc, connaissant la corde de cet arc.*

Il suffit de supposer $a = b$ dans les calculs précédents, et il vient

$$c = \frac{a}{R} \sqrt{4R^2 - a^2}. \qquad [3]$$

3º. *Trouver la corde* a *de la moitié d'un arc* AB, *connaissant la corde* C *de cet arc.*

Il suffirait évidemment de résoudre l'équation [3] par rapport à *a*; mais on arrive ainsi à une équation du second degré. On peut éviter la difficulté algé-

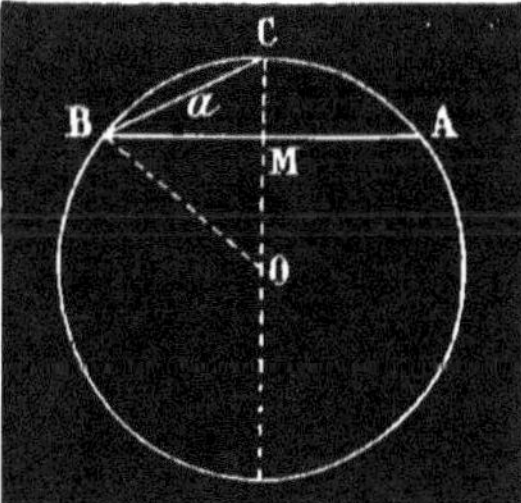

brique par les considérations géométriques que voici :

Si on joint le milieu M de l'arc AB au centre du cercle, le diamètre OC est perpendiculaire sur le milieu de la corde AB (II, Th. 6, Récipr.). Or on sait (Th. 25, Coroll. 1er) qu'une corde AB est moyenne proportionnelle entre le diamètre qui passe par une de ses extrémités et sa projection sur ce diamètre; on aura donc

$$a = \sqrt{2R . CM.}$$

Or on a $\mathrm{CM} = \mathrm{R} - \mathrm{OM} = \mathrm{R} - \sqrt{\overline{\mathrm{BO}^2 - \mathrm{BM}^2}} = \mathrm{R} - \sqrt{\mathrm{R}^2 - \dfrac{c^2}{4}},$

et en substituant cette valeur de CM dans l'expression de a, il vient

$$a = \sqrt{2\,\mathrm{R}^2 - 2\,\mathrm{R}\sqrt{\mathrm{R}^2 - \dfrac{c^2}{4}}},$$

et en simplifiant,

$$a = \sqrt{2\,\mathrm{R}^2 - \mathrm{R}\sqrt{4\,\mathrm{R}^2 - c^2}}.$$

Telle est l'expression qui donne la valeur de la corde de la moitié d'un arc en fonction de la corde de cet arc.

4º. *Trouver la corde a de la différence BC de deux arcs AB et AC, connaissant les cordes c et b de ces arcs.*

Il est évident que la relation [2] résolue par rapport à a doit donner la valeur de la corde de la différence BC des deux arcs AB et AC; mais, pour tirer de cette équation la valeur de a, il faut quelques connaissances algébriques qui peuvent manquer au lecteur. Heureusement nous pouvons tourner la difficulté par une construction géométrique qui offre ceci de remarquable, que, quoique fondée identiquement sur le même principe que celle employée dans 1º. et donnant la même relation entre les mêmes quantités, elle nous présente cette relation sous une forme différente, par cela même qu'elle est faite différemment.

Menons donc le diamètre AOD, et joignons BD et CD. On forme ainsi le quadrilatère inscriptible ACBD, qui donne

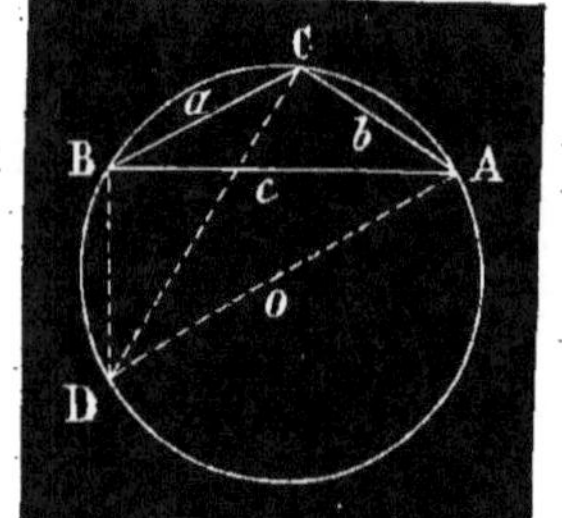

$$2\,\mathrm{R}\,a = c\,.\,\mathrm{CD} - b\,.\,\mathrm{BD}.$$

Or on a

$$\mathrm{CD} = \sqrt{4\,\mathrm{R}^2 - b^2} \quad \text{et} \quad \mathrm{BD} = \sqrt{4\,\mathrm{R}^2 - c^2},$$

ce qui donne en substituant

$$a = \frac{c}{2\,\mathrm{R}}\sqrt{4\,\mathrm{R}^2 - b^2} - \frac{b}{2\,\mathrm{R}}\sqrt{4\,\mathrm{R}^2 - c^2}.$$

Cette formule offre ceci de remarquable, qu'elle se déduit de la formule [2] en changeant le signe de b et en changeant c en a et réciproquement.

La dissemblance des constructions employées dans les deux cas 1º. et 2º. n'est qu'apparente; ces constructions sont au contraire parfaitement analogues dans chacune d'elles : en effet, on joint au centre du cercle le point qui sert d'extrémité commune aux deux arcs dont on cherche la somme ou la différence.

THÉORÈME XXXVIII.

Dans tout quadrilatère inscriptible, les diagonales sont entre elles comme les sommes des rectangles des côtés qui aboutissent à leurs extrémités.

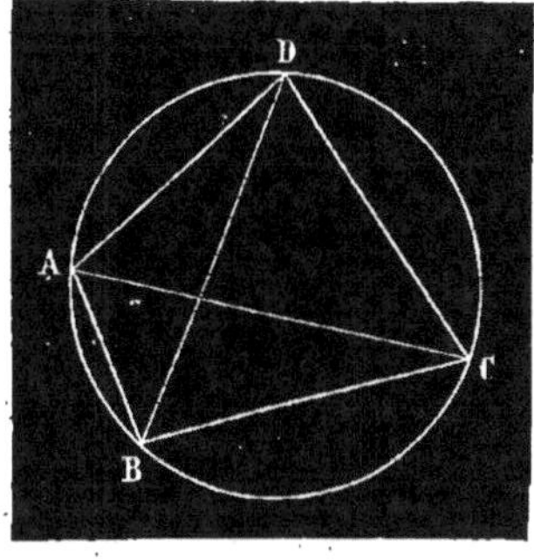

Soit $2R$ le diamètre du cercle circonscrit, on aura, d'après le Corollaire du Théorème 38 :

$$AB.BC.AC = 2R \cdot \text{triangle } ABC$$

et

$$AD.DC.AC = 2R \cdot \text{triangle } ADC.$$

et, en faisant la somme de ces deux égalités membre à membre,

$$(AB.BC+AD.DC)AC = 2R(tr.ABC + tr.ADC),$$

ou bien
$$(AB.BC + AD.DC) AC = 2R \cdot \text{quadril. } ABCD \qquad [1]$$

On trouverait de même, en considérant le quadrilatère ABCD comme formé des deux triangles ABD et BCD,

$$(AB.AD + BC.CD) BD = 2R \cdot \text{quadril. } ABCD. \qquad [2].$$

On déduit des égalités [1] et [2]

$$(AB.BC + AD.DC) AC = (AB.AD + BC.CD) BD ;$$

d'où enfin
$$\frac{AC}{BD} = \frac{AB.AD + BC.CD}{AB.BC + AD.DC} \cdot \qquad C.\ Q.\ F.\ D.$$

Scholie. — Si on pose, pour abréger, $AB = a$, $BC = b$, $CD = c$, $DA = d$, $AC = \alpha$, $BD = \delta$, on a, d'après le Théorème 40,

$$\alpha\delta = ac + bd,$$

et, d'après le Théorème qui vient d'être démontré,

$$\frac{\alpha}{\delta} = \frac{ad + bc}{ab + cd} \cdot$$

On tire de là

$$\alpha^2 = \frac{(ac + bd)(ad + bc)}{ab + cd} \qquad , \text{et} \qquad \delta^2 = \frac{(ac + bd)(ab + cd)}{ad + bc} \cdot$$

PROBLÈMES RELATIFS AU LIVRE III.

CONSTRUCTION DE LIGNES DROITES DONT LA LONGUEUR DOIT SATISFAIRE A CERTAINES RELATIONS SIMPLES.

PROBLÈME Ier.

Diviser une droite de longueur donnée AB en un nombre donné de parties égales.

Vu l'importance de ce problème, à cause de ses fréquentes applications, nous donnerons plusieurs procédés pour le résoudre.

1er *procédé.* — Soit donnée la droite AB, que nous voulons diviser en 5 parties égales, par exemple.

Par l'une des extrémités A, par exemple, de la droite AB, fai-

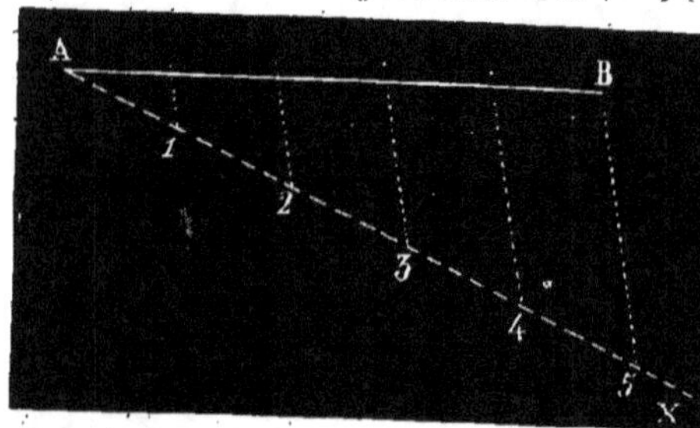

sons passer une droite quelconque AX ; sur cette droite, à partir du point A, portons 5 fois une même longueur arbitraire A1 ; joignons le 5e point de division à l'extrémité B de la droite donnée, puis, par les points de division 1, 2, 3 et 4, menons des parallèles à la ligne B5.

Les segments déterminés par ces parallèles sur la droite AB sont égaux, car ils sont proportionnels à ceux de la droite A5, lesquels sont égaux par construction (Voy. Th. 17).

2e *procédé.* — Ce procédé est assez pénible lorsqu'on ne peut disposer d'un moyen mécanique commode pour tracer les parallèles. Voici une construction qui est au fond la même que la précédente, mais qui offre plus de facilité d'exécution et en même temps de sûreté lorsque l'on veut opérer avec la règle et et le compas seulement.

On commence, comme dans le procédé précédemment décrit, par tracer une ligne quelconque AX sur laquelle on porte 5 fois

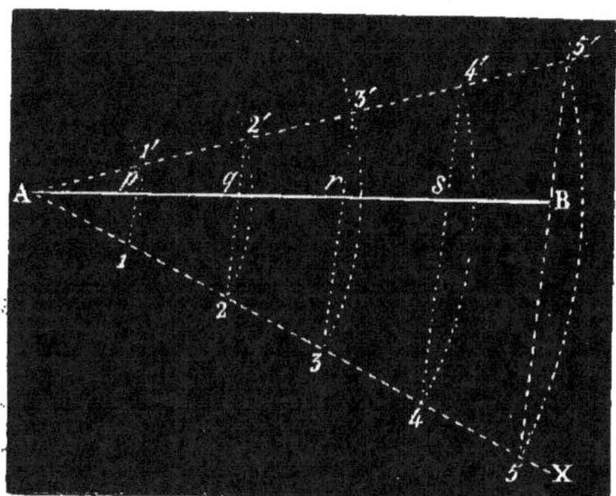

une même longueur arbitraire, et on joint le point 5 au point B. Cela fait, du point A comme centre, avec A5 pour rayon, on décrit un arc de cercle qui va couper en 5', par exemple, la droite 5B. On trace la droite A5', puis du point A comme centre on décrit, avec des rayons A4, A3, etc., une série d'arcs de cercle qui vont déterminer, sur la ligne A5', des points 4', 3', etc., équidistants les uns des autres. On n'a plus qu'à joindre 44', 33', etc. Ces lignes, qui sont évidemment parallèles entre elles et à 5B, déterminent les points p, q, r, etc., qui divisent la droite AB dans le dombre voulu parties égales.

8ᵉ *procédé.* — On peut encore éviter, de la manière suivante, le tracé des parallèles du 1ᵉʳ procédé.

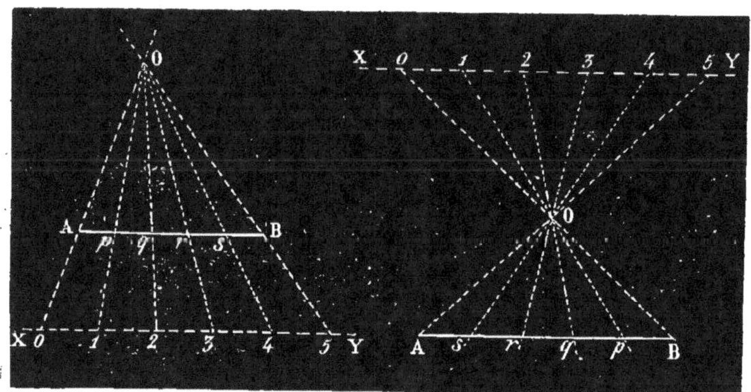

On trace une droite XY qui soit parallèle à la ligne AB que l'on veut diviser en parties égales. Sur cette droite XY, à partir d'un point 0 (zéro), on porte autant de fois qu'il est nécessaire une même longueur arbitraire. On joint le point 0 (zéro) à l'une des extrémités de la droite et le dernier point de division, 5 par exemple, à l'autre extrémité; ces deux droites vont concourir en un point 0, que l'on joint aux points 1, 2, 3, etc. Ces lignes 01, 02, 03, etc., déterminent sur la droite AB des points p, q, r, etc., qui la divisent en parties égales (Voy. Th. 24).

PROBLÈME II.

Partager une droite donnée en parties qui soient entre elles comme deux droites données m *et* n, *ou encore comme deux nombres donnés.*

Le second cas se ramène facilement au premier, car il est facile de trouver deux droites qui soient entre elles comme deux nombres données.

Soit donc à partager la droite AB en deux parties qui soient

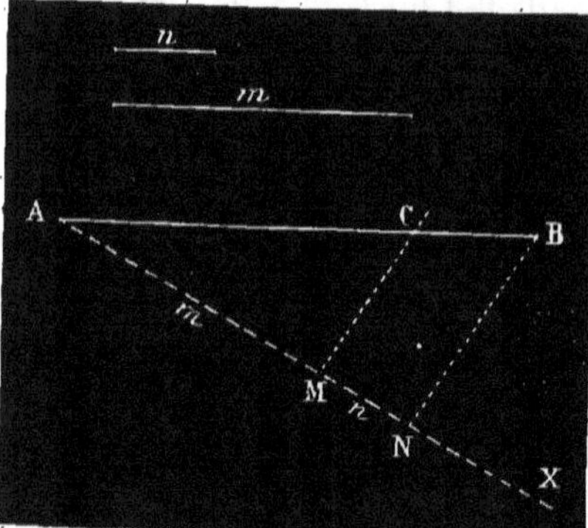

entre elles comme les deux droites m et n. Par l'une des extrémités A de la droite AB, traçons une droite AX quelconque, sur cette ligne portons AM $= m$, MN $= n$; joignons NB et menons MC parallèle à NB; on aura (Th. 47)

$$\frac{AC}{CB} = \frac{AM}{MN} = \frac{m}{n}.$$

Scholie I. — Des constructions identiques à celles du problème précédent pourraient évidemment s'appliquer à celui-ci, car le premier problème n'est, à proprement parler, qu'un cas particulier de celui-ci; leur résolution est fondée sur les mêmes principes.

Scholie II. — Il est évident que les mêmes constructions s'appliqueraient aussi au cas où il serait demandé de diviser une droite en parties qui soient proportionnelles à un nombre de lignes ou de nombres plus grand que deux ; à des lignes m, n, p, q, etc. Il suffirait de porter ces lignes les unes à la suite des autres sur la ligne AX.

PROBLÈME III

Construire la quatrième proportionnelle à trois droites données, m, n, p.

C'est-à-dire construire une ligne x telle, que l'on ait la proportion $\dfrac{m}{n} = \dfrac{p}{x}$; autrement dit encore, construire le quatrième terme d'une proportion dont m, n et p sont les trois premiers termes (rangés dans l'ordre indiqué).

1re *construction.* — On trace deux droites AD et AE faisant entre

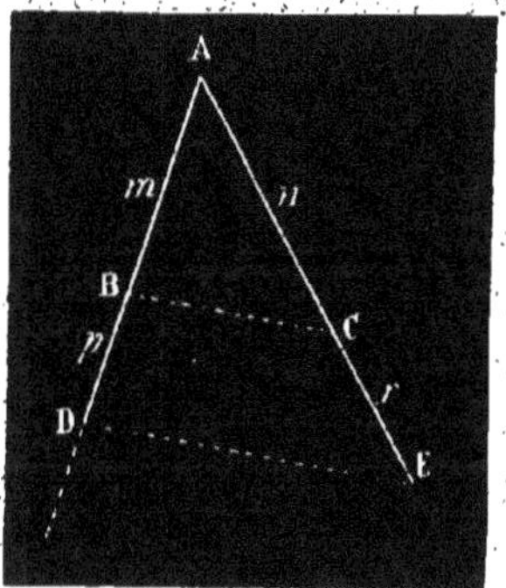

elles un angle quelconque, sur l'une d'elles on prend AB $= m$, BD $= p$, sur l'autre AC $= n$; on joint le point B au point C, et, par le point D, on mène une ligne DE parallèle à BC. La ligne CE est la ligne demandée. On a, en effet, $\dfrac{AB}{AC} = \dfrac{BD}{CE}$, ou $\dfrac{m}{n} = \dfrac{n}{CE}$, CE est donc bien la quatrième proportionnelle cherchée.

On pourrait aussi bien, au lieu de porter à la suite les unes

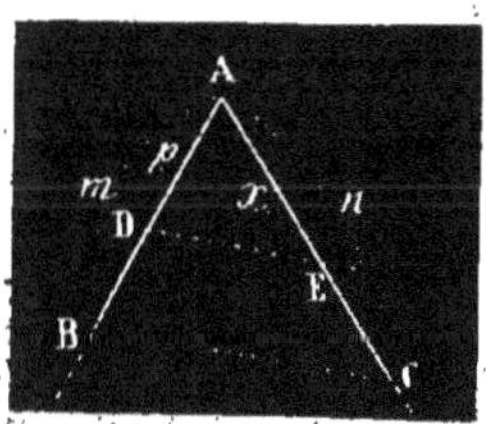

des autres la longueur m, p, etc., les porter à partir du point A, et prendre AB $= m$, AD $= p$, AC $= n$, ce serait alors la ligne AE qui serait la ligne demandée. On voit que cette construction, fondée sur le même Théorème que la précédente, occupe moins de place.

On pourrait encore varier la disposition des lignes m, n et p, dans la même construction.

2e *construction*. — On trace deux lignes parallèles AC et A′C′; sur l'une d'elles (voyez la première figure), on prend des lon-

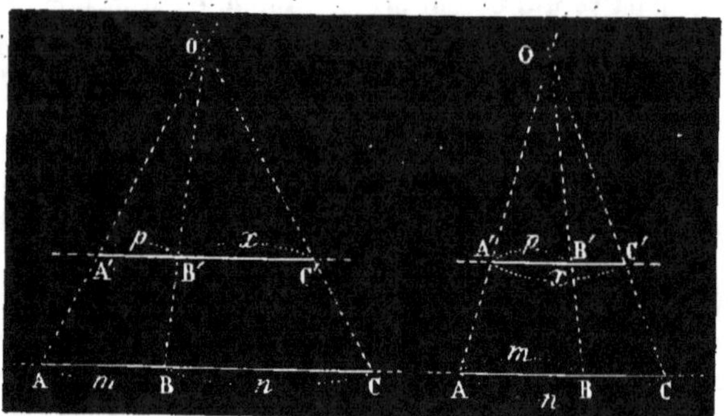

gueurs AB $= m$, BC $= n$; sur l'autre on prend une longueur A′B′ $= p$. On joint AA′ et BB′ par deux lignes droites qui vont se rencontrer au point O. On joint le point O au point C, et la ligne OC coupe en C′ la ligne A′B′.

On a (Th. 24)

$$\frac{AB}{BC} = \frac{A'B'}{B'C'} \quad \text{ou} \quad \frac{m}{n} = \frac{p}{B'C'};$$

la ligne B′C′ est donc la quatrième proportionnelle demandée.

On pourrait encore disposer autrement la construction sans en changer le principe; c'est ce qu'indique la seconde figure, qu'il est inutile d'expliquer en détail.

PROBLÈME IV.

Construire la troisième proportionnelle à deux droites données m *et* n, c'est-à-dire le quatrième terme de la proportion $\frac{m}{n} = \frac{n}{x}$ (1).

Ce problème peut rentrer dans le précédent, en y faisant

---

(1) L'expression de *troisième proportionnelle* est un terme consacré par l'usage, mais qui ne s'explique pas suffisamment par lui-même; on peut facilement retenir sa signification en se rappelant qu'étant données deux quantités, on en demande une *troisième*, qui, avec les deux premières, puisse *former une proportion*; et comme pour faire une proportion il faut quatre quantités, il est nécessaire que l'une d'elles soit répétée deux fois.

en y faisant $p = n$. Nous allons cependant donner comme exercice plusieurs constructions de ce problème.

1re construction. — Sur la ligne $AB = m$ comme diamètre décrivons une demi-circonférence ;

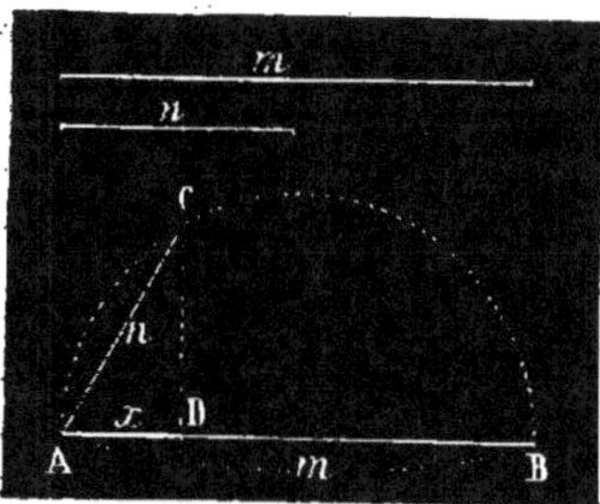

à partir du point A inscrivons une corde $AC = n$; abaissons sur AB une perpendiculaire CD. La ligne demandée est égale à AD.

On sait, en effet, que la corde AC est moyenne proportionnelle entre le diamètre AB et sa projection AD sur ce diamètre, on a donc

$$\overline{AC}^2 = AB \cdot AD \quad \text{ou} \quad n^2 = m \cdot AD \quad \text{ou encore} \quad \frac{m}{n} = \frac{n}{AD}.$$

2e construction. — Traçons deux lignes rectangulaires AC et

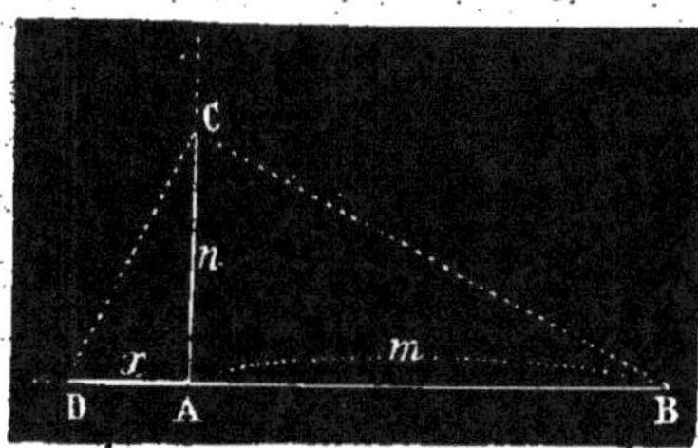

AB ; sur ces deux lignes prenons $AB = m$ et $AC = n$; joignons BC et au point C menons CD perpendiculaire à BC. La ligne AD est la ligne demandée.

On a, en effet,

$$\overline{AC}^2 = AB \cdot AD \quad \text{ou} \quad n^2 = m \cdot AD \quad \text{ou} \quad \frac{m}{n} = \frac{n}{AD}.$$

3e construction. — Décrivons une circonférence avec un rayon arbitraire, menons-lui une tangente $AC = n$; du point A comme

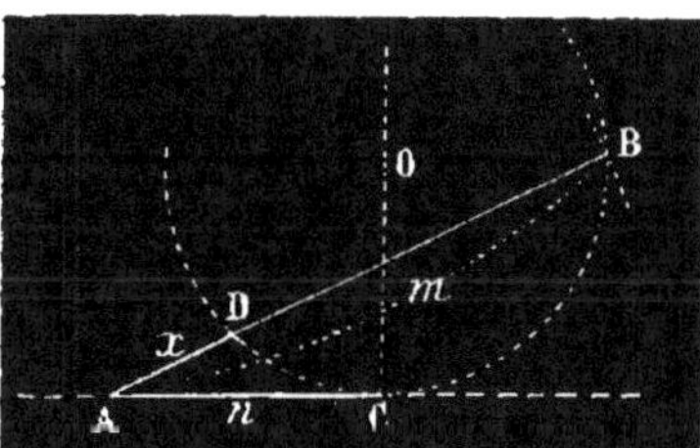

centre, avec un rayon égal à m, décrivons un arc de cercle qui coupe en B la circonférence, joignons AB.

Cette ligne rencontre en D la circonférence, et on a $AD = x$, car la tangente AC étant moyenne proportionnelle entre la sécante entière AB et sa partie extérieure AD, on a

$$\frac{AB}{AC} = \frac{AC}{AD} \quad \text{ou} \quad \frac{m}{n} = \frac{n}{AD}.$$

PROBLÈME V.

Construire la moyenne proportionnelle entre deux droites données m et n.

1ʳᵉ Construction. — Sur une ligne droite AC portons deux longueurs AB $= n$; BC $= m$; sur la longueur AC $= m + n$, comme diamètre, décrivons une demi-circonférence. Au point B élevons une perpendiculaire à la ligne AC, qui rencontre en D la circonférence. On aura $\overline{BD}^2 =$ BC . AB $= m . n$; BD est donc la moyenne proportionnelle demandée.

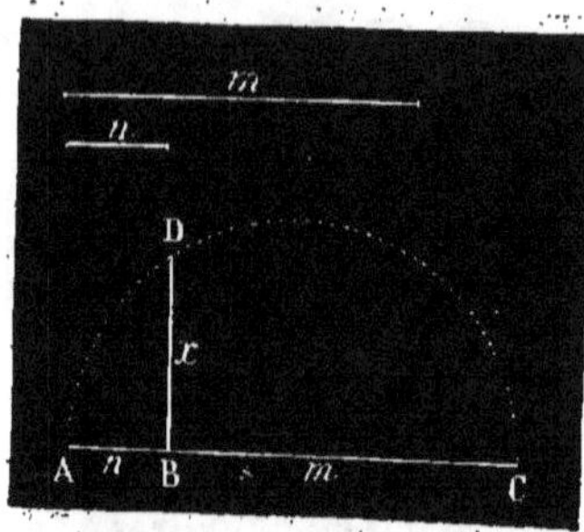

2ᵉ Construction. — Sur la plus grande m des deux lignes données, comme diamètre, décrivons une demi-circonférence BDC; prenons une longueur BA $= n$, au point A élevons une perpendiculaire AB, cette perpendiculaire rencontre en D la circonférence; joignons BD, c'est la moyenne proportionnelle cherchée, car on a $\overline{BD}^2 =$ BC . BA $= m . n$.

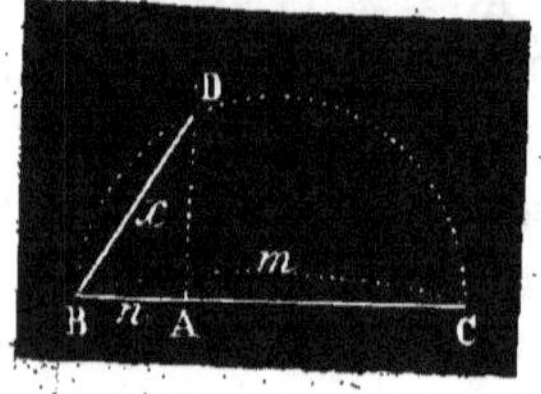

PROBLÈME VI.

Partager une droite l en deux parties qui soient entre elles comme deux carrés donnés C et C'.

Commençons par trouver deux droites qui soient entre elles comme les carrés C et C', il nous sera ensuite facile de partager la droite donnée en deux parties qui soient entre elles comme ces deux droites.

Faisons donc un angle droit YOX; prenons OA $= c$ et OA' $= c'$, c et c' étant les côtés des carrés donnés. Joignons AA' et du point O abaissons OP perpendiculaire sur cette ligne.

Le triangle AOA' étant rectangle on aura (Th. 25)

$$\frac{AP}{PA'} = \frac{c^2}{c'^2} = \frac{C}{C'}.$$

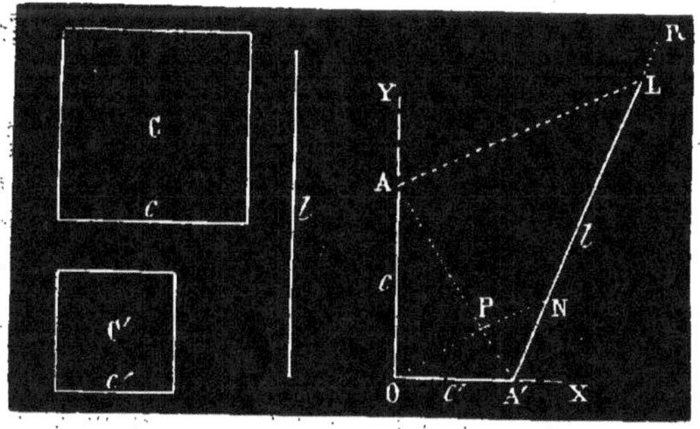

Il n'y a plus alors qu'à partager la ligne l en parties qui soient entre elles comme les lignes AP et PA', ce que le Problème 2 nous a appris à faire.

Tirons donc une droite A'R quelconque, sur laquelle nous prenons A'L $= l$; joignons AL et par le point P menons PN parallèle à AL.

On aura

$$\frac{NL}{A'N} = \frac{AP}{PA'} = \frac{C}{C'}.$$

Le point N partage donc la longueur l dans le rapport demandé.

PROBLÈME VII.

Partager une droite donnée AB en moyenne et extrême raison [c'est-à-dire en deux segments tels, que le plus grand soit moyen proportionnel entre le plus petit et la droite entière].

Cette locution, *partager en moyenne et extrême raison*, est évidemment vicieuse, mais un long usage l'a consacrée. Sans rechercher ici par quelle suite d'altérations de texte ou de corruptions de langage elle a pu s'introduire dans la science, nous allons essayer à donner aux commençants un moyen de se rappeler sa signification. Il suffit, pour cela, de savoir que le mot *raison* était autrefois employé pour *rapport*; ainsi l'idée de rapport indique immédiatement qu'il y a à considérer une certaine proportion. Or, pour faire une proportion avec une quantité et les parties de cette quantité partagée en deux, ce qui fait en tout trois quantités, il faut qu'il y en ait une qui soit employée deux fois, qui soit moyenne proportionnelle entre les deux autres;

et il est bien évident que ce ne peut être que celle qui par sa grandeur est intermédiaire entre les deux autres.

Ainsi, *partager une droite en moyenne et extrême raison* ne peut avoir d'autre signification que *partager cette droite de manière qu'on puisse former une proportion avec les deux segments et la droite entière.* Si AB est la droite, AD le plus grand segment et BD le plus petit, on aura la proportion $\dfrac{AB}{AD} = \dfrac{AD}{BD}$.

Les mots *moyenne* et *extrême* rappellent qu'une des parties sert à former les *moyens* de la proportion qu'on doit pouvoir établir, et que l'autre partie en est le terme *extrême*.

En résumé, le terme *partager une droite en moyenne et extrême raison* doit être considéré comme une abréviation corrompue de *partager une droite en deux parties qui servent l'une de moyens, l'autre d'extrême à une proportion* (en sous-entendant que c'est la droite entière qui forme l'autre extrême).

Voyons maintenant la construction.

Soit AB la droite à partager en moyenne et extrême raison. A l'une B de ses extrémités élevons-lui une perpendiculaire; d'un

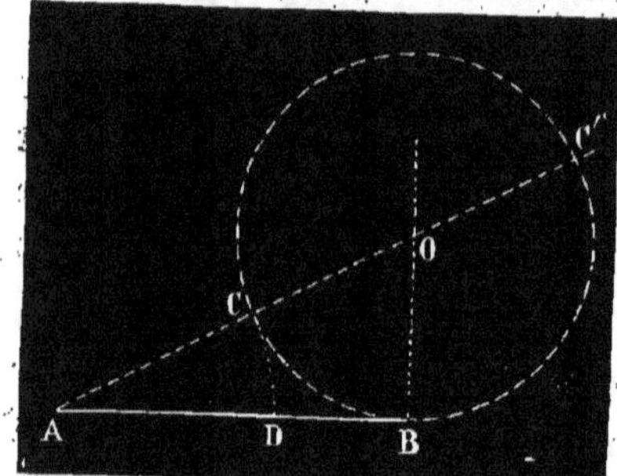

point O de cette droite comme centre, décrivons une circonférence avec un rayon $OB = \dfrac{AB}{2}$.

Joignons AO, cette ligne rencontre en C la circonfé-du point A comme centre, avec un rayon AC, décrivons un arc de cercle qui vient rencontrer la droite AB en un point D. Ce point D partage la droite AB comme il est demandé.

Pour le démontrer, prolongeons la ligne AC jusqu'à sa rencontre en C' avec la circonférence. On a

$$\frac{AC'}{AB} = \frac{AB}{AC} \qquad \text{ou} \qquad \frac{AD + AB}{AB} = \frac{AB}{AD}$$

parce que, d'après la construction, CC' = AB et AC = AD. On tire de là

$$\frac{AD}{AB} = \frac{AB - AD}{AD},$$

et comme AB — AD = BD, il vient finalement $\dfrac{AD}{AB} = \dfrac{BD}{AD}$, ou, ce qui est la même chose, $\dfrac{AB}{AD} = \dfrac{AD}{BD}$. C. Q. F. D.

Scholie. — On peut se proposer de calculer la valeur de AD en fonction de AB. Posons, pour abréger, $AB = a$.

On a, d'après la figure, $AD = AC = AO - OC = AO - \dfrac{a}{2}$.

Or, $\overline{AO}^2 = \overline{AB}^2 + \overline{OB}^2 = a^2 + \dfrac{1}{4} a^2 = \dfrac{5}{4} a^2$, d'où $AO = \dfrac{a}{2} \sqrt{5}$.

par conséquent $AD = \dfrac{a}{2} \sqrt{5} - \dfrac{a}{2} = \dfrac{a}{2} \left(\sqrt{5} - 1 \right)$.

PROBLÈMES SUR LES SURFACES.

PROBLÈME VIII.

Construire un carré équivalant à un rectangle, à un parallélogramme ou à un triangle donné.

Soit x le côté du carré cherché, b et h la base et la hauteur du rectangle ou du parallélogramme donné; les surfaces devant être égales, on aura $x^2 = b.h$; il n'y a donc qu'à chercher une moyenne proportionnelle entre les deux lignes b et h, ce que nous savons faire (Probl. 5).

Pour un triangle, on devrait avoir $x^2 = \dfrac{b.h}{2}$, et on chercherait une moyenne proportionnelle soit entre la base et la moitié de la hauteur, soit entre la hauteur et la moitié de la base, car $\dfrac{b.h}{2}$ peut s'écrire $b.\dfrac{h}{2}$ ou $\dfrac{b}{2}.h$.

PROBLÈME IX.

Construire sur une droite donnée un rectangle équivalant à un rectangle donné.

Soit l la droite donnée, x la hauteur du rectangle cherché, b et h la base et la hauteur du rectangle donné, on doit avoir $l.x = b.h$, d'où $\dfrac{l}{b} = \dfrac{h}{x}$; la quantité x est donc une quatrième proportionnelle aux lignes l, b et h. Le Problème 3 nous a appris à construire cette ligne.

PROBLÈME X.

Trouver un carré équivalant à la somme ou à la différence de deux carrés donnés.

Si l'on veut avoir $x^2 = a^2 + b^2$, on voit qu'il n'y a qu'à construire un triangle rectangle dont les côtés de l'angle droit soient égaux respectivement à a et b. La ligne cherchée x sera l'hypoténuse de ce triangle rectangle.

Si l'on doit avoir $x^2 = a^2 - b^2$, cela revient à construire un triangle rectangle dont l'un des côtés soit égal à b et l'hypoténuse à a : ce qui n'est pas difficile.

PROBLÈME XI.

Trouver deux droites qui soient entre elles dans le même rapport que deux carrés ou en général que deux surfaces données.

Soient a et b les côtés des deux carrés donnés ; on demande deux droites x et y, telles que l'on ait $\dfrac{x}{y} = \dfrac{a^2}{b^2}$.

Construisons un triangle rectangle ayant pour côtés de l'angle droit les lignes a et b, du sommet de l'angle droit abaissons une perpendiculaire sur l'hypoténuse ; on sait (Th. 25, 4°) que cette ligne divise l'hypoténuse en deux parties, qui sont entre elles comme les carrés des côtés de l'angle droit, et par conséquent comme $\dfrac{a^2}{b^2}$. On pourra donc prendre, pour x et y, soit les segments de l'hypoténuse, soit des lignes proportionnelles à ces segments.

Ce Problème conduit immédiatement à la résolution de celui-ci : *Étant donnée une droite, en trouver une autre qui soit à la première dans le rapport de deux carrés donnés.*

Au lieu de carrés, on pourrait donner des surfaces quelconques, car nous verrons ci-après comment on peut transformer une surface quelconque en un triangle équivalent, et nous savons (Probl. 8) construire un carré équivalant à un triangle donné.

PROBLÈME XII.

Construire un carré auquel un carré donné soit dans le rapport de deux droites données m et n.

Soit a le côté du carré donné, x le côté du carré cherché, on doit avoir

$$\frac{a^2}{x^2} = \frac{m}{n}.$$

Portons sur une même ligne droite $BC = m$, $CD = n$; sur la somme BD de ces deux lignes, comme diamètre, décrivons

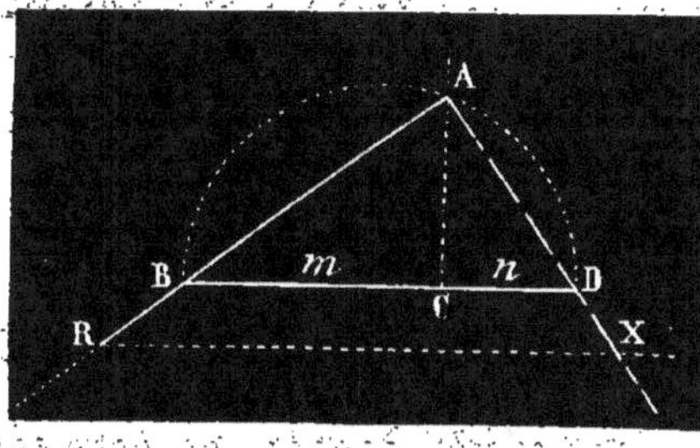

une demi-circonférence; au point C élevons à BD une perpendiculaire qui rencontre en A la circonférence; joignons AB et AD. Sur la ligne AB prolongée, s'il est nécessaire, portons AR $= a$; par le point R menons une parallèle à BD; cette parallèle rencontre en X la ligne AD, et la longueur AX est le côté du carré cherché.

On a, en effet, $\dfrac{AR}{AX} = \dfrac{AB}{AD}$, et par conséquent $\dfrac{a^2}{x^2} = \dfrac{\overline{AB}^2}{\overline{AD}^2} = \dfrac{m}{n}$.

PROBLÈME XIII.

Transformer un polygone ABCDE en un triangle équivalent.

Menons une diagonale BD, par exemple, de manière à détacher du polygone donné un triangle BDC; par le point C menons

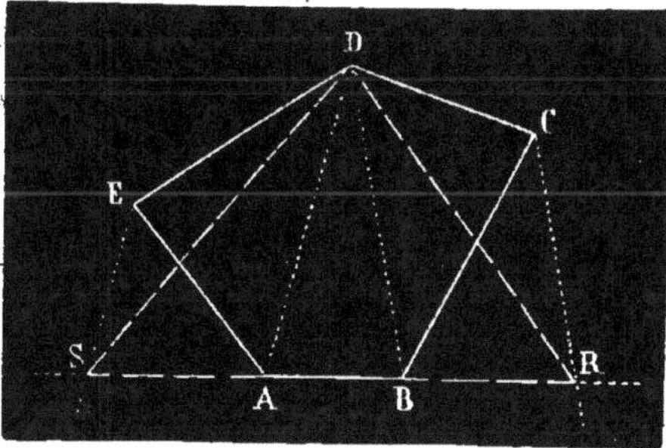

à BD une parallèle qui rencontre en R le côté AB prolongé. Joignons DR. Nous formons ainsi un triangle BDR qui a même base et même hauteur que le triangle BDC, et qui par conséquent est équivalent à ce dernier ; mais l'un de ses côtés BR est en ligne droite avec le côté adjacent AB du polygone, de telle sorte que la figure ARDE a bien même surface que le polygone donné ABCDE, mais un côté de moins.

Quel que soit le nombre de côtés du polygone donné, en répétant cette construction on arrivera toujours à changer ce polygone en un autre de tel nombre de côtés que l'on voudra, et enfin en un triangle équivalent. C'est ainsi qu'au pentagone ABCDE se trouve substitué le triangle RSD ayant même surface.

Comme nous savons, d'après le Problème 8, construire un carré équivalent à un triangle donné, on voit que le Problème que nous venons de résoudre donne le moyen de *trouver un carré équivalant à un polygone donné*.

PROBLÈME XIV.

Construire un polygone semblable à un polygone donné, connaissant le rapport de similitude de ces deux polygones.

Soit $\frac{m}{n}$ le rapport de similitude donné, AB et A'B' deux côtés ou en général deux lignes homologues des deux polygones, on doit avoir $\frac{m}{n} = \frac{AB}{A'B'}$, d'où l'on voit que la ligne A'B' est une quatrième proportionnelle aux lignes m, n et AB (voy. Probl. 3).

On pourra construire ainsi les unes après les autres toutes les lignes du polygone cherché, en décomposant le polygone donné par l'une quelconque des manières indiquées (II, Probl. 21) pour la construction d'un polygone égal à un polygone donné.

PROBLÈME XV.

Construire un polygone X semblable à un polygone donné P, le rapport des surfaces de ces deux polygones étant représenté par celui de deux nombres ou de deux droites données.

Nous savons qu'on peut toujours, au rapport de deux nombres, substituer celui de deux droites ; supposons donc qu'on demande un polygone X tel que l'on ait $\frac{X}{P} = \frac{m}{n}$.

Soient a' et a deux lignes homologues de X et de P, ces deux polygones devant être semblables, on aura $\dfrac{X}{P} = \dfrac{a'^2}{a^2} = \dfrac{m}{n}$, la ligne a' pourra donc s'obtenir par les constructions indiquées au Problème 12.

Une fois d'ailleurs qu'on aura construit l'homologue a' d'une ligne a, on trouvera l'homologue b' d'une autre ligne b par la construction de la proportion $\dfrac{a'}{a} = \dfrac{b'}{b}$, et ainsi de suite.

PROBLÈME XVI.

Construire un polygone X *semblable à un polygone* P *et équivalant à un polygone* Q.

Commençons par transformer les polygones donnés P et Q en des carrés équivalents p^2 et q^2, on aura alors $P = p^2$ et $X = Q = q^2$; on voit d'après cela que $\dfrac{X}{P} = \dfrac{q^2}{p^2}$.

Nous sommes donc ramenés au Problème précédent.

PROBLÈME XVII.

Construire un rectangle équivalant à un carré donné, connaissant : 1°. la somme; 2°. la différence des deux dimensions du rectangle cherché.

1°. Soit c le côté du carré donné et s la somme des dimensions d'un rectangle qui doit avoir une surface égale à celle de ce carré.

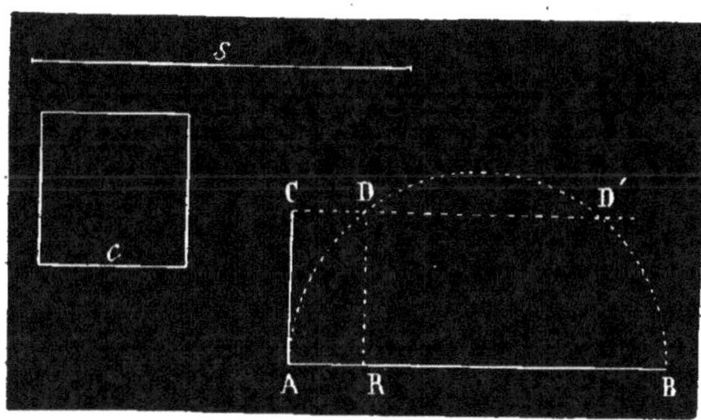

Sur une ligne $AB = s$ décrivons une demi-circonférence. A

l'une des extrémités de la ligne AB élevons une perpendiculaire AC $= c$; par le point C menons une parallèle au diamètre AB; cette parallèle coupe la circonférence en deux points D et D'. D'un de ces points, D par exemple, abaissons la perpendiculaire DR sur le diamètre.

On a, d'après le Coroll. 2e du Théor. 25, $\overline{DR}^2 = AR . RB$; et comme a aussi DR $= AC = c$, il en résulte $c^2 = AR . RB$.

La ligne AB $= s$ est donc bien partagée par le point en deux segments, dont le rectangle est égal au carré donné c^2.

Le point D' ne donnerait pas une solution différente; il est facile de s'en assurer.

Pour que le Problème soit possible, il faut que la parallèle CD rencontre la circonférence, c'est-à-dire que AC soit plus petit que le rayon $\frac{AB}{2}$; la condition de possibilité est donc $c < \frac{s}{2}$.

Cela fait voir que *le plus grand rectangle que l'on puisse construire ayant un périmètre donné est le carré qui a ce périmètre,* ou encore que *le carré est le plus grand de tous les rectangles* [et par conséquent de tous les quadrilatères] *de même périmètre.*

2°. Soit d la longueur à laquelle doit être égale la différence des côtés d'un rectangle dont la surface soit égale à celle d'un carré donné dont nous représentons le côté par c.

Le Problème serait évidemment résolu si on pouvait mener à un cercle une tangente AC $= c$ et une sécante CS dont la partie intérieure fût égale à d.

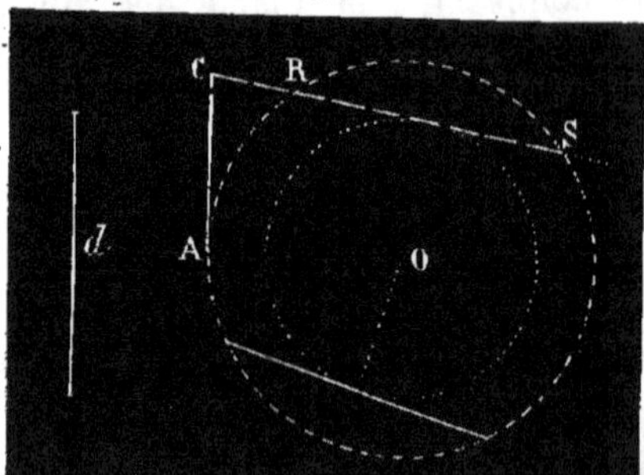

On aurait, en effet,

$$\overline{AC}^2 = c^2 = CR . CS$$

et $\quad CR - CS = d.$

On est ainsi amené à la construction que voici.

Décrivons une circonférence sur un diamètre quelconque, mais plus grand que d. Inscrivons dens cette circonférence une corde égale à d. Décrivons une circonférence concentrique à la première, avec la distance du centre O à la corde égale à *d*. Cela fait, menons à la première circonférence une tangente sur laquelle nous prenons, à partir du point de contact, une longueur AC = C. Du point C menons une tangente à la circonférence de rayon OM. Cette ligne coupe la circonférence en deux points R et S, dont les distances au point C sont les dimensions du rectangle cherché.

On voit que le Problème est toujours possible.

Dans la pratique, on peut simplifier beaucoup cette construction

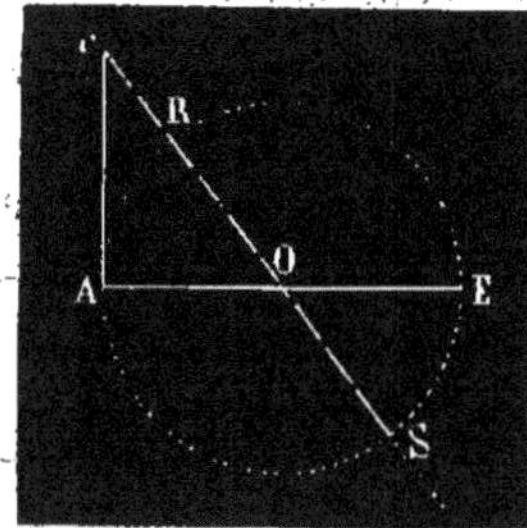

en décrivant tout simplement une circonférence sur la ligne AE = *d* comme diamètre. Élevant une ligne AC perpendiculaire à AE et égale à *c*; puis joignant le point C au centre O de la circonférence précédemment décrite. Cette construction n'est autre que la précédente considérée dans un de ses cas particuliers.

PROBLÈMES DIVERS.

PROBLÈME XVIII.

Par un point M mener une droite qui aille passer par le point de concours de deux droites AB et CD, qui ne se rencontrent pas dans le cadre du dessin.

Parmi les solutions qu'on peut donner de ce Problème, en voici une assez simple. Prenons à volonté deux points R et S,

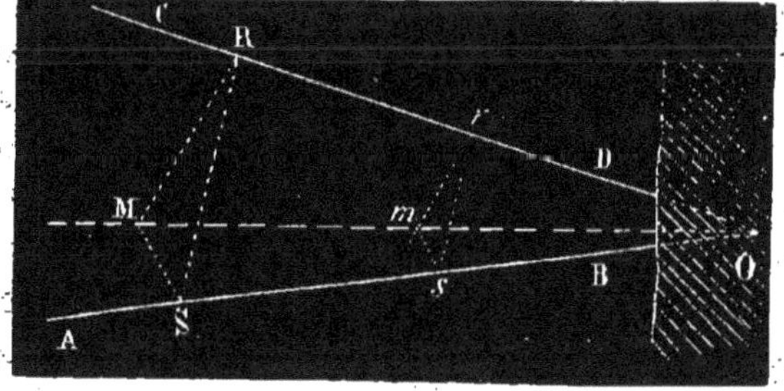

l'un sur AB, l'autre sur CD; joignons MR, MS et RS. Cela fait, menons ailleurs une ligne *rs* parallèle à RS, par les points *r* et *s* menons des parallèles aux lignes RM et SM; le point *m* où ces lignes se coupent appartient à la ligne cherchée.

Il est facile de justifier cette construction en remarquant que les deux triangles MRS et *mrs* sont équiangles, et par suite semblables. Si maintenant nous appelons O_1 et O_2 les points où chacune des lignes AB et CD rencontre la ligne M*m*, on voit aisément que les distances MO_1 et MO_2 sont égales, et que par conséquent les trois droites concourent en un même point.

On a, en effet, $MO_1 = Mm \dfrac{MS}{MS - ms}$ et $MO_2 = Mm \dfrac{MR}{MR - mr}$,

et comme on a, d'après la similitude des triangles, $\dfrac{MS}{ms} = \dfrac{MR}{mr}$,

il en résulte $\dfrac{MS}{MS - ms} = \dfrac{MR}{MR - mr}$, et par conséquent $MO_1 = MO_2$.

PROBLÈME XIX.

Décrire une circonférence passant par deux points donnés A et B et tangente à une droite donnée RS.

Supposons le Problème résolu par la circonférence dont le centre est en O; soit T le point de contact de cette circonfé-

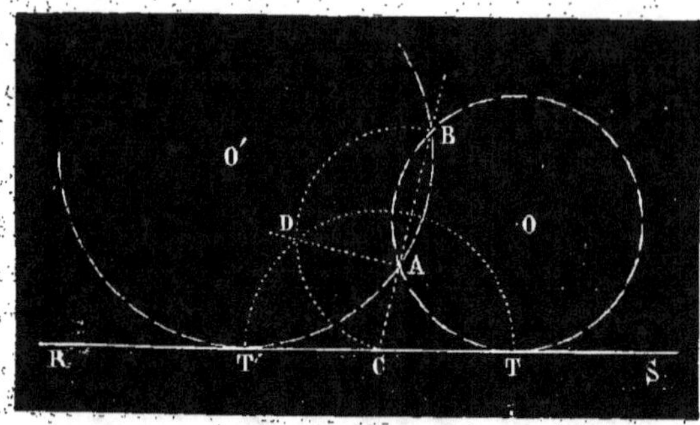

rence avec la ligne RS, et C le point de rencontre de cette même ligne avec la droite qui joint les deux points A et B. On aura, d'après un Théorème connu, $\overline{CT}^2 = CA.CB$.

La longueur CT est donc une moyenne proportionnelle entre

les lignes CA et CB. On peut construire, comme la figure l'indique, cette moyenne proportionnelle en décrivant sur CB comme diamètre une demi-circonférence, et achevant la construction comme il a été exposé (Probl. 5, 2ᵉ constr.). Il n'y a plus qu'à porter sur la ligne RS des longueurs CT et CT′ égales à CD, moyenne proportionnelle entre CA et CB, et le Problème s'achève en faisant passer une circonférence par les trois points A, B et T, ou A, B et T′.

Comme on le voit, ce Problème admet deux solutions.

PROBLÈME XX.

Décrire une circonférence tangente à deux droites données BC et BD et passant par un point A.

Il est facile de ramener ce Problème au précédent.

Nous savons en effet que toute circonférence O, tangente aux deux droites BC et BD, devra avoir son centre sur la bissectrice de l'angle de ces deux droites (II, Probl. 24, 2°, Récipr.).

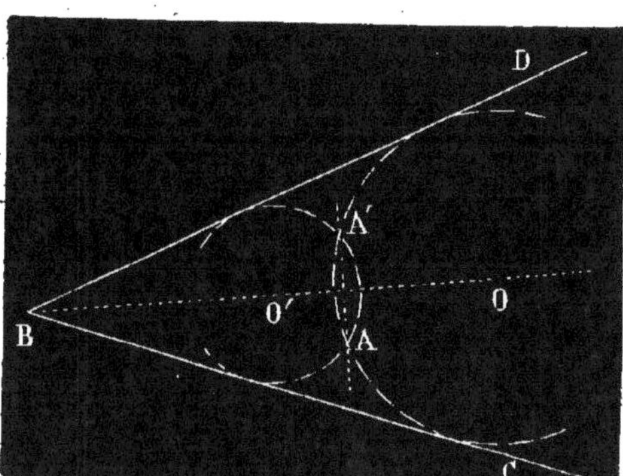

Cette bissectrice sera donc un diamètre de toute circonférence satisfaisant à la question. Or, une circonférence étant symétrique par rapport à un quelconque de ses diamètres, il en résulte que toute circonférence ayant son centre sur la ligne BO, et passant par le point donné A, devra aussi passer par un point A′, symétrique du point A par rapport à la ligne BO. Ce point A′ est facile, d'après cela, à construire, et on se trouve ramené au Problème précédent.

NOTE

SUR LA CONSTRUCTION DE CERTAINES EXPRESSIONS ALGÉBRIQUES AVEC LA RÈGLE ET LE COMPAS.

Plusieurs des Problèmes que nous venons de-résoudre ont chacun pour objet de trouver une certaine ligne ayant avec des lignes données des relations déterminées.

C'est ainsi que nous avons appris à construire avec la règle et le compas :

D'après le Problème 1er . . . . $x = \dfrac{a}{N}$ (a étant une ligne et N un nombre).

$$\quad - \quad\quad 3^e \ldots\ldots x = \frac{np}{m}.$$

$$\quad - \quad\quad 4^e \ldots\ldots x = \frac{n^2}{m}.$$

$$\quad - \quad\quad 5^e \ldots\ldots x^2 = mn \quad\quad \text{ou} \quad\quad x = \sqrt{mn}.$$

$$\quad - \quad\quad 10^e \ldots\ldots \begin{cases} x^2 = a^2 + b^2 & \text{ou} \quad x = \sqrt{a^2 + b^2}. \\ x^2 = a^2 - b^2 & \text{ou} \quad x = \sqrt{a^2 - b^2}. \end{cases}$$

$$\quad - \quad\quad 11^e \ldots\ldots x = a\,\frac{m^2}{n^2}.$$

$$\quad - \quad\quad 12^e \ldots\ldots x^2 = a^2\,\frac{m}{n} \quad\quad \text{ou} \quad\quad x = a\sqrt{\frac{m}{n}}.$$

Toute expression algébrique susceptible d'être ramenée de proche en proche à des expressions de la forme de celles contenues dans le tableau qui précède pourra être construite avec la règle et le compas, c'est-à-dire qu'en combinant d'une manière convenable les constructions que nous connaissons, on finira par trouver une certaine ligne représentant la valeur de l'expression considérée.

Prenons quelques exemples, d'abord simples, puis plus compliqués.

1er *Exemple.* — *Construire l'expression* $x = \dfrac{ab + d^2}{\sqrt{a^2 + b^2 - d^2}}.$

Construisons $r^2 = ab,$ l'expression devient

$$x = \frac{r^2 + d^2}{\sqrt{a^2 + b^2 - d^2}};$$

construisons aussi $s^2 = r^2 + d^2$ et $t^2 = a^2 + b^2$, l'expression se réduit à

$$x = \frac{s^2}{\sqrt{t^2 - d^2}},$$

et en construisant

$$u^2 = t^2 - d^2, \qquad \text{d'où} \qquad u = \sqrt{t^2 - d^2},$$

la valeur de x prend la forme

$$x = \frac{s^2}{u},$$

expression que nous savons construire (Probl. 4).

2ᵉ Exemple. — *Construire l'expression* $x = \dfrac{7\,a^2 b^3}{4\,c\,d^2 e}$.

Cette expression peut s'écrire

$$x = \frac{7}{4} \cdot \frac{a^2}{c} \cdot \frac{b^2}{d^2} \cdot \frac{b}{e}.$$

Nous savons construire $\dfrac{a^2}{c}$, soit donc $\dfrac{a^2}{c} = u$, soit aussi $u' = \dfrac{7}{4}\,u$, l'expression devient $x = u' \cdot \dfrac{b^2}{d^2} \cdot \dfrac{b}{c}$.

Soit $z = u' \dfrac{b^2}{d^2}$ ce que nous savons construire, nous aurons $x = z\,\dfrac{b}{e}$. Nous pouvons donc encore construire cette expression avec la règle et le compas (Probl. 3).

3ᵉ Exemple. — *Soit à construire* $x^2 = \dfrac{a^3 b}{c^2 d} \sqrt{a\left(d + \dfrac{e^2}{f}\right)}$.

Construisons successivement

$$r = \frac{c^2}{f}; \qquad s = d + r, \qquad t = \sqrt{a\,s},$$

l'expression devient $x^2 = \dfrac{a^3 b}{c^2 d}\,t$, ce que l'on peut écrire $x^2 = \dfrac{a^2}{c^2} \cdot \dfrac{ab}{d} \cdot t$.

Si nous posons $\dfrac{ab}{d} = u$ et $tu = z^2$, l'expression se réduit à $x^2 = \dfrac{a^2}{c^2}\,z^2$, ou $x = \dfrac{a}{c}\,z$.

On pourrait beaucoup varier ces exemples ; nous engageons le lecteur à le faire.

LIVRE IV

DES POLYGONES RÉGULIERS

ET

DE LA MESURE DU CERCLE

PROPRIÉTÉS GÉNÉRALES DES POLYGONES RÉGULIERS.

DÉFINITIONS.

Un polygone est dit *régulier* lorsque tous ses côtés sont égaux entre eux et que ses angles sont aussi égaux entre eux. Tel est le polygone ABCDEFGH, qui est figuré ci-contre.

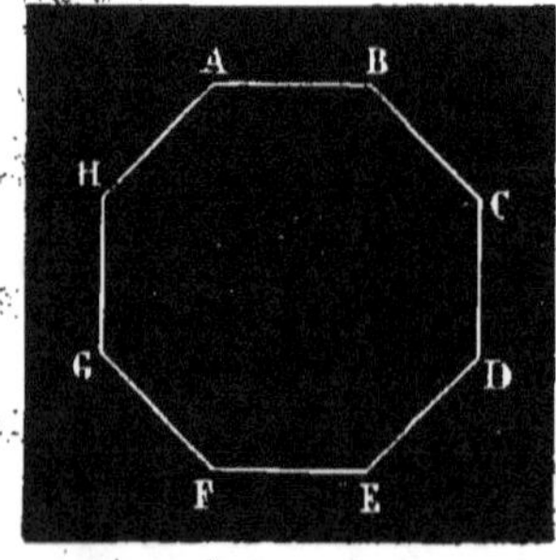

On voit, d'après la définition, que le *polygone régulier de trois côtés* est le *triangle équilatéral*, puisque nous savons (I, Th. 17, Coroll.) qu'un triangle équilatéral est en même temps équiangle.

Le *quadrilatère régulier* n'est autre chose que le *carré*, car, tous les angles étant égaux d'après la définition, chacun d'eux est égal à un droit.

En général, quand on sait le nombre n des côtés d'un polygone régulier, il est facile d'en déduire la valeur de l'angle intérieur A formé par deux côtés adjacents de ce polygone; nous avons vu, en effet (I, Th. 25, Scholie), que cette valeur était donnée par l'expression

$$A = \frac{n-2}{n}\, 2\ droits.$$

THÉORÈME Ier.

Dans tout polygone régulier, les bissectrices des angles intérieurs concourent en un même point.

Soient AO et BO les bissectrices de deux angles A et B adjacents à un même côté dans le polygone régulier ABCD..... Je dis que la bissectrice de l'angle C va aussi passer le point de rencontre O des deux premières.

Pour le démontrer, il suffit de faire voir que, si on joint le point C au point O, la ligne CO sera la bissectrice de l'angle C.

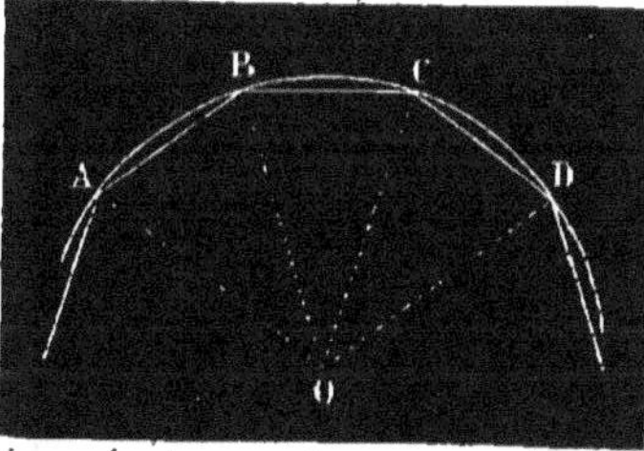

En effet, les deux triangles ABO et BCO sont égaux comme ayant un angle égal ABO = CBO compris entre côtés égaux chacun à chacun, car le côté BO est commun et les lignes AB et BC sont égales comme côtés d'un même polygone régulier. De l'égalité de ces deux triangles résulte

$$\text{angle } BCO = \text{angle } BAO = \tfrac{1}{2}\, \text{angle } A = \tfrac{1}{2}\, \text{angle } C,$$

puisque les angles A et C sont égaux. La ligne CO est donc la bissectrice de l'angle C.

On démontrerait de même que la ligne DO est la bissectrice de l'angle D, et ainsi de suite de proche en proche.

Tous les triangles ABO, BCO, CDO, etc., étant égaux, il en résulte OA = OB = OC = OD =.....

Corollaire. — *A tout polygone régulier on peut circonscrire une circonférence et on n'en peut circonscrire qu'une.*

1°. Puisque les lignes OA, OB, OC, OD, etc., sont égales, il en résulte que le point O est le centre d'une circonférence passant par les points A, B, C, D, etc.

2°. On n'en peut circonscrire qu'une, car trois points suffisent à déterminer une circonférence (II, Th. 7).

Scholie. — Le rayon de la circonférence circonscrite à un polygone régulier s'appelle *rayon de ce polygone.*

THÉORÈME II.

Les perpendiculaires élevées sur les milieux des côtés d'un polygone régulier se rencontrent toutes en un même point.

En joignant les sommets d'un polygone régulier au centre de la circonférence circonscrite, on forme des triangles isoscèles et 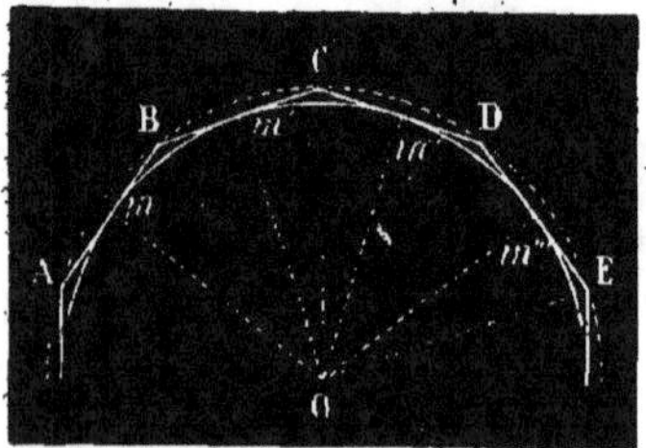 égaux entre eux, ABO, BCO, etc. Les lignes mO, m'O, etc., qui joignent les milieux des bases de ces triangles à leurs sommets, sont donc perpendiculaires sur les côtés AB, BC, etc. (I, Th. 17, Sch. 1). Donc, etc.

Corollaire. — *A tout polygone régulier on peut inscrire une circonférence et on n'en peut inscrire qu'une.*

1°. On voit en effet que les lignes mO, m'O, m"O, etc., sont toutes égales entre elles, et comme elles sont perpendiculaires sur les côtés AB, BC, etc., il s'ensuit que les points m, m', m", etc., sont situés sur une circonférence tangente aux côtés du polygone. Il existe donc une circonférence inscrite à ce polygone.

2°. Il n'y en aura aucune autre, car son centre devrait être ailleurs qu'au point O, ce qui est impossible, ce point O, point de rencontre des bissectrices des angles A, B, C, etc., étant le seul qui soit équidistant de tous les côtés AB, BC, CD, etc.

Scholie. — Le rayon de la circonférence inscrite à un polygone régulier s'appelle *apothème* de ce polygone régulier.

Le point O, centre commun de la circonférence inscrite et de la circonférence circonscrite à un polygone régulier, s'appelle *centre* de ce polygone régulier.

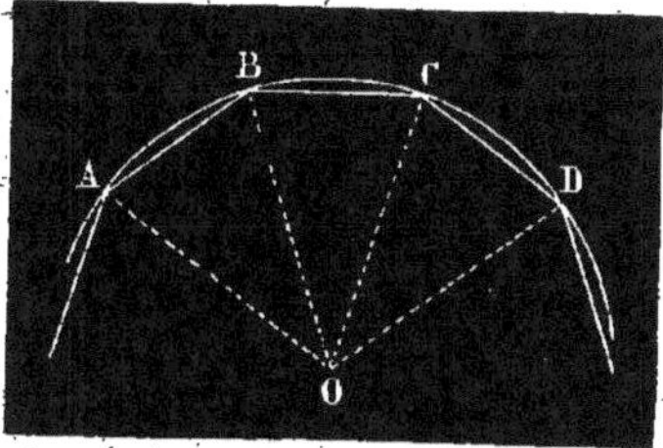

L'angle AOB formé par deux rayons aboutissant aux extrémités d'un même côté est constant; sa valeur est évidemment égale à

$$\frac{4\ droits}{n},$$

n étant le nombre des côtés du polygone.

On l'appelle *angle au centre* du polygone.

THÉORÈME III.

Deux polygones réguliers d'un même nombre de côtés sont semblables. — Les rayons et les apothèmes de ces polygones sont dans le même rapport que leurs côtés.

Soient donnés deux côtés AB et A'B' de deux polygones réguliers d'un même nombre de côtés, joignons les extrémités de

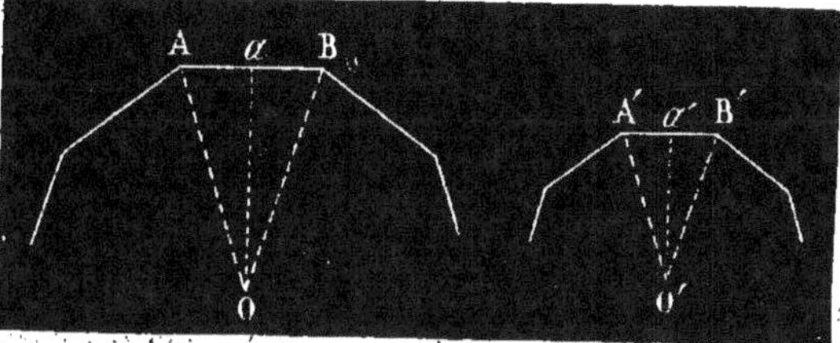

ces côtés au centre de chacun des polygones auxquels ils appartiennent; nous formons ainsi deux triangles AOB, A'O'B', qui sont isoscèles et ont les angles en O et O' égaux, comme ayant tous deux pour valeur $\frac{4\ droits}{n}$. Ces deux triangles étant isoscèles et ayant même angle au sommet, sont équiangles, et par suite semblables (III, Th. 20, Coroll. 3e).

Les deux polygones sont donc semblables comme composés de triangles semblables et semblablement placés.

Si on pose

$$OA = R, \quad O'A' = R', \quad Oa = r, \quad O'a' = r',$$

de la similitude des deux triangles AOB, A'O'B', résulte la suite de rapports égaux

$$\frac{AB}{A'B'} = \frac{R}{R'} = \frac{r}{r'},$$

ce qui justifie la seconde partie de l'énoncé du Théorème.

Corollaire. — *Les périmètres de deux polygones réguliers d'un même nombre de côtés sont entre eux comme les rayons ou comme les apothèmes de ces polygones.*

Les surfaces sont entre elles comme les carrés de ces mêmes rayons ou de ces mêmes apothèmes.

Cela résulte de (III, Th. 26).

THÉORÈME IV.

L'aire d'un polygone régulier est égale à son périmètre multiplié par la moitié de l'apothème.

Si le polygone régulier ABCD... a n côtés, il se compose de n

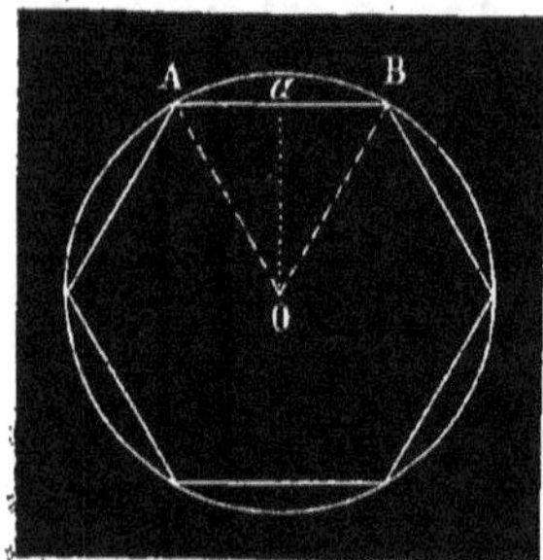

fois le triangle AOB, la surface S de ce polygone aura donc pour expression

$$S = n.AB.\frac{Oa}{2}.$$

Or ceci peut se lire

$$n.AB \quad que \ multiplie \quad \frac{Oa}{2},$$

c'est-à-dire le périmètre multiplié par la moitié de l'apothème.

Si on pose $\quad AB = a, \quad$ et $\quad Oa = r,$

on a $$S = na\frac{r}{2}$$

Si on remplace r par sa valeur $\sqrt{R^2 - \frac{a^2}{4}}$ ou $\frac{\sqrt{4R^2 - a^2}}{2}$ il vient

$$S = \frac{na\sqrt{4R^2 - a^2}}{4}.$$

·THÉORÈME V.

L'aire d'un polygone régulier inscrit dans un cercle donné augmente avec le nombre des côtés de ce polygone.

Soient deux polygones, l'un de n côtés, l'autre de $(n+1)$ côtés, inscrits dans un cercle O, je dis que celui de $(n+1)$ côtés est plus grand en surface que l'autre.

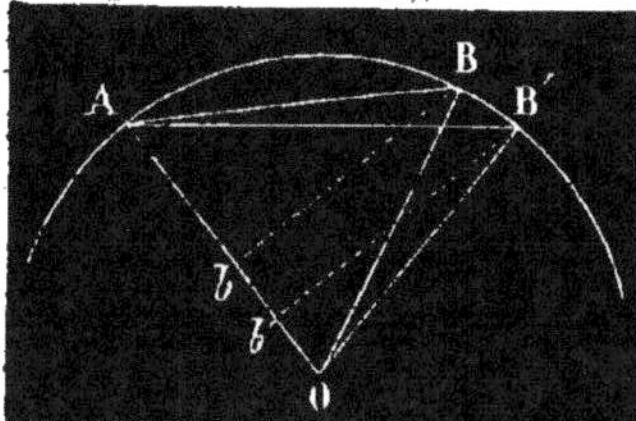

Soit AB le côté du polygone de $(n+1)$ côtés et AB′ celui du polygone de n côtés.

L'aire du premier de ces polygones sera égale à $(n+1)$ fois le triangle AOB, de même celle du second vaudra n fois le triangle AOB′, le Théorème sera donc démontré si nous pouvons faire voir que l'on a

$$n \cdot \text{triangle AOB}' < (n+1) \text{ triangle AOB},$$

ou
$$n \cdot \text{AO} \cdot \frac{\text{B}'b'}{2} < (n+1)\text{AO} \cdot \frac{\text{B}b}{2},$$

ou encore
$$n \cdot \text{B}'b' < (n+1)\,\text{B}b,$$

ce que l'on peut écrire
$$\frac{\text{B}'b'}{\text{B}b} < \frac{n+1}{n}.$$

Or le rapport $\dfrac{n+1}{n}$ est celui des arcs AB′ et AB, car on a

$$\text{arc AB} = \frac{1}{n+1}\, circonfér. \quad \text{et} \quad \text{arc AB}' = \frac{1}{n}\, circonfér.$$

d'où
$$\frac{\text{arc AB}'}{\text{arc AB}} = \frac{n+1}{n}.$$

La question est donc ramenée à faire voir que $\dfrac{\text{B}'b'}{\text{B}b} < \dfrac{\text{arc AB}'}{\text{arc AB}}$, ou, en d'autres termes, *qu'étant donnés deux arcs AB et AB′, si on abaisse d'une des extrémités de chacun d'eux des perpendiculaires* B b *et* B′b′ *sur le rayon qui passe par leur autre extrémité, le rapport des perpendiculaires est plus petit que celui des arcs* ([1]).

Il est facile de démontrer cette proposition, lorsque le rapport AB′ et AB

([1]) La perpendiculaire Bb abaissée de l'extrémité B d'un arc sur le rayon OA qui passe par l'autre extrémité s'appelle, en trigonométrie, le *sinus* de l'arc AB. On exprimera donc plus rapidement la proposition qui vient d'être énoncée en disant que *le sinus d'un arc croît moins rapidement que cet arc.*

est de la forme $\frac{n+1}{n}$, comme dans le cas qui nous occupe. (Nous engageons le lecteur à étendre cette démonstration au cas où le rapport est quelconque.)

Puisqu'on a $\dfrac{arc\ AB'}{arc\ AB} = \dfrac{n+1}{n}$, il s'ensuit que

$$arc\ BB' = arc\ AB' - arc\ AB = \frac{1}{n}\ arc\ AB.$$

Supposons donc l'arc AB partagé en n parties égales, et projetons le point B sur B'b' et les autres points de division sur Bb.

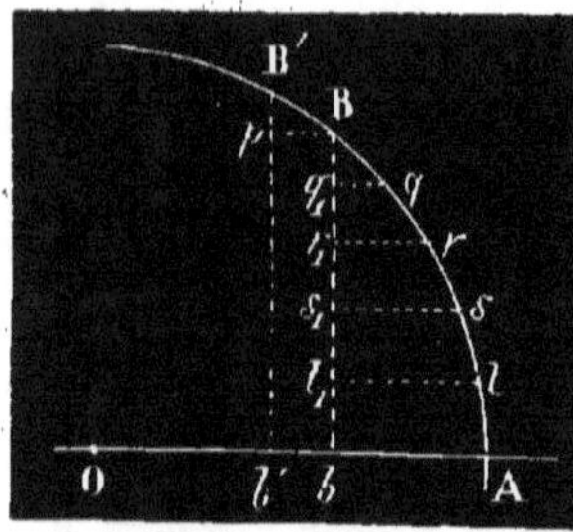

Il est facile de voir que la ligne B'p est plus courte que Bq_1, car les deux triangles rectangles B'pB et Bq_1q sont rectangles, et leurs hypoténuses B'B et Bq sont égales comme cordes correspondantes à des arcs égaux, l'angle B'Bp est d'ailleurs plus petit que l'angle Bqq_1, et il est facile de démontrer que dans deux triangles rectangles qui ont même hypoténuse à un plus grand angle aigu correspond un plus grand côté.

On démontrerait de même que Bq_1 est plus petite que q_1r_1, et ainsi de suite, ce qui donne la suite d'inégalités B'$p < Bq_1 < q_1r_1 < r_1s_1 < \ldots$

Ainsi la ligne Bq_1 est la plus petite des n parties de Bb; on a donc

$$B q_1 < \frac{B b}{n}, \qquad d'où \qquad B'p < \frac{B b}{n},$$

car nous venons de voir que B'$p < Bq_1$. Comme d'ailleurs B'$p = B'b' - Bb$, on a finalement

$$B'b' - B b < \frac{B b}{n} \qquad ou \qquad \frac{B'b'}{B b} < \frac{1}{n} + 1 \qquad ou enfin \qquad \frac{B'b'}{B b} < \frac{n+1}{n}$$

Donc, etc.

<h3 style="text-align:center">THÉORÈME VI.</h3>

Le périmètre d'un polygone régulier de rayon donné augmente avec le nombre des côtés de ce polygone.

Soit AB le côté d'un polygone de $(n+1)$ côtés et AB' celui d'un polygone de n côtés, il faut démontrer que l'on a nAB$' < (n+1)$ AB, où, ce qui est la même chose,

$$\frac{AB'}{AB} < \frac{n+1}{n}.$$

Les deux arcs AB' et AB étant entre eux comme $\frac{n+1}{n}$, on voit que cela revient à démontrer que le rapport de deux cordes AB et AB' est plus petit que celui des arcs qu'elles sous-tendent.

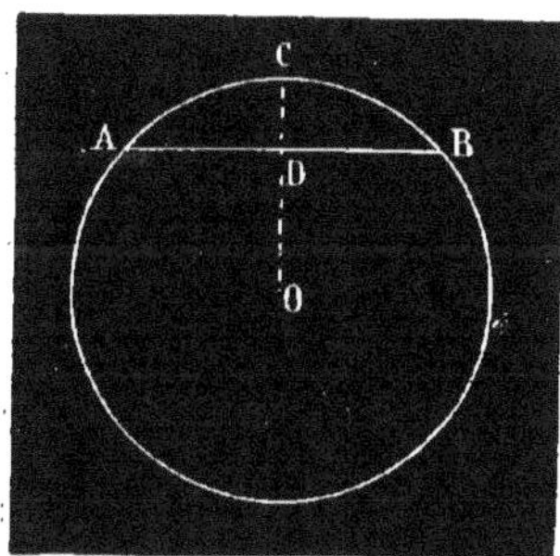

A cette fin, servons-nous, pour abréger, de l'expression *sinus* qui vient d'être défini dans la note précédente.

Il est bien évident, d'après la figure ci-contre, que la *corde* de l'arc AB est égale à *deux fois le sinus* AD *de la moitié* AC *de l'arc* AB.

En tenant compte de cela et de ce qui a été démontré dans le Théorème précédent, on aura donc

$$\frac{AB'}{AB} = \frac{2\,sinus\left(\frac{1}{2}\ arc\ AB'\right)}{2\,sinus\left(\frac{1}{2}\ arc\ AB\right)} = \frac{sinus\left(\frac{1}{2}\ arc\ AB'\right)}{sinus\left(\frac{1}{2}\ arc\ AB\right)} < \frac{\frac{1}{2}\ arc\ AB'}{\frac{1}{2}\ arc\ AB} = \frac{arc\ AB'}{arc\ AB}$$

et comme

$$\frac{arc\ AB'}{arc\ AB} = \frac{n+1}{n}$$

on aura, en omettant les intermédiaires,

$$\frac{AB'}{AB} < \frac{n+1}{n} \qquad \text{d'où} \qquad n.AB' < (n+1)\,AB. \qquad C.\ Q.\ F.\ D.$$

PROBLÈMES SUR LES POLYGONES RÉGULIERS.

PROBLÈME Ier.

Étant donné un polygone régulier inscrit, 1°. *construire le polygone régulier circonscrit du même nombre de côtés;* 2°. *calculer le rayon et le coté de ce polygone circonscrit.*

1°. Construire le polygone régulier circonscrit.

1re *Construction.* — Du centre O du polygone abaissons la perpendiculaire O*a* sur l'un des côtés AB de ce polygone; au point

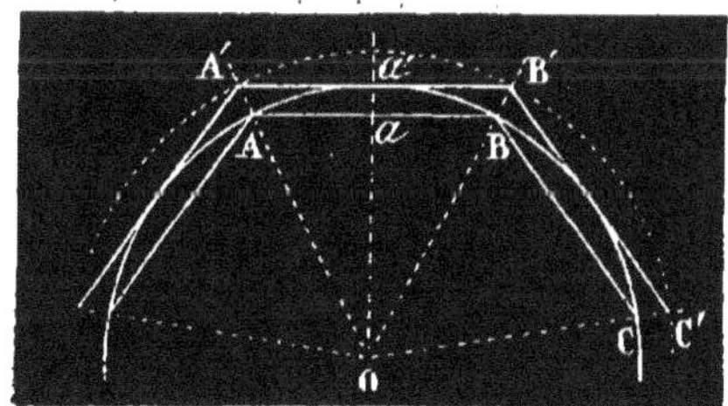

a' où cette ligne rencontre la circonférence circonscrite, menons une tangente à la circonférence, et soient A' et B' les points où elle rencontre les rayons OA et OB. Du point O comme centre, avec OA' pour rayon, décrivons une circonférence qui coupera en B', C', etc., les rayons OB, OC, etc. Joignons B'C', C'D', etc. Le polygone A'B'C'D' est le polygone demandé.

En effet, ce polygone est régulier, car tous les côtés A'B' B'C', etc., sont égaux comme cordes d'arcs égaux. De plus, ce polygone est bien circonscrit à la circonférence ABC, car tous les triangles A'OB', B'OC', etc., sont égaux, etc.

2e *Construction.* — A tous les sommets A, B, C, du polygone donné menons des tangentes à la circonférence qui lui est cir-

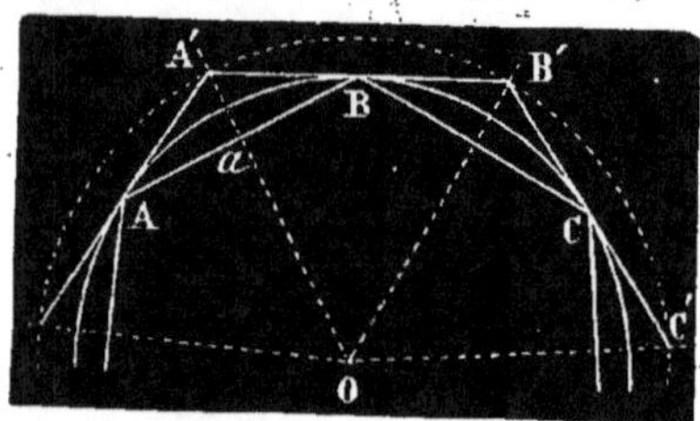

conscrite, nous formons ainsi un polygone qui est circonscrit à cette circonférence et qui est régulier, car tous les triangles ABA', BCB', etc., sont égaux entre eux, ainsi qu'il est facile de le démontrer, et de plus isoscèles; il en résulte l'égalité des côtés A'B', B'C', et celle des angles A', B', C', etc.

Pratiquement, on ne construirait pas toutes ces tangentes les unes après les autres, mais après en avoir mené deux qui donnent le sommet A', on décrira la circonférence de rayon OA', et les points de rencontre de cette circonférence avec les apothèmes Oa, Ob, etc., prolongés, seront les sommets du polygone cherché.

2º. *Calculer le rayon et le côté de ce polygone.*

Soient a, R, r, le côté, le rayon et l'apothème du polygone inscrit donné, a', R', r', les mêmes lignes dans le polygone cherché,

On aura évidemment $r' = R$.

Les triangles AOB, A'OB' (voy. la figure de la 1re Construction), étant semblables, on a

$$\frac{A'B'}{AB} = \frac{Oa'}{Oa} \quad \text{ou} \quad \frac{a'}{a} = \frac{R}{r},$$

d'où

$$a' = \frac{a.R}{r}.$$

On peut remplacer r par sa valeur $\sqrt{R^2 - \dfrac{a^2}{4}}$, et il vient

$$a' = \frac{a.R}{\sqrt{R^2 - \dfrac{a^2}{4}}}, \qquad \text{ou encore} \qquad a' = \frac{2\,a.R}{\sqrt{4R^2 - a^2}}.$$

Il est facile de calculer de même, d'après les mêmes triangles, la valeur de R′, car on a

$$\frac{OA'}{OA} = \frac{O\,a'}{O\,a}, \qquad \text{ou} \qquad \frac{R'}{R} = \frac{R}{r},$$

d'où

$$R' = \frac{R^2}{r}, \qquad \text{ou} \qquad R' = \frac{R^2}{\sqrt{R^2 - \dfrac{a^2}{4}}}.$$

PROBLÈME II.

Étant donné un polygone régulier circonscrit, 1°. construire le polygone inscrit d'un même nombre de côtés; 2°. calculer son côté et son apothème.

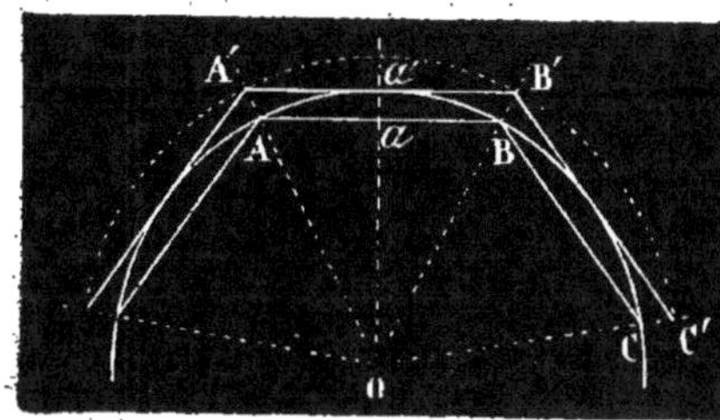

1°. Il est évident qu'il n'y a qu'à joindre au centre les sommets A′, B′, C′, etc., du polygone donné, et à joindre entre eux les points A, B, C, où ces lignes rencontrent la circonférence.

2° En conservant les mêmes notations que ci-dessus, on trouve facilement

$$R = r' = \sqrt{R'^2 - \frac{a'^2}{4}} \qquad\qquad r = \frac{R'^2 - \dfrac{a'^2}{4}}{R'}$$

$$a = a'\frac{k}{R'} = \frac{a'\sqrt{R'^2 - \dfrac{a'^2}{4}}}{R'}$$

formules qui donnent les éléments du polygone inscrit en fonction de ceux du polygone semblable circonscrit.

PROBLÈME III.

Connaissant le côté d'un polygone régulier inscrit, 1°. construire le polygone régulier inscrit d'un nombre double de côtés; 2°. calculer son côté et son apothème.

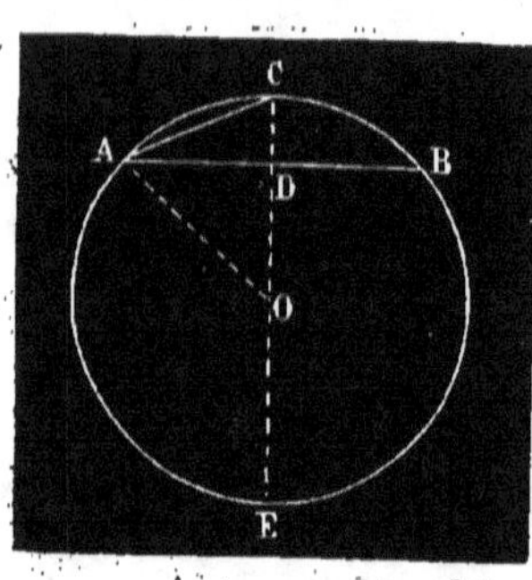

1°. La construction n'offre aucune difficulté : soit AB le côté du polygone donné, il n'y a qu'à prendre le milieu C de l'arc AB, et la corde AC sera le côté du polygone cherché.

2°. Posons $AB = a$, $AC = a_1$, $OA = R$ et $OD = r$.

Prolongeons CO jusqu'en E, on aura (III, Th. 25, Coroll. 1er).

$$\overline{AC}^2 = CE.CD \qquad \text{ou} \qquad a_1 = \sqrt{2R(R-r)}$$

et en remplaçant r par sa valeur $\sqrt{R^2 - \dfrac{a^2}{4}}$ il vient

$$a_1 = \sqrt{2R^2 - 2R\sqrt{R^2 - \frac{a^2}{4}}} = \sqrt{2R^2 - R\sqrt{4R^2 - a^2}}.$$

Quant à l'apothème r_1 du polygone qui a AC pour côté, il serait donné par la formule générale

$$r_1^2 = R^2 - \frac{a_1^2}{4},$$

dans laquelle on remplacerait a_1 par sa valeur précédemment trouvée.

Réciproquement. — *Connaissant le côté a_1 d'un polygone régulier inscrit, calculer le côté a et l'apothème r du polygone régulier d'un nombre de côtés moitié moindre inscrit dans le même cercle.*

14

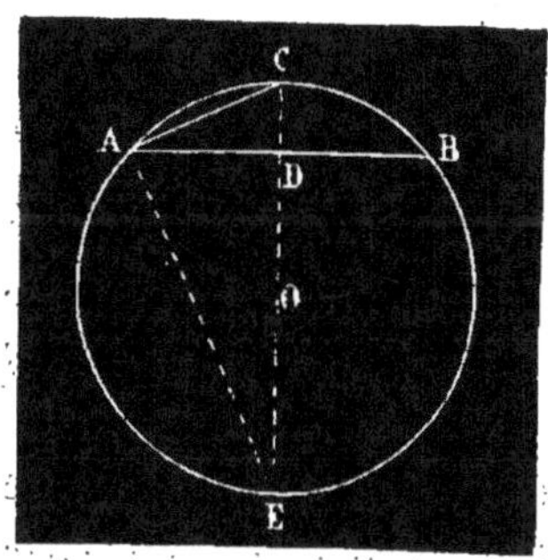

Joignons AE, les deux triangles ACD et ACE étant semblables, on a la proportion

$$\frac{AD}{AC} = \frac{AE}{2R}, \quad \text{d'où} \quad \frac{a}{2} = \frac{a_1 \cdot AE}{2R}.$$

D'ailleurs $AE = \sqrt{4R^2 - a_1^2}$;

d'où $\quad a = \dfrac{a_1}{R} \sqrt{4R^2 - a_1^2}.$

On peut reconnaître là la formule que nous avons trouvée plus haut par une autre méthode (III, Th. 40, Applic. 2e).

Quant à l'apothème r, on le trouve facilement en substituant à a sa valeur dans la formule générale $r^2 = R^2 - \dfrac{a^2}{4}.$

PROBLÈME IV.

Connaissant le côté d'un polygone régulier circonscrit à un cercle donné, 1º. construire le polygone circonscrit d'un nombre double de côtés ; 2º. calculer le côté et le rayon de ce polygone.

1º. Soit AB le côté du polygone circonscrit donné, joignons OA, et au point I, où cette ligne rencontre la circonférence, me-

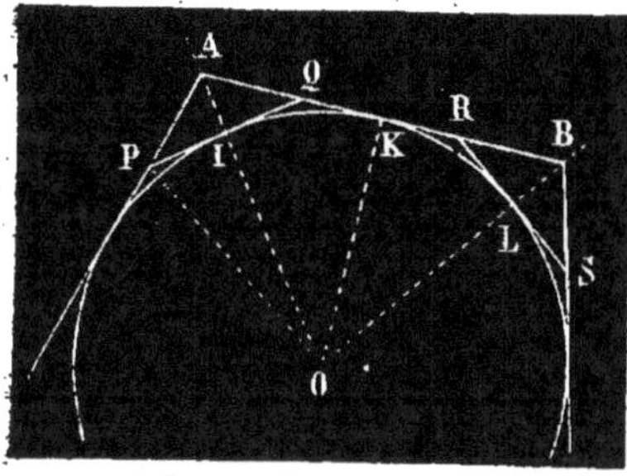

nons une tangente. La portion PQ de cette tangente, comprise entre deux côtés du polygone donné, est le côté du polygone circonscrit d'un nombre double de côtés.

On voit en effet facilement, d'après la propriété des tangentes issues d'un même point (II, Probl. 24), que les lignes QI et QK, KR et RL, etc., sont égales deux à deux ; et comme d'autre part les deux lignes PI et QI sont évidemment égales, de même que RL et LS, etc., il en résulte

$$PI = IQ = QK = KR = \text{etc.,}$$

et par conséquent $\quad PQ = QR = RS = \text{etc.}$

2°. Posons

$$AB = a', \qquad PQ = a'_1, \qquad OI = r, \qquad AO = R', \qquad PO = R'_1.$$

Les deux triangles AIQ et AOK sont semblables ; ils donnent la proportion

$$\frac{IQ}{OK} = \frac{AI}{AK}, \qquad d'où \qquad a'_1 = \frac{4r}{a'} AI.$$

On a d'ailleurs $\qquad AI = AO - OI = R' - r$

Donc $\qquad a'_1 = \frac{4r}{a'}(R' - r) = \frac{4r\left(\sqrt{r^2 + \frac{1}{4}a'^2} - r\right)}{a'}.$ $\qquad$ [1]

Quant au rayon R'_1, on a, d'après le triangle rectangle, PIO,

$$R'^2_1 = r^2 + \frac{a'^2_1}{4} = r^2 + \frac{4r^2}{a'^2}(R' - r)^2 = \frac{r^2}{a'^2}\left(a'^2 + 4(R' - r)^2\right),$$
etc.

Réciproquement, — *Étant donné le côté d'un polygone régulier circonscrit à un cercle donné, construire et calculer le côté et le rayon d'un polygone circonscrit d'un nombre de côtés moitié moindre.*

La construction est assez facile à imaginer ; il suffit, en effet, de prolonger de deux en deux les côtés du polygone donné.

On pourrait tirer la valeur de a' de la formule [1], mais ce calcul offrant quelques complications algébriques, nous nous contenterons de le signaler au lecteur ; il donne

$$a' = \frac{8r^2 a'_1}{4R^2 - a'^2_1}.$$

INSCRIPTION DES POLYGONES RÉGULIERS LES PLUS SIMPLES.

THÉORÈME VII.

Le côté du carré est au rayon du cercle circonscrit comme $\sqrt{2}$ est à l'unité.

Étant donné le cercle de rayon $AO = R$, menons deux diamètres AD et BC rectangulaires, joignons AB, BD, DC et DA, le qua-

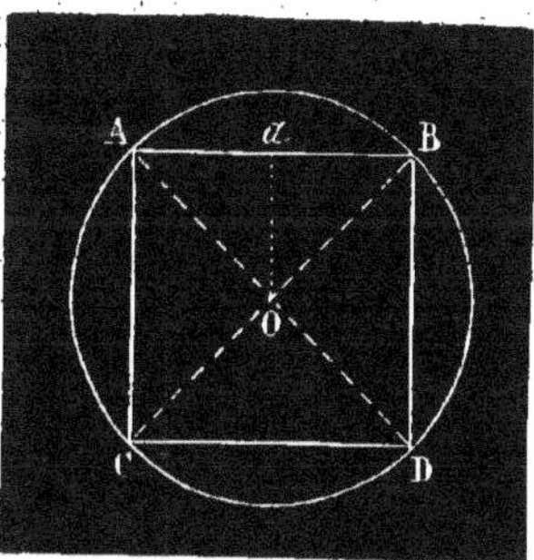

drilatère ABCD est un carré, car ses angles sont droits et ses côtés égaux.

Le triangle AOB est rectangle et isocèle, on a donc $\overline{AB}^2 = 2R^2$, d'où, en extrayant les racines des deux membres de l'égalité

$$AB = R\sqrt{2}, \qquad \text{ou} \qquad \frac{AB}{R} = \frac{\sqrt{2}}{1}.$$

Scholie I. — L'apothème $Oa = aB = \frac{AB}{2} = R\frac{\sqrt{2}}{2} = \frac{R}{\sqrt{2}}$.

La surface est égale à $4\,AB.\frac{Oa}{2} = 2R\sqrt{2}.\frac{R}{\sqrt{2}} = 2R^2$.

Cela peut, d'ailleurs, se voir facilement sans calcul, car chacun des triangles AOB, BOD, etc., est la moitié d'un carré ayant le rayon pour côté.

Scholie II. — Le carré circonscrit a évidemment le diamètre pour côté, sa surface est égale à $4R^2$; il est donc double en surface du carré inscrit.

Scholie III. — En appliquant les formules trouvées plus haut (Problème 3e), il est facile de passer du carré à l'octogone, c'est-à-dire au polygone de 8 côtés.

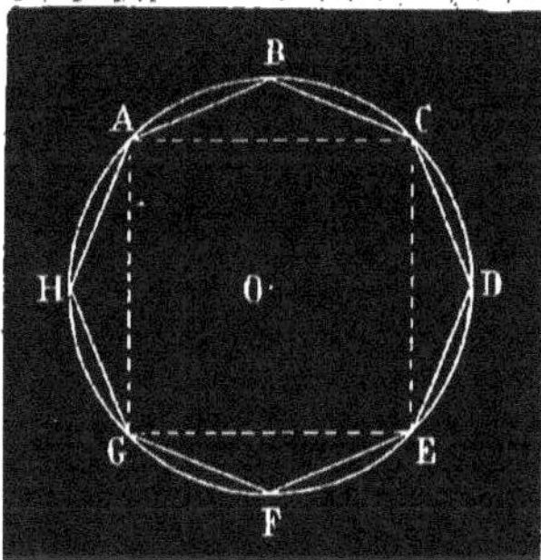

Nous avons trouvé

$$a_1 = \sqrt{2R^2 - R\sqrt{4R^2 - a^2}};$$

ici $a_1 = $ AB côté cherché de l'octogone, et $a = AC = R\sqrt{2}$.

On aura donc

$$AB = \sqrt{2R^2 - R\sqrt{4R^2 - 2R^2}} = R\sqrt{2 - \sqrt{2}}.$$

$$L'apothème = \sqrt{R^2 - \frac{R^2\left(2 - \sqrt{2}\right)^2}{4}} = \tfrac{1}{2}R\sqrt{2 + \sqrt{2}}.$$

Enfin la surface de l'octogone est égale à $2R^2\sqrt{2}$.

Scholie IV. — En appliquant les mêmes formules, on passerait du polygone de 8 côtés au polygone de 2.8 ou 16 côtés, et ainsi de suite; nous sommes donc en possession d'une méthode permettant d'évaluer le côté, l'apothème et la surface d'un polygone régulier inscrit dans un cercle de rayon donné, lorsque le nombre de ses côtés est représenté en général par 2^k, k étant un nombre entier quelconque.

THÉORÈME VIII.

Le côté de l'hexagone régulier est égal au rayon du cercle circonscrit.

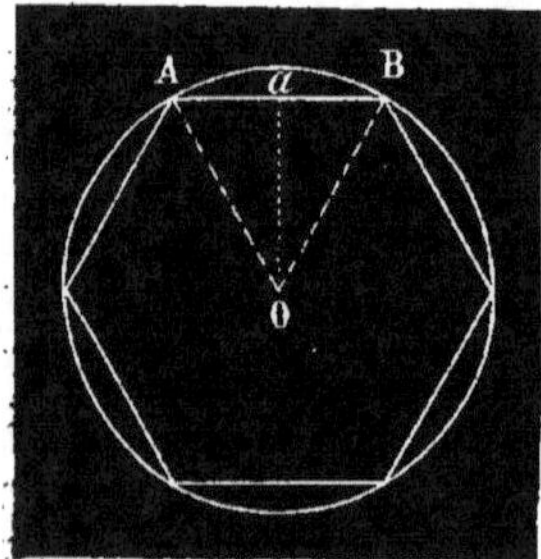

Soit AB le côté d'un hexagone régulier, joignons les points A et B au centre de ce polygone.

L'angle AOB aura pour valeur

$$\frac{4\ droits}{6}, \qquad \text{ou} \qquad \frac{2}{3}\ droit.$$

Les côtés OA et OB étant égaux, les angles A et B le seront aussi, et chacun d'eux aura pour valeur

$$\frac{1}{2}\left(2\ droits - \frac{2}{3}\ droit\right) = \left(1 - \frac{1}{3}\right)droit = \frac{2}{3}\ droit.$$

Les trois angles du triangle AOB sont donc égaux, ce triangle est donc équilatéral, et on a

$$AB = AO = R. \qquad\qquad C.\ Q.\ F.\ D.$$

Scholie. — Le triangle rectangle AaO donne

$$Oa = \sqrt{AO^2 - \frac{\overline{AB}^2}{4}} \quad \text{d'où} \quad Oa = \frac{1}{2}R\sqrt{3}.$$

Quant à la surface de l'hexagone, elle est égale à

$$6.R.\frac{1}{4}R\sqrt{3},$$

et en réduisant on trouve

$$\text{surface de l'hexagone} = \frac{3\sqrt{3}}{2} R^2.$$

THÉORÈME IX.

Le côté du triangle équilatéral est au rayon du cercle circonscrit comme $\sqrt{3}$ *est à* 1.

On pourrait déduire la valeur du côté du triangle équilatéral de celle du côté de l'hexagone au moyen de la formule générale établie ci-dessus (Probl. 3ᵉ, Récipr.); mais il est beaucoup plus simple de le faire directement.

En joignant de deux en deux les sommets de l'hexagone régulier, on obtient le triangle équilatéral ABC. Joignons maintenant OA, OB, AI et IB, le point I étant le sommet de l'hexagone intermédiaire entre les sommets A et B. Ces lignes sont toutes égales entre elles. Le quadrilatère AOBI est donc un losange; les diagonales OI et AB sont donc perpendiculaires l'une sur l'autre et se coupent en leur milieu au point M. Le triangle rectangle AMI donne

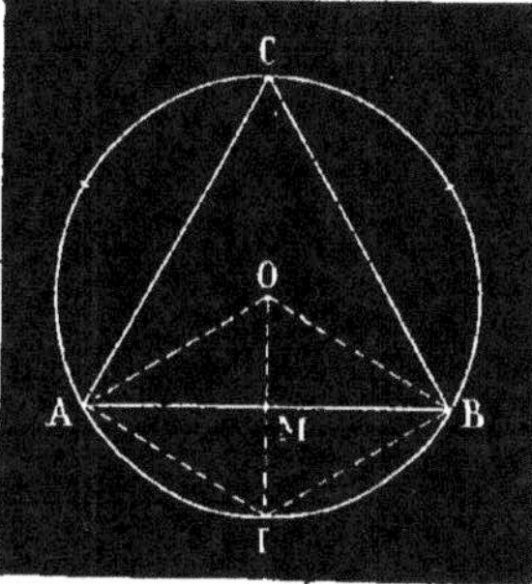

$$\overline{AM}^2 = \overline{AI}^2 - \overline{MI}^2, \quad \text{ou} \quad \frac{\overline{AB}^2}{4} = R^2 - \frac{R^2}{4},$$

$$\text{d'où} \quad \overline{AB}^2 = 3R^2, \quad \text{et enfin} \quad AB = R\sqrt{3}.$$

Scholie. — Il résulte de la figure que l'apothème est égal à $\frac{R}{2}$.

Quant à la surface du triangle équilatéral, elle a pour expression

$$S = 3R\sqrt{3} \cdot \frac{R}{4} = \frac{3\sqrt{3}}{4} R^2.$$

Elle est donc égale à la moitié de la surface de l'hexagone régulier, ainsi qu'il est d'ailleurs facile de s'en assurer directement.

THÉORÈME X.

Le côté du décagone régulier est égal à la plus grande partie du rayon du cercle circonscrit partagé en moyenne et extrême raison.

L'angle au centre AOB du décagone est égal à

$$\frac{4 \; droits}{10} = \frac{2}{5} \; droit.$$

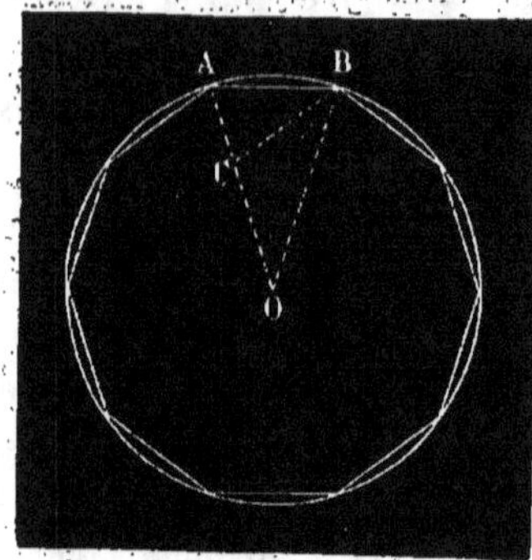

Chacun des angles A et B est égal à

$$\frac{1}{2} \left(2 \; dr. - \frac{2}{5} \; dr. \right) = \frac{4}{5} \; droit.$$

L'angle B est donc double de l'angle O. Si alors nous menons la bissectrice BC de l'angle B, le triangle BCO sera isoscèle, et il en sera de même du triangle ABC, et on aura AB = BC = OC.

D'après la propriété de la bissectrice (III, Th. 18), on aura la proportion

$$\frac{OC}{AC} = \frac{OB}{AB},$$

et puisque AB = OC, AC = R — OC = R — AB, il vient

$$\overline{AB}^2 = R \, (R - AB).$$

Le côté AB du décagone est donc bien égal au plus grand segment du rayon partagé en moyenne et extrême raison (III, Probl. 7).

Scholie. — D'après le calcul que nous avons fait alors, on aura

$$AB = \frac{R}{2} \left(\sqrt{5} - 1 \right).$$

On trouve facilement pour l'apothème

$$r = \frac{R}{4} \sqrt{10 + 2\sqrt{5}},$$

et la surface du décagone aura alors pour expression.

$$S = 10 . \frac{R}{2} (\sqrt{5} - 1) . \frac{R}{8} \sqrt{10 + 2\sqrt{5}} = \frac{5}{4} R^2 \sqrt{10 - 2\sqrt{5}}.$$

THÉORÈME XI.

Le carré du côté du pentagone régulier est égal à la somme des carrés du rayon et du côté du décagone régulier.

Soit AB le côté du pentagone, abaissons le rayon OD perpendiculaire sur AB; si nous joignons AD et DB, ces deux lignes seront deux côtés du déca-

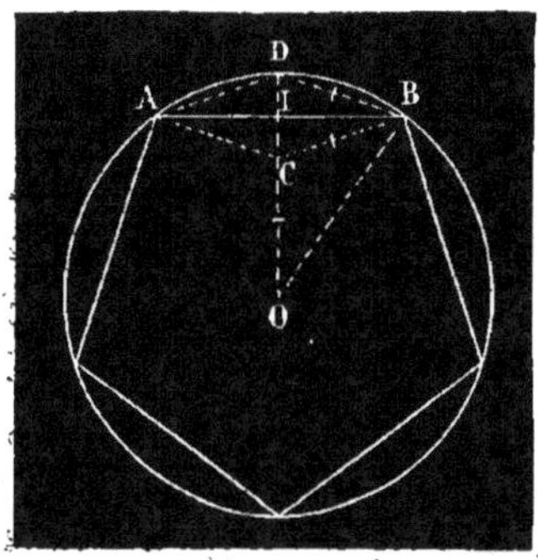

gone. Si nous menons la bissectrice BC l'angle DBC, on aura, d'après ce que nous avons vu dans le Théorème précédent, OC = BD. La ligne AB est donc perpendiculaire sur le milieu de DC; on a donc AC = AD.

Le quadrilatère ACBD est donc un losange et nous aurons, en posant AD = d,

$$\overline{AB}^2 = 4 d^2 - DC^2.$$

Or on a $\quad$ R − DC = OC = d,

d'où $\quad$ R^2 − 2 R.DC + DC^2 = d^2,

et comme, d'après la définition du partage en moyenne et extrême raison,

$$R.DC = OC^2 = a^2, \qquad \text{il vient finalement} \qquad DC^2 = 3 d^2 - R^2,$$

et par conséquent $\quad \overline{AB}^2 = 4 d^2 - 3 d^2 + R^2 = d^2 + R^2$. $\qquad$ *C. Q. F. D.*

Scholie. — En remplaçant le côté d du décagone par sa valeur, il vient

$$\overline{AB}^2 = \frac{1}{4} R^2 \left(6 - 2\sqrt{5}\right) + R^2 = \frac{1}{4} R^2 \left(10 - 2\sqrt{5}\right),$$

d'où $\qquad$ *côté du pentagone* $= \frac{1}{2} R \sqrt{10 - 2\sqrt{5}}$;

on trouverait $\qquad$ *apothème du pentagone* $= \frac{1}{4} R \left(\sqrt{5} + 1\right)$.

Enfin la surface aurait pour expression

$$S = 5 . \frac{1}{2} R \sqrt{10 - 2\sqrt{5}} . \frac{1}{8} R \left(\sqrt{5} + 1\right) = \frac{1}{16} R^2 \sqrt{\left(10 - 2\sqrt{5}\right)\left(6 + 2\sqrt{5}\right)},$$

d'où enfin $\qquad S = \frac{5}{8} R^2 \sqrt{10 + 2\sqrt{5}}.$

THÉORÈME XII.

Le côté du pentédécagone régulier est la corde de la différence des arcs sous-tendus par les côtés de l'hexagone et du décagone.

En effet, l'arc sous-tendu par le côté de l'hexagone est égal à $\frac{1}{6}$ de la circonférence, celui sous-tendu par le côté du décagone en est $\frac{1}{10}$, et on a

$$\frac{1}{6} - \frac{1}{10} = \frac{10-6}{60} = \frac{1}{15}.$$

Cette propriété donne un moyen très-simple de construire le côté du polygone régulier inscrit de 15 côtés, ou pentédécagone.

Scholie. — En faisant usage des formules données (III, Th. 40, Applic. 4°) pour la différence de deux arcs, on trouverait

$$\text{côté du pentédécagone} = \tfrac{1}{4}R\left(\sqrt{10+2\sqrt{5}} + \sqrt{3} - \sqrt{15}\right).$$

Remarque générale sur l'inscription des polygones. — Nous venons de voir comment on peut inscrire, avec la règle et le compas, les polygones réguliers de 3, 4, 5, 6, 10 et 15 côtés. Nous savons d'ailleurs partager un arc en deux parties égales ; nous avons donné, d'autre part, des formules générales qui permettent de calculer le côté d'un polygone régulier en fonction du côté du polygone d'un nombre de côtés moitié moindre ; nous avons donc tous les éléments nécessaires pour résoudre toutes les questions relatives à l'inscription des polygones dont le nombre de côtés peut être représenté par

$$
\begin{array}{llllll}
2^2, & 2^3, & \dots\, 2^n, & \text{c'est-à-dire} & 4,\ 8,\ 16,\ 32\dots \\
3, & 3.2, & 3.2^2, & \dots\, 3.2^n, & \text{---} & 3,\ 6,\ 12,\ 24\dots \\
5, & 5.2, & 5.2^2, & \dots\, 5.2^n, & \text{---} & 5,\ 10,\ 20,\ 40\dots \\
3.5, & 3.5.2, & 3.5.2^2, & \dots\, 3.5.2^n, & \text{---} & 15,\ 30,\ 60,\ 120\dots
\end{array}
$$

Il y a encore un petit nombre de polygones qui peuvent s'inscrire au cercle au moyen de la règle et du compas, mais le cadre de ces Éléments ne nous permet pas d'en parler ; d'ailleurs ils présentent peu d'utilité au point de vue des applications, et, quand il s'agit de constructions graphiques, on peut toujours arriver à l'inscription d'un polygone quelconque au moyen de tàtonnements qui, bien dirigés, permettent d'obtenir des résultats d'une précision suffisante.

MESURES DE LA LONGUEUR DE LA CIRCONFÉRENCE ET DE L'AIRE DU CERCLE.

Étant donné un cercle, inscrivons-y un polygone régulier d'un nombre quelconque de côtés, le carré AGEC, par exemple; puis

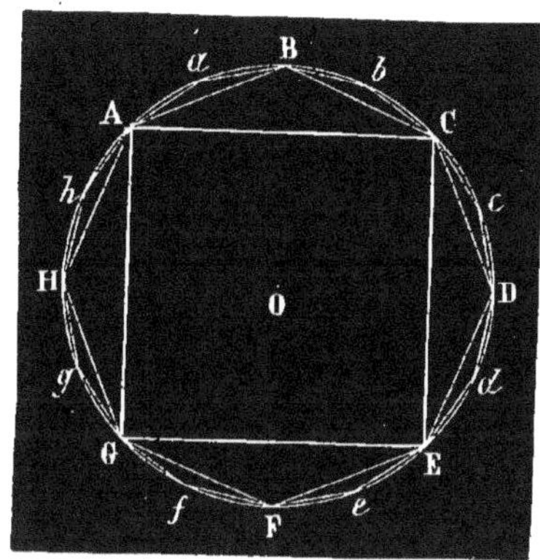

le polygone régulier ABCDE d'un nombre double de côtés; ensuite le polygone $AaBbCc$ d'un nombre de côtés double du précédent, et ainsi de suite.

Il n'y a qu'à regarder la figure pour reconnaître :

1°. *Que le périmètre de chacun de ces polygones va en augmentant à mesure qu'on double le nombre des côtés, mais reste toujours plus petit que celui de la circonférence;*

2°. *Que la surface des polygones va toujours en augmentant, mais reste plus petite que celle du cercle;*

3°. *Que les aires et les périmètres de ces polygones tendent à se confondre avec l'aire et le périmètre du cercle.*

D'après cela, nous pourrons substituer à la surface et au périmètre d'un cercle la surface et le périmètre d'un polygone inscrit d'un nombre de côtés suffisamment grand pour que la différence soit négligeable, et d'ailleurs on pourra rendre cette dif‑

férence aussi petite que l'on voudra en augmentant le nombre des côtés du polygone.

Nous pouvons ainsi considérer le cercle comme un polygone régulier d'un nombre infini de côtés, et alors toutes les propriétés des polygones réguliers, qui sont indépendantes du nombre de leurs côtés, pourront s'appliquer au cercle.

C'est ainsi que les Théorèmes 3 et 4 nous conduisent aux deux suivants :

THÉORÈME XIII.

1°. *Les circonférences de deux cercles sont entre elles comme leurs rayons.*

2°. *Les surfaces de deux cercles sont entre elles comme les carrés de leurs rayons.*

1°. Dans les deux cercles O et O' supposons inscrits des polygones réguliers semblables ; nous savons (Th. 3) que les péri-

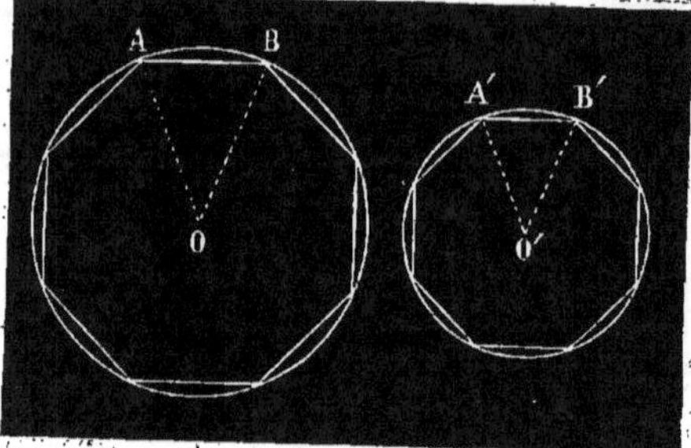

mètres de tous ces polygones seront entre eux comme les rayons AO et AO', que nous représenterons , pour abréger, par R et R'.

Cette propriété, étant indépendante du nombre des côtés des polygones, sera encore vraie lorsque ce nombre sera devenu infiniment grand, auquel cas les polygones se confondront avec le cercle.

On aura donc

$$\frac{\text{circonférence O}}{\text{circonférence O'}} = \frac{R}{R'} \qquad [1]$$

2°. On devra avoir aussi, d'après cela,

$$\frac{\text{cercle O}}{\text{cercle O'}} = \frac{R^2}{R'^2} \qquad [2]$$

Corollaire 1er. — *Il existe un rapport constant entre la circonférence de tout cercle et son rayon, et par conséquent entre la circonférence de tout cercle et son diamètre.*

La proportion [1] peut s'écrire en changeant les moyens de place

$$\frac{\text{circonférence } O}{R} = \frac{\text{circonférence } O'}{R'} = \ldots \text{ etc.}$$

Ce qui justifie la première partie de l'énoncé du corollaire.

Si d'ailleurs le rapport $\dfrac{\text{circonférence } O}{R}$ est constant, le rapport $\dfrac{\text{circonférence } O}{2R}$ qui en est la moitié le sera aussi.

Corollaire 2e. — *Il existe un rapport constant entre la surface d'un cercle et le carré de son rayon.*

En effet, la proportion [2] devient, en changeant les moyens de place,

$$\frac{\text{cercle } O}{R^2} = \frac{\text{cercle } O'}{R'^2}.$$

THÉORÈME XIV.

La surface d'un cercle a pour mesure le produit de sa circonférence par la moitié de son rayon.

Tout polygone ABCDEF, inscrit dans le cercle O, aura pour mesure de sa surface (Th. 4) son périmètre multiplié par la moitié de l'apothême Oa. Or, lorsque le nombre des côtés de ce polygone sera devenu infiniment grand, son aire se confondra avec l'aire du cercle, son périmètre avec la circonférence et son apothême avec le rayon. On aura donc alors

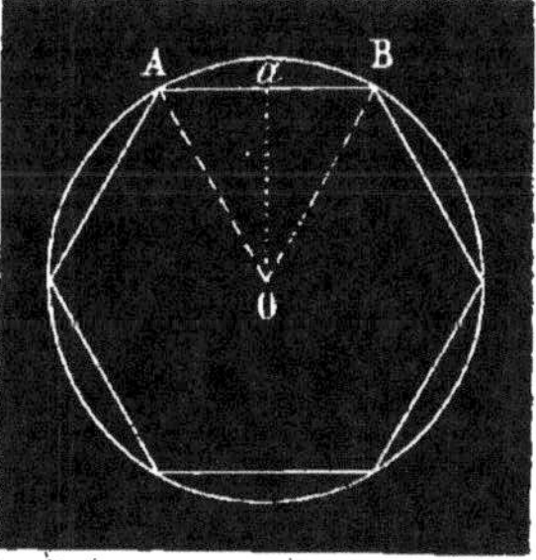

$$\text{cercle } O = \text{circonférence } O \cdot \frac{R}{2}.$$

Corollaire. — *Le rapport de la surface d'un cercle au carré de son rayon est égal au rapport de sa circonférence à son diamètre.*

En divisant par le carré du rayon les deux termes de l'égalité précédente, il vient

$$\frac{\text{cercle } O}{R^2} = \frac{\text{circonférence } O}{2R}.$$

Scholie I. — La valeur du rapport de la circonférence au diamètre est, d'après ce que nous venons de voir, un nombre dont la connaissance est essentielle pour la résolution de toutes les questions qui conduisent à des calculs sur la circonférence ou sur l'aire d'un cercle quelconque.

On est convenu de représenter ce nombre par la lettre grecque π. On a donc par définition

$$\frac{\text{circonférence } O}{2R} = \pi, \quad \text{d'où} \quad \text{circonférence } O = 2\pi R,$$

et
$$\text{cercle } O = \text{circonférence } O \cdot \frac{R}{2} = 2\pi R \cdot \frac{R}{2} = \pi R^2.$$

Scholie II. — On peut démontrer que le nombre π est un nombre incommensurable ; cette démonstration ne saurait trouver place ici. Cette circonstance n'offre d'ailleurs aucun inconvénient, puisqu'il existe plusieurs méthodes permettant de calculer ce nombre avec autant d'approximation qu'on peut le désirer. Nous donnerons à la fin de ce livre un aperçu des plus élémentaires d'entre ces méthodes.

La fraction $\frac{22}{7}$ est égale à π à moins de $\frac{1}{100}$ de sa valeur ; c'est le rapport donné par ARCHIMÈDE.

Le nombre $\frac{355}{113}$, dû à ADRIEN-MÉTIUS, diffère de π de moins de $\frac{1}{1\,000\,000^e}$.

On a calculé jusqu'à 140 chiffres décimaux la valeur du rapport de la circonférence du diamètre ; voici les 10 premiers :

$$\pi = 3,1415926535.$$

Voici son logarithme :

$$\log. \pi = 0,4971498726\ldots$$

On a quelquefois besoin de l'inverse du nombre π

$$\frac{1}{\pi} = 0,3183098\ldots$$

THÉORÈME XV.

La longueur d'un arc est à la moitié de la circonférence dont il fait partie comme l'angle au centre duquel il correspond est à deux angles droits.

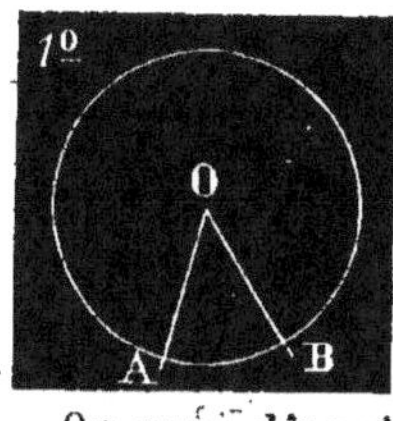

Nous avons vu (II, Th. 12) que, dans un même cercle, deux arcs sont entre eux comme les angles au centre auxquels ils correspondent. Donc un arc AB est à la moitié de la circonférence comme l'angle AOB est à l'angle qui correspond à la moitié de la circonférence, c'est-à-dire à deux angles droits.

On aura d'après cela

$$\frac{\text{arc AB}}{\frac{1}{2} \text{ circonfér.}} = \frac{\text{angle AOB}}{\text{2 droits}} \qquad \text{ou} \qquad \frac{\text{arc AB}}{\pi R} = \frac{\text{angle AOB}}{\text{2 droits}},$$

et finalement

$$\text{arc AB} = \pi R \cdot \frac{\text{angle AOB}}{\text{2 droits}}.$$

Scholie. — Dans la pratique, l'angle AOB est généralement donné par un nombre de *degrés*; de telle sorte que le rapport $\frac{\text{angle AOB}}{\text{2 droits}}$ est remplacé par $\frac{\alpha}{180^\circ}$, α représentant un nombre donné de degrés, minutes et secondes; alors l'expression ci-dessus devient

$$\text{arc AB} = \pi R \cdot \frac{\alpha}{180^\circ}.$$

Il faut avoir soin de remarquer que, pour mettre en nombres cette expression, on doit commencer par exprimer α et 180° avec des unités de même espèce ; s'il y a par exemple des minutes dans α, il faudra réduire α et 180° en des nombres équivalents de minutes, et ainsi de suite.

Corollaire 1er. — Inversement, on aura

$$\frac{\alpha}{180^{\circ}} = \frac{\text{arc } AB}{\pi R},$$

ce qui permettra de *calculer le nombre α de degrés, minutes et secondes, correspondant dans un cercle de rayon donné à un arc de longueur donnée.*

Il ne faut pas perdre de vue que arc AB et R sont deux longueurs qui doivent être évaluées avec une même unité.

Corollaire 2e. — *Deux arcs AB et A'B' correspondant dans des cercles différents à un même angle au centre α sont entre eux comme les rayons des cercles auxquels ils appartiennent.*

On a en effet

$$\frac{\text{arc } AB}{\text{arc } A'B'} = \frac{\pi R \dfrac{\alpha}{180}}{\pi R' \dfrac{\alpha}{180}} = \frac{R}{R'}.$$

Corollaire 3e. — *Le rapport de deux angles mesurés par des arcs faisant partie de circonférences différentes est égal au rapport des quotients de ces arcs par les rayons des circonférences auxquelles ils appartiennent.*

Nous avons trouvé ci-dessus

$$\frac{\text{angle } AOB}{2 \text{ droits}} = \frac{\text{arc } AB}{\pi R}.$$

Pour un autre angle dans un autre cercle dont le rayon serait R', on aurait

$$\frac{\text{angle } A'O'B'}{2 \text{ droits}} = \frac{\text{arc } A'B'}{\pi R'}.$$

En divisant membre à membre ces deux égalités et simplifiant, il vient

$$\frac{\text{angle } AOB}{\text{angle } A'O'B'} = \frac{\dfrac{\text{arc } AB}{R}}{\dfrac{\text{arc } A'B'}{R'}},$$

ce qui justifie la proposition que nous venons d'énoncer.

Scholie. — Si dans la proportion ci-dessus nous faisons *angle* A'O'B' $= 1$ et *arc* A'B' $= R'$, c'est-à-dire si nous prenons pour unité d'angle celui qui correspond à un arc égal au rayon, cette proportion devient

$$\text{angle AOB} = \frac{\text{arc AB}}{R},$$

formule qui exprime qu'*un angle* [supposé rapporté à l'unité que nous venons de définir] *a pour mesure le rapport de son arc au rayon de la circonférence à laquelle il appartient.*

La valeur de l'angle au centre qui, dans une circonférence quelconque, intercepte un arc égal au rayon, est facile à trouver : si on désigne cet angle par ξ, on a, d'après le Théorème,

$$\frac{\xi}{180^\circ} = \frac{R}{\pi R}, \qquad \text{d'où} \quad \xi = \frac{180^\circ}{\pi} = 57^\circ\,17'\,44''\ldots.$$

Il est bon de faire remarquer que cette valeur n'est pas complétement exacte, il faudrait faire suivre le chiffre des secondes d'un nombre illimité de chiffres décimaux, car, le nombre π étant incommensurable, le quotient $\frac{180}{\pi}$ est lui-même un nombre incommensurable.

THÉORÈME XVI.

L'aire d'un secteur est à la surface du cercle comme son angle est à 4 droits ou comme son arc est à la circonférence.

Les secteurs sont entre eux comme les angles au centre auxquels ils correspondent, et par conséquent comme les arcs qui leur servent de base. On aura donc

$$\frac{\text{secteur AOB}}{\text{cercle O}} = \frac{\text{angle AOB}}{\text{4 droits}} = \frac{\text{arc AB}}{2\pi R},$$

ce qui donne les deux expressions

$$\text{secteur AOB} = \pi R^2 \cdot \frac{\text{angle AOB}}{\text{4 droits}} \quad \text{et} \quad \text{secteur AOB} = \pi R^2 \cdot \frac{\text{arc AB}}{2\pi R}.$$

La seconde de ces expressions, simplifiée, devient

$$\text{secteur } AOB = \text{arc } AB \cdot \frac{R}{2}.$$

Ce qui montre que l'on peut dire aussi que *la surface d'un secteur a pour mesure le produit de l'arc qui lui sert de base par la moitié du rayon.*

Cela se voit d'ailleurs directement en considérant un secteur comme une portion d'un polygone régulier d'un nombre infini de côtés.

Corollaire. — *Les surfaces de deux secteurs semblables* [c'est-à-dire correspondant à des angles au centre égaux] *sont entre elles comme les carrés des rayons des cercles auxquels ils appartiennent.*

Cela résulte immédiatement de l'expression de la surface du secteur.

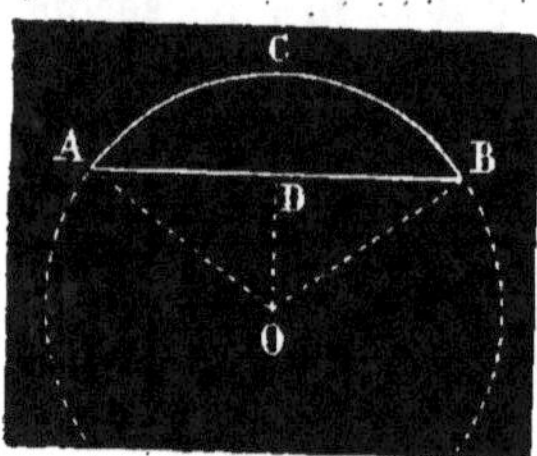

Scholie. — *Mesure de la surface d'un segment circulaire.*

On a, d'après la figure,

$$\text{segm. } ACB = \text{sect. } OACB - \text{tr. } AOB$$
$$= \text{arc } ACB \cdot \frac{R}{2} - \frac{1}{2}AB.OD$$

THÉORÈME XVII.

La surface d'un trapèze circulaire a pour mesure le produit de sa hauteur [c'est-à-dire de la différence des rayons de ses bases] *par la demi-somme de ses bases.*

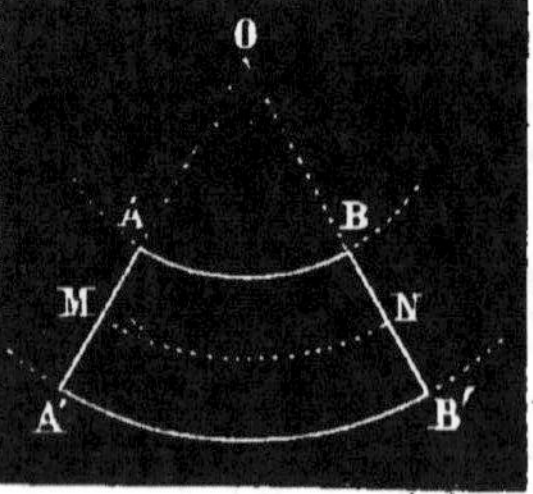

On appelle trapèze circulaire la différence de deux secteurs AOB, A'OB', de même angle au centre. D'après cela, en appelant α l'angle au centre commun, on aura

Trapèze circulaire A A'B B' $= \dfrac{\alpha}{360} \cdot \pi \left(R'^2 - R^2 \right)$

$$= \dfrac{\alpha}{360} \cdot \pi \left(R' + R \right) \left(R' - R \right)$$

$$= \dfrac{\alpha}{360} 2 \pi \left(\dfrac{R' + R}{2} \right) \left(R' - R \right)$$

$$= \dfrac{1}{2} \left(\dfrac{\alpha}{360} 2 \pi R' - \dfrac{\alpha}{360} 2 \pi R \right) \left(R' - R \right)$$

$$= \dfrac{1}{2} \left(arc\ A'B' - arc\ AB \right) \left(R' - R \right)$$

ce qui justifie l'énoncé du Théorème.

Remarque. — En s'arrêtant à la valeur

$$\dfrac{\alpha}{360} \cdot 2 \pi \left(\dfrac{R' + R}{2} \right) \left(R' - R \right),$$

on voit que $\dfrac{\alpha}{360} \cdot 2 \pi \left(\dfrac{R' + R}{2} \right)$ n'est autre chose que l'arc décrit avec un rayon $OM = \dfrac{R' + R}{2}$, et que cet arc est équidistant des arcs AB et A'B', ce qui complète l'assimilation du trapèze circulaire au trapèze rectiligne.

On eût pu d'ailleurs démontrer ce Théorème directement en regardant le trapèze circulaire comme la limite d'un assemblage de trapèzes rectilignes infiniment petits qui y seraient inscrits.

Corollaire. — *Une couronne circulaire a pour mesure le produit de la demi-somme des circonférences qui la comprennent par sa largeur* [c'est-à-dire la différence des rayons des circonférences].

Ou encore : *Une couronne circulaire a pour mesure le produit de la circonférence équidistante de ses bords par sa largeur.*

La couronne n'est en effet qu'un trapèze circulaire dont l'angle au centre est égal à 4 droits. Tous les calculs précédents s'appliquent donc à une couronne; il n'y a qu'à y faire $\dfrac{\alpha}{360} = 1$.

On peut aussi écrire que la couronne est la différence de deux cercles; on a ainsi

$$couronne\ circul. = \pi \left(R'^2 - R^2 \right)$$

$$= \pi \left(R' + R \right) \left(R' - R \right)$$

Scholie. — Si on pose

$$r^2 = (R' + R)(R' - R)$$

il viendra   *couronne circul.* $= \pi\, r^2$

c'est-à-dire qu'une couronne circulaire est équivalente à un cercle ayant pour rayon une moyenne proportionnelle entre la somme et la différence des rayons de ses bases.

Soit AB une tangente à la circonférence intérieure.

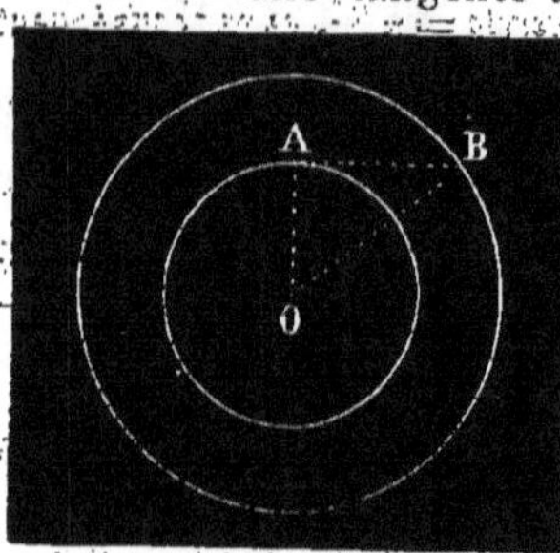

Joignons OA et OB. Le triangle rectangle AOB donne

$$AB^2 = OB^2 - OA^2 = R'^2 - R^2,$$

d'où $\pi\, AB^2 = \pi\,(R'^2 - R^2).$

La couronne est donc équivalente au cercle qui aurait AB pour rayon.

EXPOSITION DE TROIS MÉTHODES ÉLÉMENTAIRES POUR LE CALCUL DU RAPPORT DE LA CIRCONFÉRENCE AU DIAMÈTRE.

Nous avons vu que, d'après sa définition, le nombre π avait pour expression

$$\pi = \frac{circonférence}{2R} \qquad [1]$$

Nous avons vu aussi qu'on avait la relation $cercle = \pi R^2$, et par conséquent

$$\pi = \frac{cercle}{R^2} \qquad [2]$$

Les deux formules [1] et [2] pourront donc servir de point de départ au calcul du nombre π, et cela de différentes manières, suivant qu'on se donnera telle ou telle des quantités qui y entrent :

1re Méthode. — Dans l'expression $\pi = \frac{circonférence}{2R}$ on se donne R, et on prend, au lieu de la circonférence, les périmètres de certains polygones réguliers inscrits pour les côtés desquels on a pu établir *à priori* des relations numériques avec le rayon R. On partira, par exemple, du carré ou de l'hexagone régulier.

2e Méthode. — Dans l'expression $\pi = \frac{cercle}{R^2}$, faisons $R = 1$. Nous voyons que π sera le nombre qui exprimera le rapport du cercle de rayon 1 à l'unité de surface. Au lieu de la surface du cercle, on évaluera les surfaces de polygones réguliers inscrits d'un nombre croissant de côtés en partant, comme dans la première méthode, soit du carré, soit de l'hexagone.

3e Méthode. — Concevons des polygones réguliers assujettis à avoir tous le même périmètre ; il est facile de se rendre compte que la circonférence ayant ce même périmètre sera plus petite que la circonférence circonscrite et plus grande que la circonférence inscrite à l'un quelconque de ces polygones. Le rayon d'une circonférence ayant un périmètre donné l est donc compris entre le rayon R_1 et l'apothème r_1 d'un polygone régulier quelconque de même périmètre. En calculant, par les méthodes qui seront indiquées ci-après, le rayon et l'apothème de polygones réguliers ayant le périmètre donné, mais d'un nombre de côtés de plus en plus grand, nous pourrons approcher de plus en plus de la valeur de R dans l'expression $\pi = \frac{l}{R}$. Cette méthode, dite *des isopérimètres*, paraît, au premier abord, plus compliquée que les deux premières, elle conduit cependant au résultat par des calculs moins pénibles.

Telles sont les trois méthodes que nous allons exposer avec quelques détails, en engageant le lecteur à faire comme exercice les calculs que nous ne ferons qu'indiquer.

Première Méthode.

Dans cette méthode on part, ainsi que nous l'avons déjà dit, d'un polygone dont le côté a_1 ait une relation simple avec le rayon de la circonférence circonscrite. De ce côté on déduit celui du polygone d'un nombre double de côtés, ce qui se fait au moyen de la formule

$$a_2 = \sqrt{2R^2 - R\sqrt{4R^2 - a_1^2}},$$

que nous avons donnée ci-dessus (Probl. 3e). On double de nouveau le nombre des côtés du polygone, et en appliquant la même formule on calcule le côté a_3 au moyen de a_2, et ainsi de suite.

Si le polygone dont on est parti avait n côtés, le polygone dont le côté sera représenté par a_k aura 2^{kn} côtés, et son périmètre $P_k = 2^{kn} a_k$ pourra être pris pour la circonférence avec une erreur d'autant moindre que 2^{kn} sera plus grand.

Il n'y a plus qu'à chercher à se rendre compte de l'erreur que l'on commet en prenant le périmètre P_k pour la circonférence. On se procure facilement une limite supérieure de cette erreur en remarquant que, la circonférence étant plus petite que le périmètre de tout polygone circonscrit, la différence entre P_k et la circonférence est plus petite que la différence entre P_k et le périmètre de tout polygone circonscrit. Il suffit donc de comparer le périmètre P_k, auquel on s'arrête, à celui d'un polygone circonscrit du plus grand nombre de côtés possible. Pour la plus grande simplicité des calculs, on se contente de la différence entre P_k et le périmètre P'_k du polygone circonscrit d'un même nombre de côtés.

Ce calcul se fait facilement, car on sait que les côtés, et par conséquent les périmètres de deux polygones, l'un inscrit, l'autre circonscrit, du même nombre de côtés, sont entre eux comme leurs apothèmes ; on aura donc (Probl. 1, 2º)

$$\frac{P'_k}{P_k} = \frac{R}{\frac{1}{2}\sqrt{4R^2 - a_k^2}}.$$

Connaissant P'_k, il n'y a plus qu'à en retrancher P_k pour avoir une limite supérieure de l'erreur commise.

Pour la simplicité des calculs, on suppose $R = 1$, et on a alors

$$\pi = \frac{\text{circonférence de rayon 1}}{2} = \text{limite } \frac{\text{périmètre } P_k}{2}.$$

On part soit du carré, soit de l'hexagone.

Remarque. — En partant du carré dont le côté a_1 est lié, comme nous le savons, au rayon R par la relation $a_1 = R\sqrt{2}$; et appliquant la formule déjà rappelée $a_2 = \sqrt{2R^2 - R\sqrt{4R^2 - a_1^2}}$, on arrive facilement à une expression remarquable du rapport de la circonférence au diamètre.

On peut, en effet, former le tableau suivant des valeurs des côtés et des demi-périmètres des polygones inscrits de 4, 8, 16... côtés :

Nombre des côtés.	Côtés.	Demi-périmètres.
2.2	$a_1 = \sqrt{2}$	$\frac{1}{2}P_1 = 2\sqrt{2}$
2.2^2	$a_2 = \sqrt{2-\sqrt{2}}$	$\frac{1}{2}P_2 = 2^2\sqrt{2-\sqrt{2}}$
2.2^3	$a_3 = \sqrt{2-\sqrt{2+\sqrt{2}}}$	$\frac{1}{2}P_3 = 2^3\sqrt{2-\sqrt{2+\sqrt{2}}}$
2.2^4	$a_4 = \sqrt{2-\sqrt{2+\sqrt{2+\sqrt{2}}}}$	$\frac{1}{2}P_4 = 2^4\sqrt{2-\sqrt{2+\sqrt{2+\sqrt{2}}}}$
. . .		
2.2^k	$a_k = \sqrt{2-\sqrt{2+\sqrt{2+\sqrt{2+\sqrt{\text{etc.}}}}}}$	$\frac{1}{2}P_k = 2^k\sqrt{2-\sqrt{2+\sqrt{2+\sqrt{2+\sqrt{\text{etc.}}}}}}$

La loi de ces valeurs successives est bien évidente ; le demi-périmètre du polygone dérivé du carré, dont l'ordre est marqué par k, doit être égal à 2^k multiplié par k radicaux superposés.

On doit donc avoir

$$\pi = limite\ 2^k \sqrt{2 - \sqrt{2 + \sqrt{2 + \sqrt{etc.}}}}$$

le mot *limite* indiquant ce que devient l'expression lorsque l'on suppose le nombre k infiniment grand.

Deuxième Méthode.

Cette méthode, avons-nous dit, consiste à mettre en nombres l'expression $\pi = \dfrac{cercle}{R^2}$, en faisant, pour plus de simplicité, $R = 1$, et prenant, au lieu du *cercle*, la surface de polygones inscrits d'un nombre de plus en plus grand de côtés.

Si on suivait la marche ordinaire pour calculer les aires de ces périmètres, cette méthode ne serait qu'une complication inutile de la précédente, puisque, après avoir calculé les périmètres comme dans cette première méthode, on aurait à calculer les apothèmes et à faire les produits des demi-périmètres par les apothèmes.

Mais les considérations qui vont suivre montrent qu'en adjoignant à un polygone inscrit le polygone circonscrit du même nombre de côtés, on peut, par des formules assez simples, passer de ces deux polygones aux polygones inscrit et circonscrit d'un nombre double de côtés.

Résolvons donc ce **PROBLÈME** :

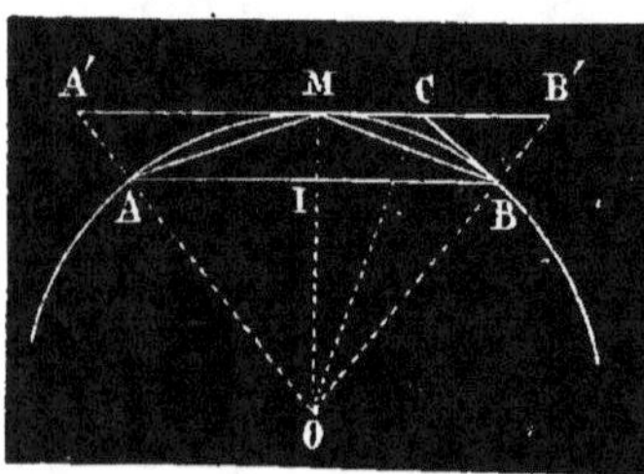

Étant données les aires A_1 et B_1 de deux polygones réguliers semblables, l'un inscrit, l'autre circonscrit à un même cercle, trouver les aires A_2 et B_2 des polygones réguliers inscrit et circonscrit d'un nombre double de côtés.

Soit AB et A'B' les côtés des polygones A_1 et B_1, auxquels nous supposons n côtés, AM sera le côté du polygone A_2.

On aura d'ailleurs

$$triangle\ AOI = \frac{A_1}{2n},$$

$$triangle\ A'OM = \frac{B_1}{2n},$$

$$triangle\ AOM = \frac{A_2}{2n}$$

Ce qui nous montre que le problème revient à chercher les relations qui existent entre les triangles AOI, A'OM et AOM.

Or on a, d'après la figure (voyez à la page suivante)

$$\frac{triangle\ AOI}{triangle\ AOM} = \frac{OI}{OM},$$

et aussi

$$\frac{triangle\ AOM}{triangle\ A'OM} = \frac{OA}{OA'} = \frac{OI}{OM}.$$

On déduit de là

$$\frac{triangle\ AOI}{triangle\ AOM} = \frac{triangle\ AOM}{triangle\ A'OM} \qquad \text{ou} \qquad \frac{\frac{1}{2n}A_1}{\frac{1}{2n}A_2} = \frac{\frac{1}{2n}A_2}{\frac{1}{2n}B_1};$$

d'où, en supprimant le facteur commun $\frac{1}{2n}$,

$$\frac{A_1}{A_2} = \frac{A_2}{B_1}; \qquad \text{ou enfin,} \qquad A_2 = \sqrt{A_1 B_1}.$$

Ce qui nous donne cette première relation : *L'aire d'un polygone régulier inscrit est moyenne proportionnelle, entre les aires des polygones inscrit et circonscrit d'un nombre moitié moindre de côtés.*

Pour obtenir la seconde des relations cherchées, menons au point B la tangente BC, et joignons OC : cette ligne sera la bissectrice de l'angle MOB ; on aura MC = CB = la moitié du côté du polygone circonscrit B_2 ; donc

$$triangle\ MOC = \frac{B_2}{4n}.$$

Comme d'ailleurs

$$triangle\ MOB' = \frac{B_1}{2n},$$

on aura

$$\frac{triangle\ MOC}{triangle\ MOB'} = \frac{B_2}{2B_1}.$$

Or, à cause des propriétés de la bissectrice (III, Th. 18), et parce que OM = OB, on aura

$$\frac{triangle\ MOC}{triangle\ MOB'} = \frac{MC}{MB'} = \frac{OM}{OM + OB'} = \frac{OB}{OB + OB'}.$$

Or, il est facile de voir que

$$\frac{OB}{OB + OB'} = \frac{tr.\ IOB}{tr.\ IOB + tr.\ MOB} = \frac{A_1}{A_1 + A_2},$$

et par conséquent

$$\frac{B_2}{2B_1} = \frac{A_1}{A_1 + A_2}; \qquad \text{d'où} \qquad B_2 = \frac{2A_1 B_1}{A_1 + \sqrt{A_1 B_1}}.$$

On comprend maintenant qu'en partant, par exemple, des carrés inscrit et circonscrit dans le cercle de rayon 1, pour lesquels on a $A_1 = 2$ et $B_1 = 4$, on pourra calculer successivement les aires des octogones inscrit et circonscrit, puis celles des polygones de 32, 64.... côtés.

La différence entre les aires des polygones inscrit et circonscrit donne à chaque instant une limite supérieure de la différence qu'il y a entre le nombre trouvé et la véritable valeur de π.

Pour achever ce qui est relatif à cette méthode, nous allons démontrer que *la différence* $B_2 - A_2$ *entre les aires des polygones inscrit et circonscrit de* 2n *côtés est moindre que le* $\frac{1}{4}$ *de la différence* $B_4 - A_4$ *entre les aires des polygones inscrit et circonscrit de* n *côtés.*

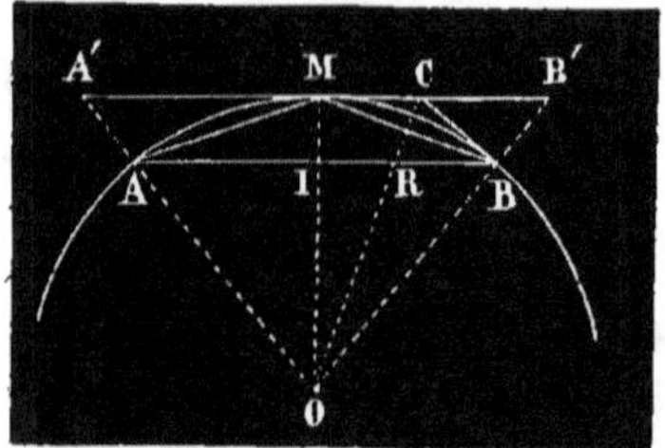

On pourrait déduire ce résultat au moyen du calcul des valeurs précédemment trouvées de A_2 et de B_2; mais des considérations géométriques très-simples vont également nous y conduire.

Il est facile de voir que

$$\text{triangle MCB} = \text{quadrilat. MOBC} - \text{triangle MOB} = \frac{B_2 - A_2}{2n},$$

et que

$$\text{trapèze MIBB}' = \text{tr. MOB}' - \text{tr. IOB} = \frac{B_4 - A_4}{2n}.$$

L'inégalité $B_2 - A_2 < \frac{1}{4}(B_4 - A_4)$ revient donc à celle-ci :

$$\text{triangle MCB} < \frac{1}{4} \text{trapèze MIBB}';$$

ou, ce qui est la même chose, à

$$MC < \frac{1}{4}(MB' + IB);$$

car le trapèze et le triangle ont même hauteur MI.

Pour démontrer cette inégalité, considérons le point R où la ligne OC, bissectrice de l'angle MOB, rencontre la ligne IB.

La ligne MB est la bissectrice de l'angle ABC, car les deux angles ABM et MBC ont tous deux pour mesure les moitiés d'arcs égaux AM et MB. Il résulte de là que CB = RB = MC. Par conséquent l'inégalité précédente devient

$$MC < \frac{1}{4}(MC + CB' + IR + MC),$$

ou

$$MC < \frac{1}{2}(CB' + IR).$$

Cela posé, les deux parallèles IB et MB' coupées par les trois lignes OM, OC et OB' donnent la proportion

$$\frac{MC}{CB'} = \frac{IR}{RB} \qquad \text{ou} \qquad \frac{MC}{CB'} = \frac{IR}{MC}$$

à cause de RB = MC; on tire de là

$$MC = \sqrt{CB'.IR}\ .$$

Or on sait que la moyenne proportionnelle entre deux quantités est plus petite que la moyenne différentielle entre ces deux quantités, ce qui démontre l'inégalité proposée.

Troisième Méthode.

Au lieu de se donner le rayon d'un cercle et de calculer des valeurs de plus en plus approchées de sa circonférence, on peut se donner la longueur de cette circonférence et chercher des valeurs de plus en plus approchées de son rayon.

On se fonde pour cela sur ce fait, qu'étant donné un polygone régulier, le rayon de la circonférence *isopérimètre* [c'est-à-dire du même périmètre] est compris entre le rayon et l'apothème de ce polygone régulier. Ceci se déduit assez facilement de tout ce que nous avons vu pour qu'il soit inutile d'insister à ce sujet.

Le **PROBLÈME** spécial auquel donne lieu cette méthode est celui-ci :

Étant donné le rayon R *et l'apothème* r *d'un polygone régulier de* n *côtés, calculer le rayon* R_1 *et l'apothème* r_1 *d'un polygone régulier* ISOPÉRIMÈTRE *d'un nombre double de côtés.*

Soit AB le côté du polygone donné, joignons le milieu P de ce côté au

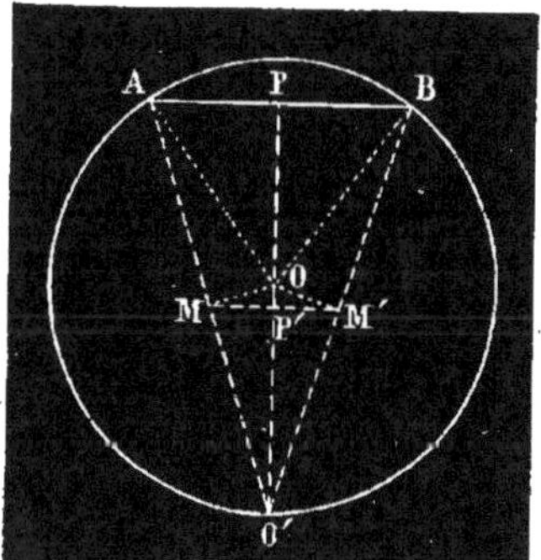

centre de la circonférence circonscrite, prolongeons cette ligne jusqu'en O', joignons AO' et BO'.

La ligne MM' qui joint les milieux de deux lignes AO' et BO' est parallèle à AB et égale à sa moitié; c'est donc le côté du polygone isopérimètre du polygone proposé et d'un nombre double de côtés.

L'angle M O'M' sera l'angle au centre du polygone de 2n côtés, car cet angle est la moitié de l'angle AOB, angle au centre du polygone de n côtés.

On aura donc $\qquad$ O'M = R_1 $\qquad$ et $\qquad$ O'P' = r_1.

Or, $\quad O'P' = \frac{1}{2} O'P = \frac{1}{2} (O'O + OP) = \frac{1}{2} (R + r)$;

donc
$$r_1 = \frac{1}{2} (R + r). \qquad [1]$$

Maintenant joignons OM ; le triangle MOO' étant rectangle et la ligne MP' étant perpendiculaire sur l'hypoténuse de ce triangle, on aura

$$\overline{O'M}^2 = OO' + \overline{O'P'} = R + r_1 ;$$

donc
$$R_1 = \sqrt{R \cdot r_1} \qquad [2]$$

Les formules [1] et [2] résolvent la question.

Remarque. — On peut d'ailleurs démontrer aisément que *la différence* $(R_1 - r_1)$ *est plus petite que* $\frac{1}{4} (R - r)$.

Représentons par a le côté AB, on aura

$$R^2 - r^2 = \frac{a^2}{4},$$

et
$$R_1^2 - r_1^2 = \overline{MM'}^2 = \frac{a^2}{16} = \frac{1}{4} \cdot \frac{a^2}{4} = \frac{1}{4} (R^2 - r^2) ;$$

or l'égalité

$$R_1^2 - r_1^2 = \frac{1}{4} \cdot R^2 - r^2$$

peut s'écrire

$$R_1 - r_1 = \frac{1}{4} (R - r) \cdot \frac{R + r}{R_1 + r_1} ;$$

mais le facteur $\dfrac{R + r}{R_1 + r_1}$ est égal à $\dfrac{2 r_1}{R_1 + r_1}$: il est donc plus petit que l'unité, car R_1 est essentiellement plus grand que r_1 ; on aura donc

$$R_1 - r_1 < \frac{1}{4} (R - r).$$

Application au calcul de la circonférence au diamètre. — Partons d'un carré de *côté* $= 1$, et par conséquent de *périmètre* $= 4$. On aura

$$R = \frac{1}{\sqrt{2}} = \frac{1}{2} \sqrt{2} \quad , \quad \text{et} \quad r = \frac{1}{2}.$$

Ces valeurs étant réduites en décimales, nous passerons, au moyen des formules [1] et [2] au rayon et à l'apothème R_1 et r_1 de l'octogone isopérimètre, puis au polygone de 16 côtés, et ainsi de suite.

On obtiendra ainsi les valeurs consignées dans le tableau suivant :

Périmètre = 4.

Nombre des côtés.	Apothèmes.	Rayons.
4	$r = 0{,}5000000$	$R = 0{,}7071068$
8	$r_1 = 0{,}6035534$	$R_1 = 0{,}6532815$
16	$r_2 = 6{,}6284174$	$R_2 = 0{,}6407289$
32	$r_3 = 0{,}6345731$	$R_3 = 0{,}6376135$
64	$r_4 = 0{,}6361083$	$R_4 = 0{,}6368754$
128	$r_5 = 0{,}6364919$	$R_5 = 0{,}6366836$
256	$r_6 = 0{,}6365878$	$R_6 = 0{,}6366357$
512	$r_7 = 0{,}6366117$	$R_7 = 0{,}6366237$
1024	$r_8 = 0{,}6366117$	$R_8 = 0{,}6366207$
2048	$r_9 = 0{,}6366192$	$R_9 = 0{,}6366199$
8096	$r_{10} = 0{,}6366195$	$R_{10} = 0{,}6366197$
4192	$r_{11} = 0{,}6366196$	$R_{11} = 0{,}6366196$

On voit, d'après ce tableau, que le rayon ρ d'une circonférence de *périmètre = 4* a pour valeur 0,6366196 à moins de $\dfrac{1}{10\,000\,000^e}$ d'unité; le rapport de la circonférence sera donc exprimé par

$$\pi = \frac{4}{2.0{,}6366196} = \frac{2}{0{,}6366196} = 3{,}141593,$$

avec une erreur plus petite que $\dfrac{1}{1\,000\,000^e}$ d'unité (¹).

(¹) On peut démontrer que, si la différence $R_n - r_n$ est plus petite que $\dfrac{1}{10^m}$, la valeur de π que l'on obtiendra en prenant pour ρ soit R_n, soit r_n, sera approchée à moins de $\dfrac{1}{10^{m-1}}$.

On a, en effet, $\qquad 2\pi r_n < 4 < 2\pi R_n, \qquad$ d'où par conséquent

$$\frac{4}{2 r_n} > \pi > \frac{4}{2 R_n}.$$

L'erreur ε commise sur π sera donc plus petite que la différence entre $\dfrac{4}{2 r_n}$ et $\dfrac{4}{2 R_n}$,

Choix de questions proposées comme exercices.

1. — Décrire une circonférence égale à la somme ou à la différence de deux circonférences données.

2. — Construire un cercle équivalent à la somme ou à la différence deux cercles donnés.

3. — Le côté du triangle équilatéral circonscrit à un cercle est double du côté du triangle équilatéral inscrit dans le même cercle.

4. — On décrit la demi-circonférence circonscrite à un triangle rectangle ; on décrit de même sur chacun des côtés de l'angle droit des demi-circonférences extérieures. L'intersection de ces deux circonférences avec la première donne lieu à deux croissants connus sous le nom de *lunules d'Hippocrate*. Démontrer que la surface de ces lunules est équivalente à celle du triangle.

5. — Tracer deux circonférences concentriques telles que le rapport de la surface du cercle intérieur à celle de la couronne soit celui de deux droites ou de deux nombres donnés.

6. — Démontrer que le plus petit de tous les arcs de cercle terminés aux extrémités d'une même corde est celui qui tourne sa convexité à tous les autres (en les supposant tous tracés d'un même côté de cette corde).

---

on aura donc $\quad \varepsilon < \dfrac{2}{r_n} - \dfrac{2}{R_n} = \dfrac{2\,(R_n - r_n)}{R_n\, r_n} < 8\,(R_n - r_n),$

car de ce que R_n est $> r_n$ et $r_n > \dfrac{1}{2}$, on a

$$R_n\, r_n > \dfrac{1}{4}.$$

Si donc on a $\quad R_n - r_n < \dfrac{1}{10^m}, \quad$ on aura $\quad \varepsilon < \dfrac{8}{10^m} < \dfrac{10}{10^m} = \dfrac{1}{10^{m-1}}.$

7. — Démontrer que la somme des côtés du triangle équilatéral et du carré inscrit dans un cercle est sensiblement égale à la moitié de la circonférence.

8. — La surface du dodécagone régulier est égale à trois fois le carré du rayon du cercle circonscrit.

9. — La somme des perpendiculaires abaissées d'un point intérieur à un polygone régulier sur les côtés de ce polygone est constante.

10. — Dans un pentagone régulier, les diagonales se coupent mutuellement en moyenne et extrême raison.

LIVRE V

ÉTUDE DE QUELQUES COURBES USUELLES

NOTIONS PRÉLIMINAIRES.

DÉFINITIONS DE QUELQUES TERMES.

Ordonnée, abscisse. — Nous avons déjà fait remarquer qu'il était souvent commode de rapporter la position des différents points d'une figure à une droite tracée dans son plan ; on le fait ordinairement au moyen de perpendiculaires abaissées de ces points sur cette droite. Dans l'étude des courbes, où ce procédé est très-fréquemment 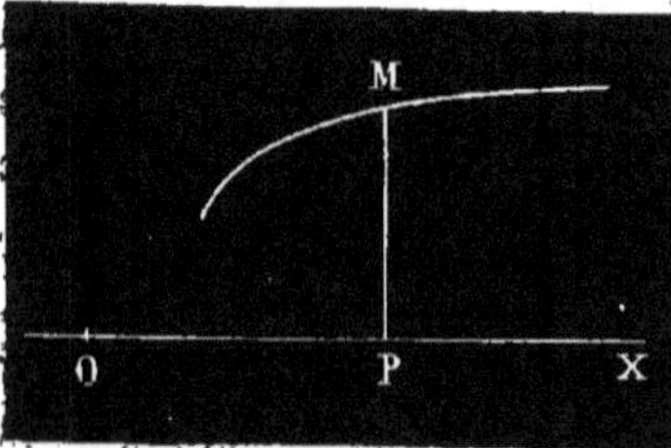 employé, on donne le nom d'*ordonnée* à la perpendiculaire MP abaissée d'un point M sur une droite OX, arbitrairement choisie.

La position du pied P de l'ordonnée se rapporte à un point fixe O pris sur cette ligne.

La longueur OP s'appelle l'*abscisse du point* M.

La ligne OX s'appelle l'*axe des abscisses*.

Le point O est dit l'*origine des abscisses*.

Normale, sous-normale, sous-tangente. — Étant donnée une tangente MT à une courbe, une ligne MN menée perpendiculairement à cette tangente par le point de contact est dite *normale* à la courbe.

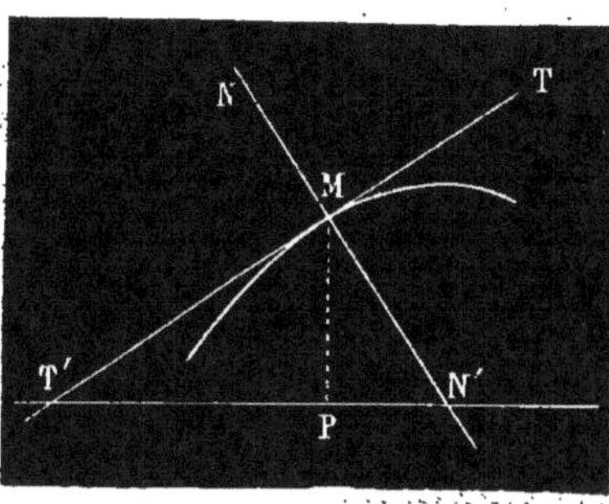

On appelle *sous-normale* la distance PN′ entre le pied P de l'ordonnée d'un point M au point N′ où la normale à la courbe en ce point rencontre l'axe des abscisses.

On appelle *sous-tangente* la distance PT′ du pied P de l'ordonnée d'un point M au point de rencontre T′ de la tangente en ce point avec l'axe des abscisses.

DE LA SYMÉTRIE DES COURBES.

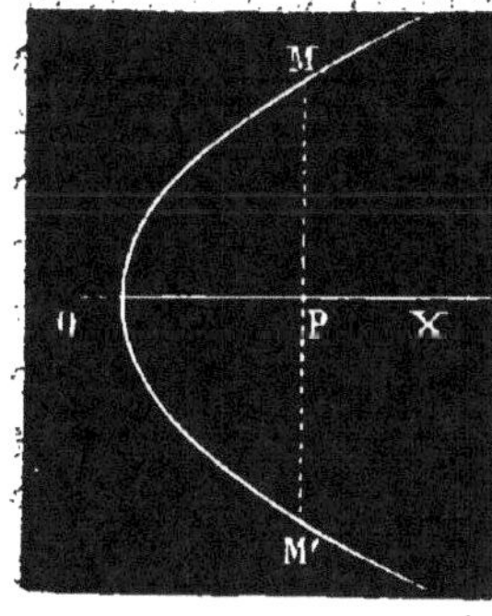

Deux points M et M′ sont dits *symétriques* l'un de l'autre par rapport à une droite OX lorsqu'ils sont situés, de part et d'autre d'elle, sur une même perpendiculaire et à des distances égales MP et M′P.

Une courbe est dite *symétrique par rapport à une droite* OX lorsque ses points sont distribués symétriquement par rapport à cette droite.

La ligne OX s'appelle alors *axe de symétrie* ou simplement *axe* de la courbe.

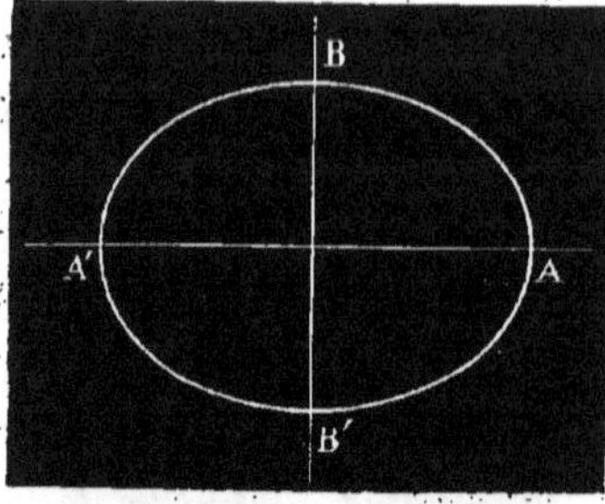

Une courbe peut avoir plusieurs axes. Telle est l'*ellipse* figurée ci-contre, qui a deux axes de symétrie AA' et BB'.

Les axes de symétrie d'une courbe peuvent d'ailleurs ne pas la rencontrer. C'est ce qui arrive souvent lorsque cette courbe

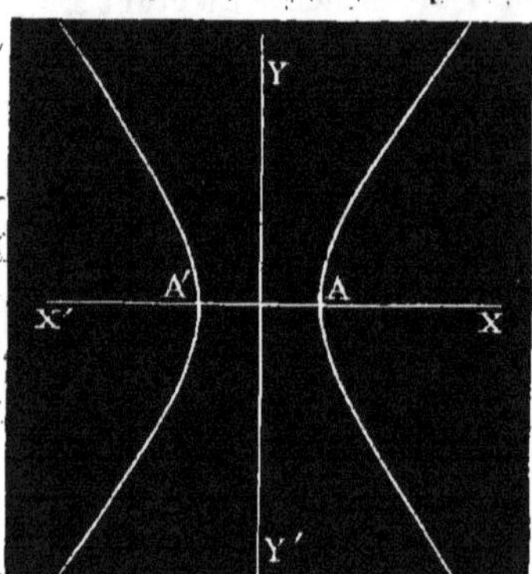

est composée de deux branches, c'est-à-dire de deux parties distinctes. Telle est l'*hyperbole* ici figurée.

Lorsqu'un axe de symétrie rencontre sa courbe, on l'appelle *axe transverse*; lorsqu'il ne la rencontre pas, il est dit *non transverse*.

Tout point tel que les points A, A', etc., où une courbe est rencontrée par un axe de symétrie, s'appelle un *sommet* de cette courbe.

THÉORÈME. — *La tangente à une courbe en un sommet est perpendiculaire à l'axe qui passe par ce sommet.*

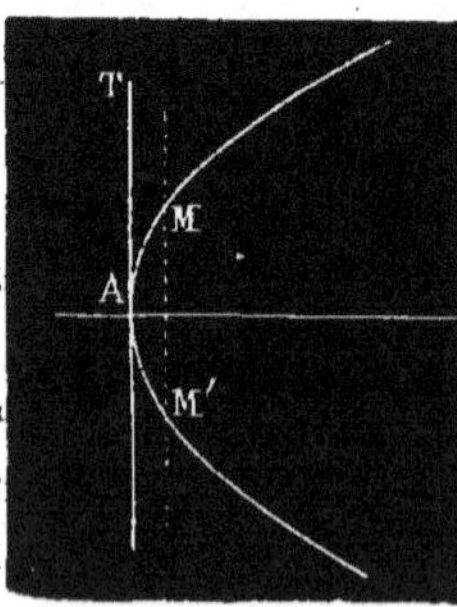

Considérons, en effet, une sécante MM' se mouvant de manière rester toujours perpendiculaire à l'axe de symétrie qui passe par le sommet A. En vertu de la symétrie de la courbe, les deux points M et M' resteront toujours équidistants de cet axe; ils viendront donc se confondre au point A lorsque la sécante, atteignant sa position limite, deviendra tangente.

Par conséquent, réciproquement, la tangente au sommet A est perpendiculaire à l'axe de symétrie qui passe par ce sommet.

Centre, diamètre, etc. — Lorsqu'une courbe AB A'B' a deux axes de symétrie rectangulaires, le point O où ces deux axes se rencontrent s'appelle *centre*. Ce nom indique que toute ligne

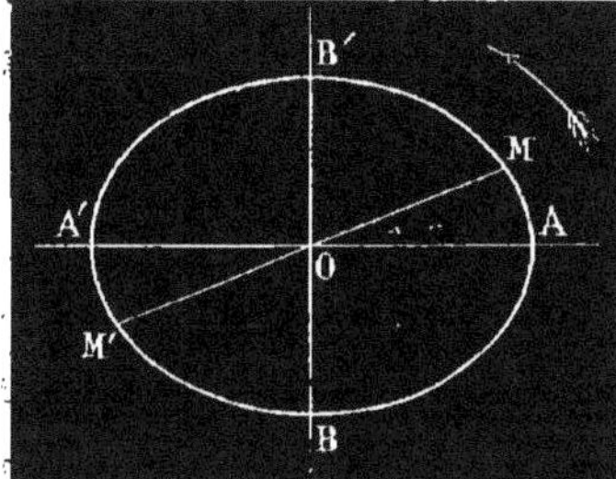

MM' qui y passe et qui se termine au contour de la courbe est divisée par ce point en deux parties égales, c'est-à-dire que l'on a OM = OM'.

Il est facile, en effet, de se convaincre que, dans une telle courbe, l'arc AB', par exemple, est superposable sur l'arc A'B; il suffit pour cela d'imaginer que l'on plie la figure d'abord suivant BB', puis suivant AA'.

Cela posé, nous pouvons nous imaginer que cette superposition résulte d'un mouvement de rotation autour du point O effectué par le quadrans AOB'M, tournant, par exemple, dans le sens de la flèche. Si, dans ce mouvement, nous faisons décrire 180° à cette portion de la figure, la ligne OM viendra s'appliquer sur la direction de la ligne OM', de plus le point A tombera sur le point A' et le point B' sur le point B, et, comme d'ailleurs les arcs AB' et A'B sont superposables, ainsi que nous avons commencé par le vérifier, le point M devra tomber sur le point M', ce qui démontre que les deux droites OM et OM' sont égales.

Toute ligne telle que MOM' qui passe par le centre d'une courbe s'appelle un *diamètre*.

THÉORÈME.

Les tangentes MT et M'T' aux extrémités d'un même diamètre sont parallèles.

Nous venons de voir, en effet, que, par une rotation de 180° autour du centre, la droite OM vient tomber sur OM', et qu'en même temps la portion de la courbe qui avoisine le point M vient coïncider avec celle qui avoisine le point M'; les tangentes en ces points doivent donc alors se confondre aussi,

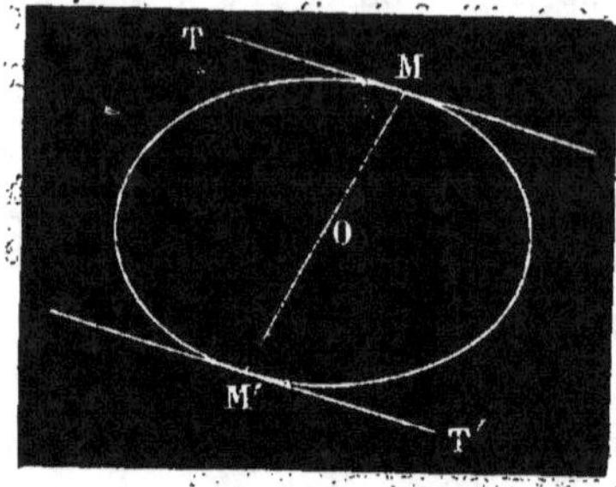

car en un point donné d'un arc de courbe on ne peut lui mener qu'une tangente. Cela nécessite évidemment que les angles OMT et OM'T' soient égaux, c'est-à-dire que les lignes MT et M'T' soient parallèles.

DES TANGENTES EN DES POINTS SITUÉS A L'INFINI.

Nous avons donné ci-dessus (II, Introduction, page 74) des notions générales sur les tangentes ; nous engageons le lecteur à les relire, et nous allons les compléter en ce qui concerne les tangentes en des points situés à l'infini sur une courbe.

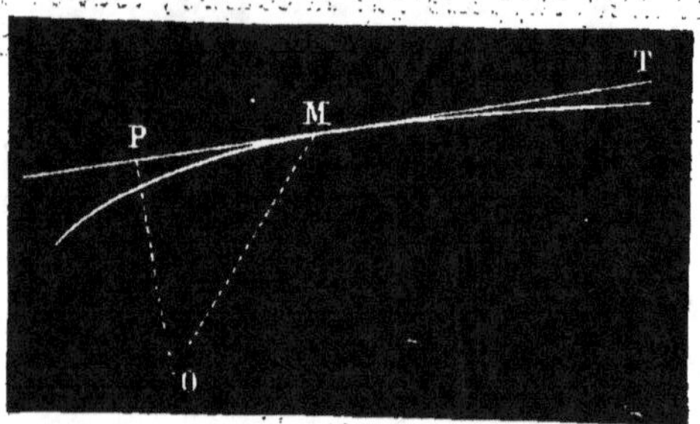

Étant donnée une branche infinie de courbe, si l'on mène à cette courbe des tangentes en des points M s'éloignant de plus en plus, et qu'on évalue la distance de ces tangentes à un point quelconque O du plan de cette courbe, il pourra se présenter deux cas :

1°. A mesure que le point M s'éloignera sur la courbe, c'est-à-dire à mesure que la distance OM augmentera indéfiniment, il en sera de même de la distance OP.

2°. Le point M s'étant éloigné à l'infini, il pourra arriver cependant que la tangente MT reste à une distance finie du point O.

On conçoit alors l'existence d'une certaine droite AS située à une distance finie, qui sera la position limite de la tangente

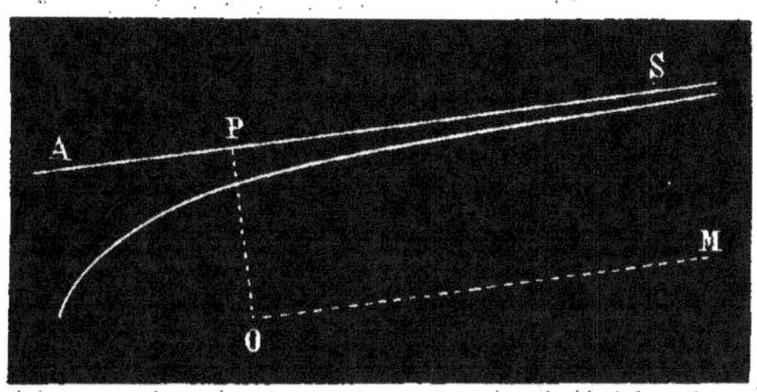

lorsque le point M se sera éloigné à l'infini sur la courbe; autrement dit cette ligne est la tangente à la courbe à l'infini. On dit qu'elle est *asymptote* à la courbe; on dit aussi que la courbe est asymptoté à cette ligne.

L'étymologie du mot *asymptote* (α indiquant *négation* et συμ-πιπτειν *rencontrer*) rappelle que la courbe, tout en s'approchant indéfiniment de cette droite, ne la rencontre cependant pas ou du moins ne le fait qu'à l'infini.

DE L'ELLIPSE.

DÉFINITION, CONSTRUCTION PAR POINTS, SYMÉTRIE DE L'ELLIPSE, ETC.

Définition de l'ellipse. — Une courbe peut être définie par une quelconque des propriétés qui lui sont spéciales. On 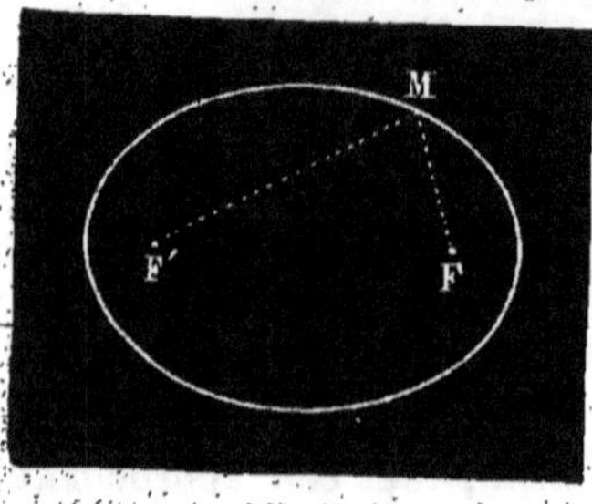 choisit généralement la plus simple ou la plus usuelle de ces propriétés. C'est ainsi que nous définirons l'*ellipse* par la propriété dont elle jouit, que *la somme des distances d'un quelconque de ses points à deux points déterminés F et F' est constante.*

Les points F et F' s'appellent les *foyers* de la courbe.

La distance FF' des foyers porte le nom d'*excentricité.*

Les lignes MF et MF' qui joignent un point aux foyers s'appellent les *rayons vecteurs* de ce point.

D'après la définition, on a MF $+$ MF' $=$ *une quantité constante.* Si, pour abréger, nous représentons par $2a$ cette quantité constante, une ellipse sera déterminée lorsqu'on donnera la distance FF' de ses foyers et la valeur $2a$.

Il est évident que l'ellipse ne saurait avoir de points à l'infini, aucun des deux rayons vecteurs ne pouvant devenir infini.

Description de l'ellipse par un mouvement continu. — De la définition qui vient d'être donnée de l'ellipse résulte, pour cette courbe, un moyen simple de description. Fixons en F et F' les extrémités d'un fil et maintenons ce fil tendu dans toutes les positions possibles au moyen d'un style placé en M : la pointe de ce style décrira une ellipse.

Ce moyen, évidemment grossier lorsqu'il s'agit de tracer de petites ellipses, devient au contraire parfait, à cause de sa simplicité, dans des opérations qui doivent s'effectuer sur le terrain. Les jardiniers en font un fréquent usage: aussi donne-t-on quelquefois à l'ellipse le nom d'*ovale du jardinier*.

Nous donnerons ci-après d'autres modes de description de l'ellipse.

Construction de l'ellipse par points ; ses deux axes de symétrie. — L'ellipse jouit d'une double symétrie : 1°. par rapport à la droite qui joint ses foyers ; 2°. par rapport à une perpendiculaire à cette même ligne menée à égale distance des foyers.

C'est ce qui va nous être démontré par la construction même de cette courbe par points.

Soit à construire une ellipse ayant pour foyers les points F et F', et dont la somme $2a$ des rayons vecteurs soit donnée. A par-

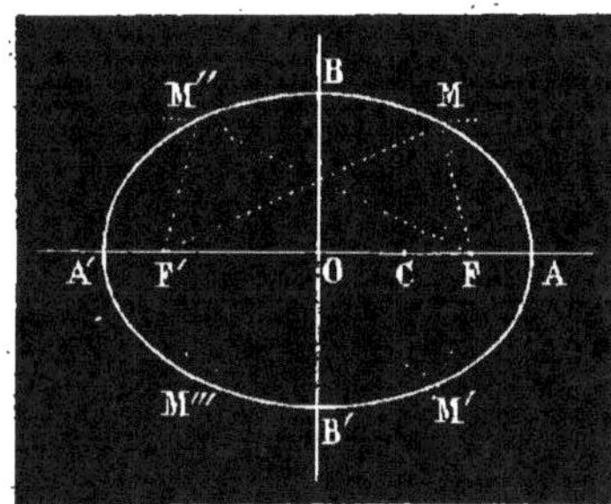

tir du point O, milieu de la ligne FF', portons des longueurs $OA = OA' = a$. Partageons d'une manière quelconque la ligne AA' par le point C. Du point F décrivons un arc de cercle avec CA pour rayon ; du point F' avec CA pour rayon décrivons un second arc de cercle qui coupe en M le premier. Ce point M appartient à l'ellipse cherchée, car on a, d'après la construction :

$$MF + MF' = CA + CA' = OA + OA' = 2a.$$

Si, au lieu de décrire du foyer F l'arc de cercle qui a pour rayon CA, nous le décrivons du point F', et ainsi de suite, nous obtiendrons un second point M″. Il est facile de voir que ce second point est symétrique du premier, par rapport à la ligne OB élevée perpendiculairement sur le milieu de FF'. En effet, les deux triangles FF'M″ et F'FM sont égaux comme ayant les trois côtés égaux chacun à chacun par construction ; il en résulte qu'ils ont même hauteur : la ligne MM″ est donc parallèle à FF' et par conséquent perpendiculaire à OB. Il est d'ailleurs évident qu'elle doit être partagée en deux parties égales par cette même ligne OB, car le trapèze FF'MM″ est isocèle ; les deux points M et M″ sont donc bien symétriquement placés par rapport à la ligne OB.

Comme, d'ailleurs, tout doit être évidemment identique en dessous et en dessus de la ligne FF', cette ligne est aussi un axe de symétrie.

En résumé, l'ellipse a deux axes de symétrie perpendiculaires l'un à l'autre. Le point de rencontre O de ces deux axes est le *centre* de l'ellipse. (Voir ci-dessus, p. 274, les propriétés du centre.)

L'ellipse a *quatre sommets* : A, B, A' et B'.

La longueur AA' s'appelle le *grand axe* et BB' le *petit axe*.

Relation entre le grand axe, le petit axe et l'excentricité. — Joignons le point B aux deux foyers F et F' ; on aura, d'après la définition de l'ellipse, $FB + F'B = 2a$; mais évidemment $FB = F'B$, donc $FB = a$.

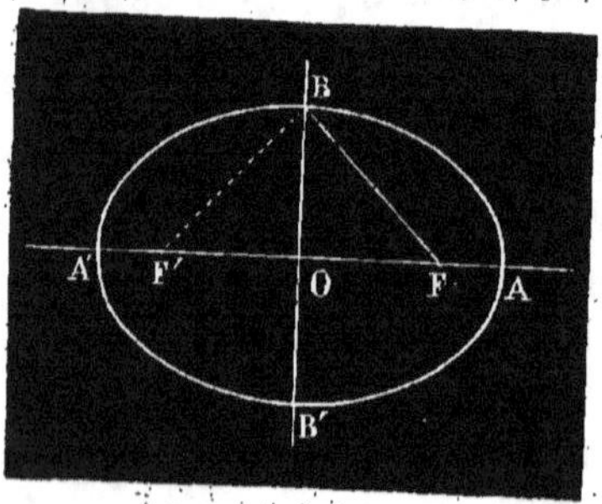

On en conclut que *les foyers d'une ellipse étant donnés, ainsi que son grand axe, les sommets du petit axe se trouvent à la rencontre de deux arcs de cercle décrits des foyers comme centres, avec le demi-grand axe pour rayon.*

Le triangle rectangle BOF donne

$$\overline{BF}^2 = \overline{OB}^2 + \overline{OF}^2,$$

et si nous posons $OB = b$, $OF = c$, on aura

$$a^2 = b^2 + c^2, \qquad [1]$$

Connaissant deux des trois quantités a, b et c, on pourra donc à volonté construire ou calculer la troisième.

De l'égalité [1] on conclut $b^2 = a^2 - c^2$; et comme c, c'est-à-dire la demi-excentricité, n'est jamais nul, b sera toujours plus petit que a. Voilà pourquoi l'axe BB' s'appelle le *petit axe*.

Si d'ailleurs c diminue, b se rapproche de a, l'ellipse est donc d'autant moins allongée que les foyers sont plus rapprochés l'un de l'autre; quand ils se confondent, l'ellipse devient un cercle.

Si, au contraire, c augmente, a restant constant, b diminue, l'ellipse s'aplatit de plus en plus, et, pour $c = a$, elle se réduit à son grand axe.

Toutes les ellipses ayant même grand axe sont donc comprises entre la circonférence ayant ce grand axe pour diamètre et un des diamètres de cette circonférence.

Caractères d'un point pris en dedans ou en dehors de l'ellipse. — D'après la définition de l'ellipse, pour tout point M pris sur la courbe, on a

$$MF + MF' = 2\,a.$$

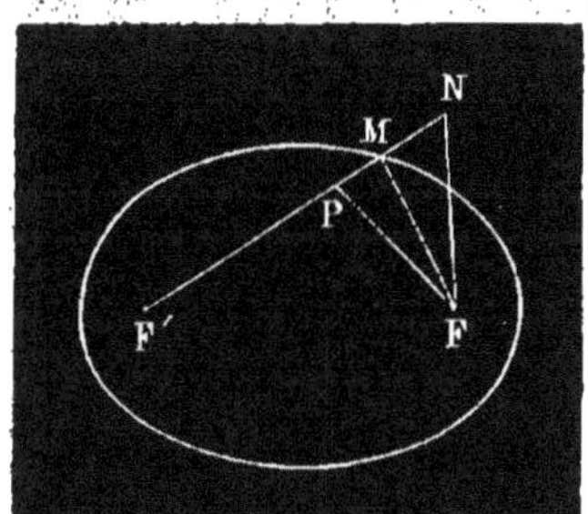

Pour un point N pris en dehors de la courbe, on aura

$$NF + NF' > MF + MF',$$

et par conséquent

$$NF + NF' > 2\,a.$$

Pour un point P, pris en dedans de l'ellipse, on aurait de même

$$PF + PF' < 2\,a.$$

Donc, *suivant qu'un point est situé en dehors ou en dedans d'une ellipse, la somme des rayons vecteurs de ce point est plus grande ou petite que le grand axe de cette ellipse; et réciproquement : un point est extérieur ou intérieur à une ellipse, suivant que la somme des rayons vecteurs de ce point est plus grande ou plus petite que le grand axe de l'ellipse.*

THÉORÈMES ET PROBLÈMES SUR LA TANGENTE A L'ELLIPSE.

THÉORÈME Ier,

La tangente à l'ellipse fait des angles égaux avec les rayons vecteurs du point de contact.

Soit TT' une droite tangente à une ellipse au point M. Puisque cette droite est tangente en M, tous les points autres que le

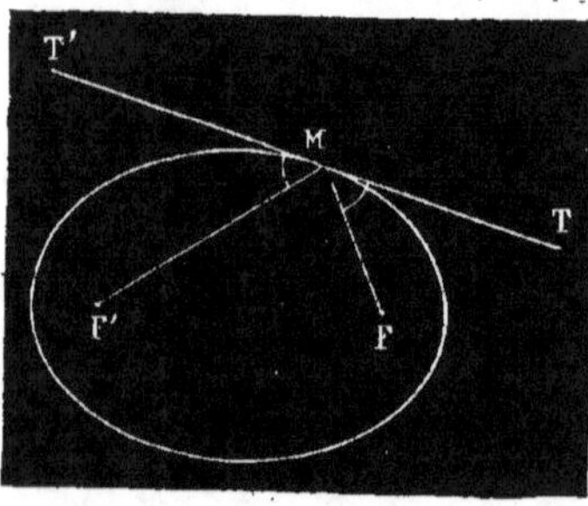

point M doivent être extérieurs à l'ellipse, et par conséquent la somme des rayons vecteurs d'un quelconque d'entre eux est plus grande que celle des rayons vecteurs du point M. On en conclut que les lignes MF et MF' sont également inclinées sur la tangente TT'. (Voy. Livre Ier, p. 57.)

Corollaire. — *La normale à l'ellipse en un point est bissectrice de l'angle des deux rayons vecteurs de ce point.*

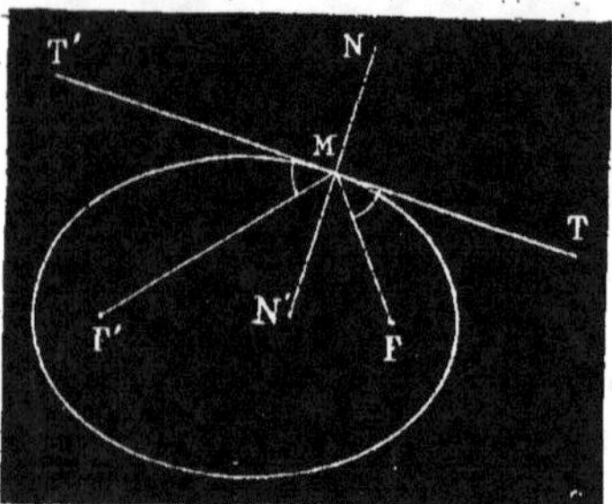

La normale NN' étant, par définition, perpendiculaire à la tangente, les deux angles FMN et F'MN' sont égaux, comme étant complémentaires d'angles égaux FMT et F'M T'.

THÉORÈME II.

Le lieu des projections des foyers d'une ellipse sur ses tangentes est une circonférence de cercle concentrique à cette ellipse et décrite sur son grand axe comme diamètre.

16.

Soient f et f' les projections des foyers sur une tangente. Traçons les deux rayons vecteurs F'M et FM du point de contact,

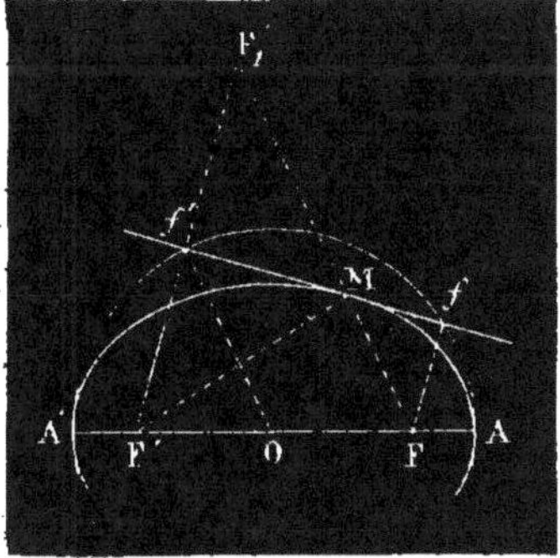

prolongeons FM jusqu'à sa rencontre en F'_1 avec la perpendiculaire $F'f'$ prolongée.

Les deux triangles $MF'f'$ et MF'_1f' sont égaux, car ils sont rectangles, ont le côté Mf' commun et les angles en M égaux, d'après la propriété de la tangente qui fait l'objet du précédent Théorème.

On conclut de là que $MF'_1 = MF'$ et, par conséquent, que $FF'_1 = 2a$.

Or, comme de l'égalité des mêmes triangles résulte celle des lignes $F'f'$ et F'_1f', et que d'ailleurs le centre O de l'ellipse est situé au milieu de FF', si l'on joint Of', cette ligne sera égale à la moitié de FF'_1, on aura donc

$$Of' = \frac{1}{2} FF'_1 = a.$$

On démontrerait de même que la distance du point f au centre de l'ellipse est aussi égale à a. Le Théorème est donc démontré.

Scholie I. — Nous venons de voir que la ligne FF'_1 était égale à $2a$; donc tous les points tels que F'_1, c'est-à-dire *les symétriques*

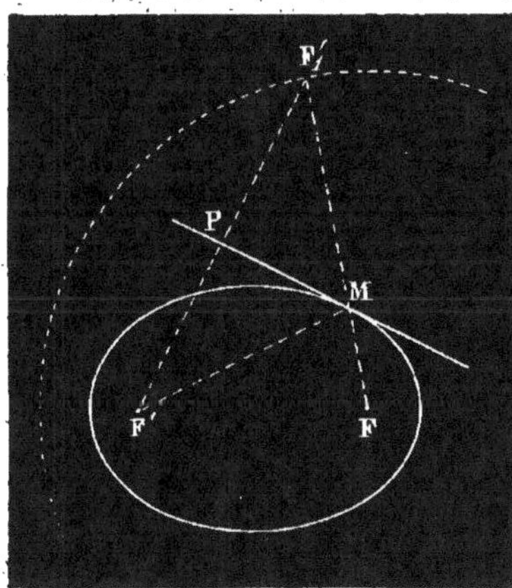

d'un foyer par rapport aux tangentes, se trouvent sur une circonférence de rayon égal au grand axe, décrite de l'autre foyer comme centre.

Les deux cercles que l'on peut ainsi construire pour chaque ellipse s'appellent ses *cercles directeurs*. Ils sont d'une grande utilité dans la résolution des problèmes sur les tangentes à l'ellipse.

Scholie II. — De la remarque qui vient d'être faite on peut aussi déduire le Théorème que voici :

Étant donné un point dans l'intérieur d'une circonférence, si on élève des perpendiculaires sur les milieux des distances de ce point aux divers points de cette circonférence, toutes ces perpendiculaires sont tangentes à une ellipse ayant pour foyers le point donné et le centre de la circonférence, et pour grand axe le rayon de la circonférence.

Scholie III. — La considération de la figure ci-dessus conduit encore à cette autre proposition :

Étant donné un point F′ situé à l'intérieur d'une circonférence dont le centre est en F, le lieu des points M équidistants du point F′ et de la circonférence est une ellipse dont les points F et F′ sont les foyers et dont le grand axe est égal au rayon de la circonférence.

PROBLÈME Ier.

Mener une tangente à une ellipse par un point donné sur cette courbe.

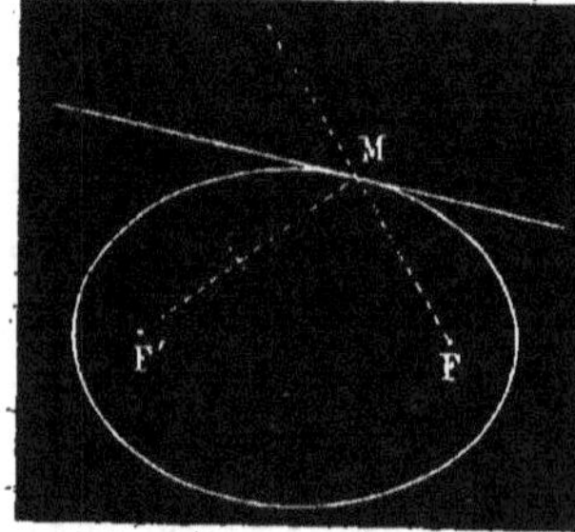

Soit M le point suivant lequel on se propose de mener la tangente. Joignons ce point aux foyers et traçons, par une construction connue, la bissectrice de l'angle formé par l'un des rayons vecteurs et le prolongement de l'autre. Ce sera la tangente cherchée.

PROBLÈME II.

Mener une tangente à une ellipse par un point extérieur.

Supposons le Problème résolu, et soient P M′ et PM les deux tangentes que l'on peut mener à l'ellipse par le point P. Décrivons l'un des cercles directeurs de l'ellipse, celui, par exemple, qui a pour centre le foyer F, et joignons ce foyer aux points M′ et M de contact. Les points F′₁ et F′₂ où ces lignes rencontrent le cercle directeur sont, d'après ce que nous avons vu précédemment, les symétriques de l'autre foyer par rapport aux tangentes P M′ et PM (Th. 2, Scholie I).

Il résulte évidemment de là que les lignes PM′ et PM sont perpendiculaires, l'une sur le milieu de F′F′$_1$, l'autre sur celui de F′F′$_2$, on en conclut PF′$_1$ = PF′ et PF′ = PF′$_2$, par conséquent les points F′$_1$, F′ et F′$_2$, se trouvent sur une circonférence de cercle ayant pour centre le point P.

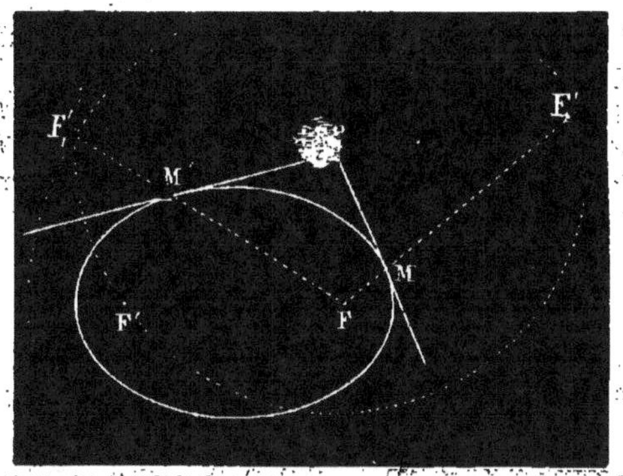

On déduit de là la construction que voici :

De l'un des foyers, F par exemple, comme centre, décrivons une circonférence ayant pour rayon le grand axe de l'ellipse; du point P comme centre, avec un rayon égal à la distance de ce point à l'autre foyer F′, décrivons un arc de cercle qui coupe en F′$_1$ et F′$_2$ la circonférence précédemment décrite. Joignons FF′$_1$ et FF′$_2$. Ces deux droites coupent l'ellipse aux points M′ et M qui sont les points de contact des tangentes cherchées. Il n'y aura donc plus qu'à joindre le point P aux points M′ et M.

Scholie. — De la considération de la figure précédente, on peut déduire la proposition suivante :

THÉORÈME III.

1°. *Si l'on joint un foyer F d'une ellipse aux points de contact M et M′ de deux tangentes issues d'un même point P, la droite FP est la bissectrice de l'angle MFM′.*

2°. *Les lignes qui joignent un point P aux deux foyers font des angles égaux avec les deux tangentes issues de ce point.*

1°. D'après les considérations faites sur la figure précédente, les deux points F'_1 et F'_2 se trouvent à la rencontre de deux circonférences décrites l'une du point P, l'autre du point F comme centres.

La ligne PF est donc perpendiculaire sur le milieu de la ligne $F'_1F'_2$. On en déduit que *angle* $PFM' = angle\ PFM$. Ce qui démontre la première partie du Théorème.

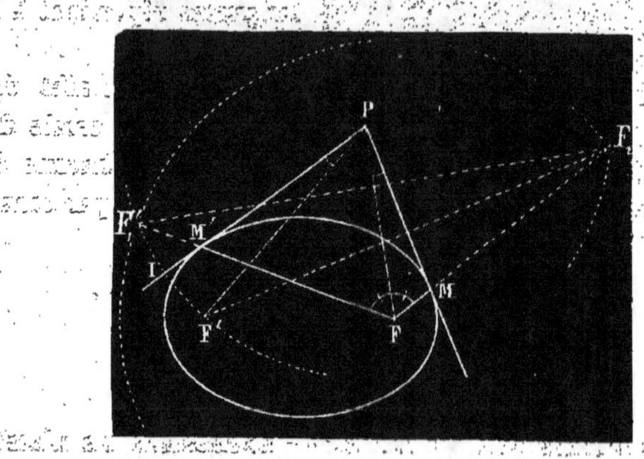

2°. La ligne PF étant perpendiculaire sur $F'_1F'_2$, et la ligne PM étant perpendiculaire sur $F'F'_2$, l'angle FPM est égal à l'angle $F'_1F'_2F'$.

Or, je dis que l'angle FPM est aussi égal à l'angle $F'_1F'_2F'$, car ce second angle a pour mesure la moitié de l'arc F'_1F', tandis que l'angle FPM a pour mesure l'arc I F' décrit de son sommet comme centre, arc qui est précisément la moitié de l'arc F'_1F, car la ligne M'P est perpendiculaire sur le milieu de F'_1F'.

Ainsi, les deux angles FPM et F'PM sont égaux entre eux comme égaux chacun à un troisième.

PROBLÈME III.

Mener à une ellipse une tangente parallèle à une droite donnée.

Soit PQ la droite à laquelle on veut que la tangente soit parallèle. Décrivons la circonférence directrice dont le centre est en F. Menons par l'autre foyer F' une perpendiculaire à la

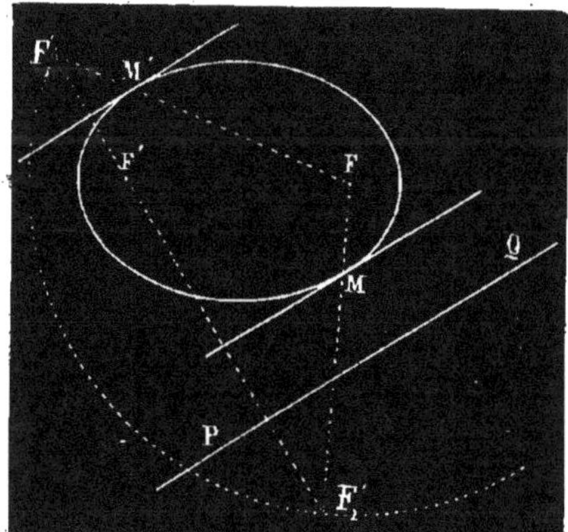

ligne PQ; cette perpendiculaire coupe la circonférence directrice en deux points F'_1 et F'_2. Joignons ces points au foyer F. Nous obtenons ainsi les points de contact M et M' de deux tangentes répondant à la question.

Il résulte, en effet, des propriétés du cercle directeur que chacune de ces tangentes est perpendiculaire à la ligne $F'_1 F'_2$, et par conséquent parallèle à PQ.

THÉORÈMES DIVERS SUR L'ELLIPSE. — EXPRESSION DE L'AIRE DE CETTE COURBE.

THÉORÈME IV.

Le produit des distances d'un foyer aux extrémités du grand axe est égal au carré du demi-petit axe.

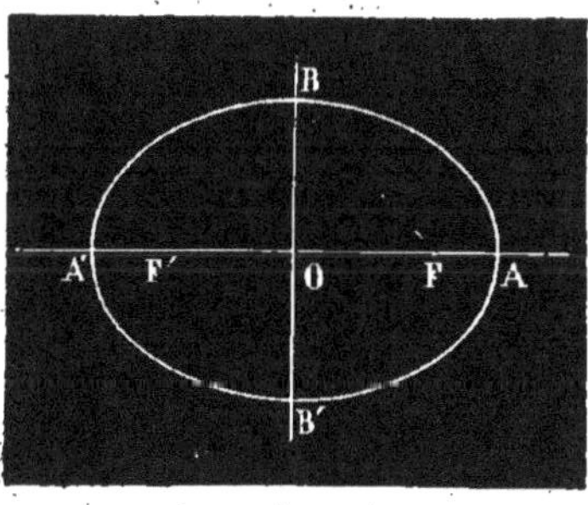

Nous avons déjà vu que l'on avait $b^2 = a^2 - c^2$, ce qui peut s'écrire

$$b^2 = (a + c)(a - c).$$

Or, d'après les notations convenues,

$$a + c = A'O + OF = A'F,$$
$$\text{et } a - c = OA - OF = AF.$$

Donc　　　　　　　$b^2 = A'F . AF.$　　　　　C. Q. F. D.

THÉORÈME V.

Le produit des perpendiculaires abaissées des foyers sur une tangente quelconque est constant et égal au carré du petit axe.

Nous avons vu (Th. 2) que les pieds f et f' des perpendiculaires abaissées des foyers d'une ellipse sur les tangentes se

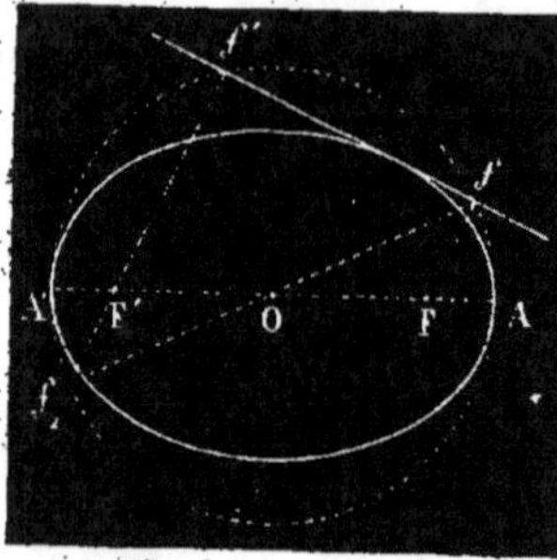

trouvaient sur la circonférence d'un cercle concentrique à cette ellipse et décrit sur son axe comme diamètre.

Ceci rappelé, traçons cette circonférence et prolongeons la ligne $f'F'$, par exemple, jusqu'à sa rencontre en f avec cette circonférence. Joignons Of_1. Les deux lignes Of_1 et Of seront dans le prolongement l'une de l'autre, car l'angle $f_1f'f$ étant droit, les points f_1 et f doivent être diamétralement opposés.

Il résulte de là que les deux triangles OFf et $OF'f_1$ sont égaux, comme ayant un angle égal compris entre deux côtés égaux chacun à chacun. Par conséquent $Ff = F'f_1$.

Cela posé, les deux cordes AA' et $f'f_1$, qui se coupent, donnent (III, Th. 26).

$$F'f.\ F'f_1 = F'A'.\ F'A,$$

d'où, à cause de $F'f_1 = Ff$ et de $F'A'.\ F'A = b^2$,

il vient
$$F'f.\ Ff = b^2.\qquad C.\ Q.\ F.\ D.$$

THÉORÈME VI.

Étant donnée une ellipse et le cercle décrit sur son grand axe comme diamètre, si on rapporte ces deux courbes au grand axe de l'ellipse, les ordonnées correspondantes MP *et* NP *de l'ellipse et du cercle sont entre elles dans le rapport du petit axe au grand.*

Nous allons démontrer que l'on a $\dfrac{MP}{NP} = \dfrac{b}{a}$.

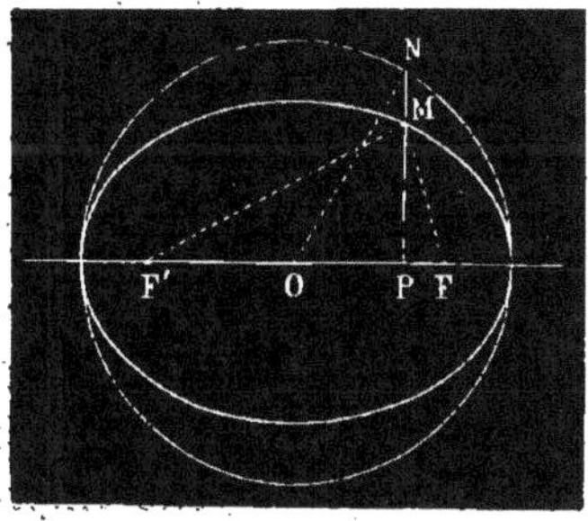

Pour cela, évaluons séparément NP et MP en fonction de OP et des axes de l'ellipse.

On aura d'abord

$$\overline{NP}^2 = \overline{ON}^2 - \overline{OP}^2 = a^2 - \overline{OP}^2$$

Pour évaluer MP, rappelons-nous que, d'après la définition de l'ellipse, on doit avoir

$$MF + MF' = 2\,a.$$

Or

$$MF' = \sqrt{\overline{F'P}^2 + \overline{MP}^2} = \sqrt{(c + OP)^2 + \overline{MP}^2}$$

$$MF = \sqrt{\overline{FP}^2 - \overline{MP}^2} = \sqrt{(c - OP)^2 + \overline{MP}^2}$$

On aura donc

$$\sqrt{(c + OP)^2 + \overline{MP}^2} + \sqrt{(c - OP)^2 + \overline{MP}^2} = 2a.$$

Pour tirer de là la valeur de MP, il faut faire disparaître les radicaux. A cet effet, faisons passer le second radical dans le second membre et élevons au carré, il vient ainsi

$$(c + OP)^2 + \overline{MP}^2 = 4\,a^2 + (c - OP)^2 + \overline{MP}^2$$
$$- 4\,a\sqrt{(c - OP)^2 + \overline{MP}^2}$$

et en développant les carrés de $(c + OP)$ et de $(c - OP)$, et réduisant, il reste

$$4\,a\sqrt{(c - OP)^2 + \overline{MP}^2} = 4\,a^2 - 4\,c.OP$$

ou

$$\sqrt{(c - OP)^2 + \overline{MP}^2} = a - \frac{c}{a}OP.$$

Élevons au carré les deux membres de cette égalité pour faire disparaître ce dernier radical,

$$c^2 + \overline{OP}^2 - 2\,c.OP + \overline{MP}^2 = a^2 + \frac{c^2}{a^2}\overline{OP}^2 - 2\,c.OP.$$

On tire de là

$$\overline{MP}^2 = a^2 - c^2 + \overline{OP}^2 \frac{c^2 - a^2}{a^2},$$

ce que, à cause de $b^2 = a^2 - c^2$, on peut écrire

$$\overline{MP}^2 = \frac{b^2}{a^2}\,(a^2 - \overline{OP}^2).$$

Comme on a précédemment trouvé

$$\overline{NP}^2 = a^2 - \overline{OP}^2,$$

on a $\qquad \dfrac{\overline{MP}^2}{\overline{NP}^2} = \dfrac{b^2}{a^2} \qquad$ ou $\qquad \dfrac{MP}{NP} = \dfrac{b}{a}.$ $\qquad$ *C. Q. F. D.*

Scholie. — Cette propriété est des plus importantes pour l'étude des propriétés de l'ellipse. Nous en verrons ci-après des applications.

Elle fournit de nouvelles solutions pour la construction des tangentes à l'ellipse. Ces solutions sont fondées sur ce Théorème, que nous laisserons au lecteur le soin de démontrer : *Étant donnée une ellipse et la circonférence décrite sur son grand axe comme diamètre, les tangentes à ces deux courbes en des points M et N, situés sur une même perpendiculaire au grand axe, se rencontrent en un point de cet axe.*

On commencerait par démontrer que cela a lieu pour des lignes coupant l'ellipse et le cercle en des points correspondants.

THÉORÈME VII.

L'aire de l'ellipse a pour mesure le rectangle de ses demi-axes multiplié par le rapport de la circonférence au diamètre.

Ou encore :

L'aire d'une ellipse est égale à celle d'un cercle dont le rayon serait moyen proportionnel entre les demi-axes de cette ellipse.

Ceci est une application immédiate du Théorème précédent.

Si, en effet, nous décrivons un cercle sur le grand axe comme diamètre, et que nous inscrivions dans l'ellipse et dans le cercle une infinité de trapèzes, tels que MN*mn* et M'N'*mn*, ces trapèzes

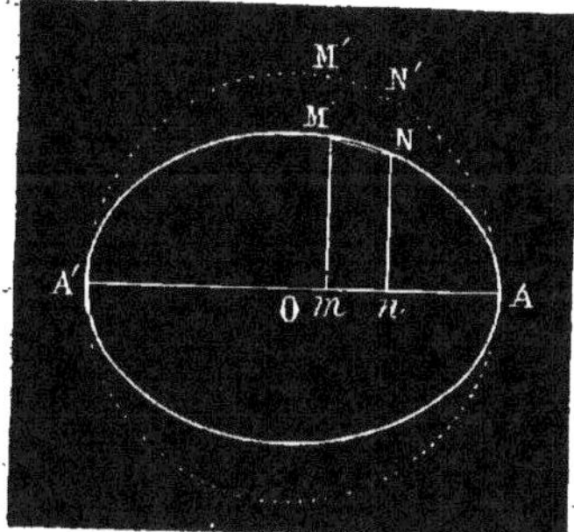

ayant même hauteur, leurs aires seront entre elles comme les ordonnées Mm et M'm, et par conséquent comme $\frac{b}{a}$, d'après le Théorème précédent.

Les surfaces de l'ellipse et du cercle seront donc entre elles dans le même rapport; par conséquent

$$\frac{\textit{aire de l'ellipse}}{\pi\,a^2} = \frac{b}{a};$$

d'où

$$\textit{aire de l'ellipse} = \frac{b}{a}\,\pi\,a^2 = \pi\,ab. \qquad \text{C. Q. F. D.}$$

DIVERS MODES DE DESCRIPTION DE L'ELLIPSE.

Nous compléterons ces notions sur l'ellipse par l'étude géométrique de deux moyens souvent employés dans les arts pour le tracé de cette courbe.

Description de l'ellipse au moyen du compas dit de menuisier.

Ce compas se compose d'une petite planchette en bois ou en métal dans l'épaisseur de laquelle sont creusées deux rainures

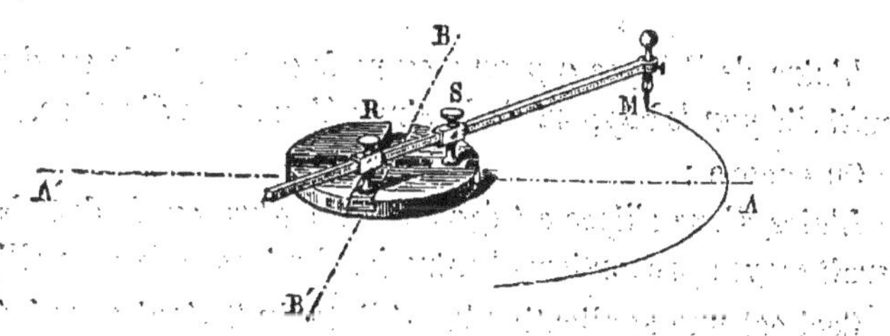

rectangulaires. Deux petits coulisseaux, R et S, peuvent glisser dans ces rainures; ces coulisseaux portent de petites colonnes pouvant pivoter sur elles-mêmes, et à l'extrémité desquelles on peut fixer, au moyen de vis de pression, une règle dont une extrémité porte un crayon ou une pointe à tracer.

Pour tracer une ellipse au moyen de cet appareil, on commence par tirer deux droites rectangulaires entre elles qui seront les axes de cette ellipse. On place la planchette de telle sorte que les axes des coulisseaux coïncident avec ces deux lignes.

On règle alors la position des points R, S et M de manière à avoir RM $= a$ et SM $= b$. Pour cela, après avoir marqué en A et en B les extrémités des axes, on place le coulisseau R au centre et la pointe M au point A; on arrête alors la position du coulisseau R sur la règle.

Cela fait, on amène le coulisseau S au centre et on fait mouvoir la règle de manière à amener la pointe M en coïncidence avec l'extrémité B du petit axe; on arrête alors le coulisseau S sur la règle, et il n'y a plus qu'à conduire la pointe M, qui trace alors le contour de l'ellipse cherchée.

Principe de cet instrument. — Ce principe est contenu dans le Théorème que voici :

Lorsqu'une droite RS, de longueur déterminée, glisse de manière que ses extrémités R et S s'appuient constamment sur les côtés d'un angle droit, un point quelconque M de cette droite ou de ses prolongements décrit une ellipse.

1°. Un point quelconque M de la droite RS décrit une ellipse.

Du sommet O de l'angle droit comme centre avec RM comme rayon, décrivons une circonférence de cercle. D'une quel-

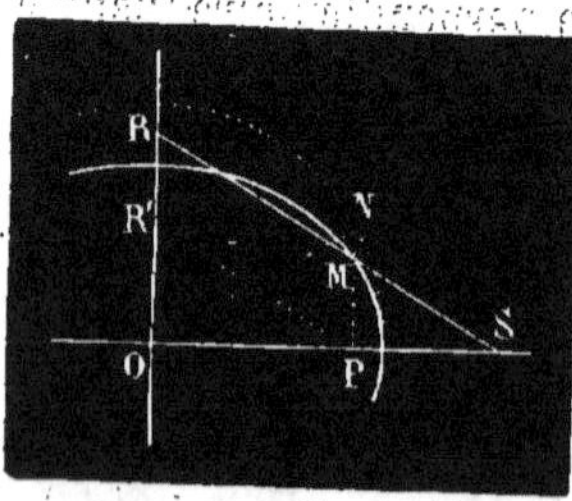

conque des positions du point M abaissons sur OS une perpendiculaire MP que nous prolongerons jusqu'à sa rencontre en N avec la circonférence que nous venons de décrire.

Par le point P menons PR′ parallèle à RS; les lignes PR′ et MR seront égales comme parallèles comprises entre parallèles.

Posons maintenant, pour abréger, MR $= a$ et MS $= b$.

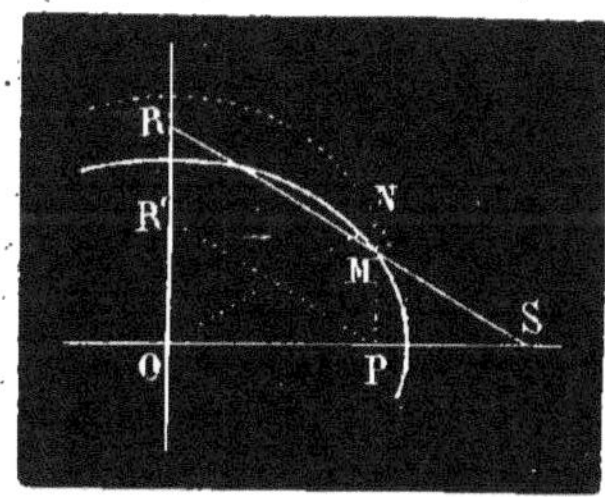

Les deux triangles MPS et R'OP sont semblables et donnent

$$\frac{MP}{OR'} = \frac{MS}{PR'} = \frac{b}{a},$$

Or, il est facile de voir OR' = NP. On a, en effet, d'après les constructions, ON = MR = R'P. Les deux triangles POR' et OPN sont donc égaux, comme ayant l'hypoténuse égale et un côté de l'angle droit commun; donc OR' = NP. La proportion précédente devient alors

$$\frac{MP}{NP} = \frac{b}{a}.$$

Ce qui montre que la courbe décrite par le point M est bien une ellipse, puisque ses ordonnées sont à celles du cercle que nous venons de décrire dans un rapport constant.

On voit d'ailleurs aussi que les axes de cette ellipse sont les lignes MR et MS.

Cela prouve, en outre, que si le point M était au milieu de la ligne RS, la courbe décrite serait une circonférence.

2°. Un point quelconque M du prolongement de RS décrit aussi une ellipse.

Décrivons, comme tout à l'heure, une circonférence ayant pour centre le point O et pour rayon la longueur RM. Du point M

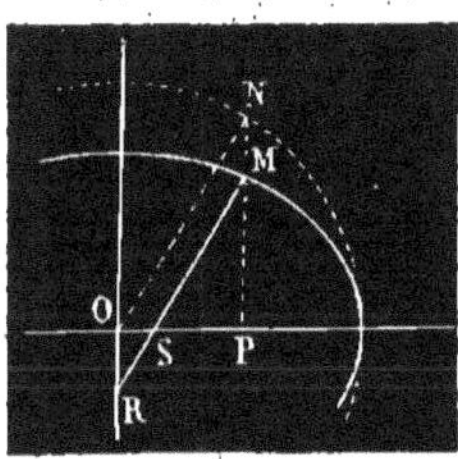

abaissons une perpendiculaire MP sur l'un des côtés de l'angle droit directeur; prolongeons cette perpendiculaire jusqu'à sa rencontre en N avec la circonférence qui vient d'être décrite. Cela fait, joignons ON. On aura, d'après la construction, ON = RM. Ces deux lignes ON et RM, étant égales et comprises entre deux lignes parallèles, doivent être aussi parallèles, à cause de la position qu'elles occupent.

Il résulte de là que les deux triangles ONP et SMP sont semblables, c'est-à-dire que l'on aura

$$\frac{MP}{NP} = \frac{MS}{ON} = \frac{b}{a},$$

en posant, comme tout à l'heure, $RM = a$ et $SM = b$.

Le point M décrit donc encore une ellipse.

La figure qui vient de nous servir pour l'étude de ce second cas est calquée sur la disposition de l'instrument décrit ci-dessus; les mêmes lettres y sont employées; il est donc facile de se rendre compte du principe de cet instrument.

Autre mode de description de l'ellipse.

Nous allons encore indiquer le mode suivant de description, qui est curieux en lui-même et a été réalisé par des constructeurs d'instruments de précision.

Commençons par considérer la portion d'ellipse AMB. Du centre de cette ellipse décrivons deux circonférences ayant pour rayons l'une le demi-grand axe $OA = a$ de l'ellipse, l'autre son petit axe $OB = b$. Menons la perpendiculaire NP au grand axe; joignons ON, et soit D le point où cette ligne rencontre le cercle de rayon b.

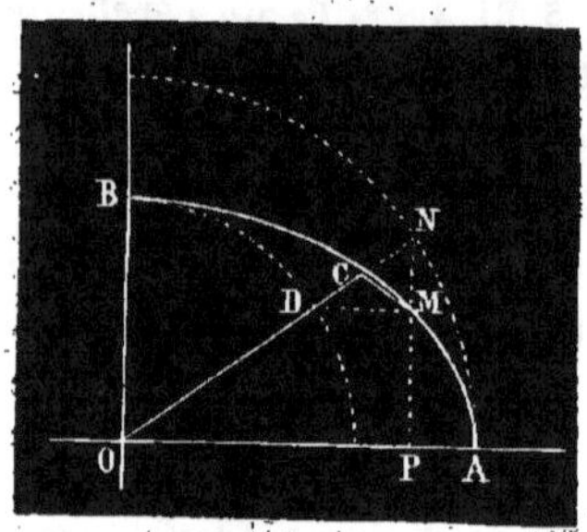

On sait que l'on a

$$\frac{MP}{NP} = \frac{a}{b};$$

donc

$$\frac{MP}{NP} = \frac{OD}{ON}.$$

Il en résulte que la ligne DM est parallèle à la base OP du triangle OPN, et par conséquent que l'angle DMN est droit.

Si donc nous joignons au point M le milieu C de la ligne DN, cette ligne CM sera égale à DC. Le triangle DCM est donc isoscèle; l'angle extérieur MCN est donc égal au double de l'angle CDM ou de l'angle COA.

On conclut de là que *si une droite OC se meut autour d'un point O de telle façon qu'une droite CM tourne en même temps autour du point C avec une vitesse angulaire double de celle de la droite OC, l'extrémité M de la seconde droite décrit une ellipse.*

Le demi-grand axe de cette ellipse est égal à $OC + CM$ *et le demi-petit axe à* $OC - CM$.

On a réalisé cette construction de l'ellipse au moyen d'une crémaillère sur laquelle engrènent deux pignons dont l'un a un diamètre double de l'autre.

Nous ne décrirons d'ailleurs pas cet instrument dans ses détails, nous avons seulement voulu mettre en état de le comprendre ceux de nos lecteurs entre les mains desquels il pourrait tomber.

DE L'HYPERBOLE.

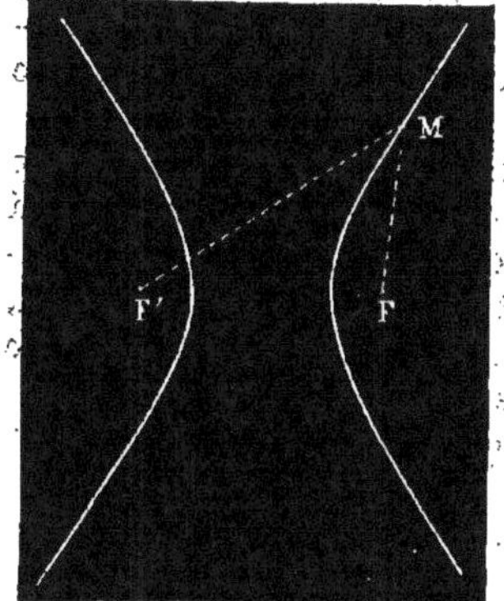

Définition de l'hyperbole. — On appelle *hyperbole* le lieu d'un point M dont la différence des distances à deux points fixes F et F' est constante.

Comme pour l'ellipse, ces deux points s'appellent *foyers*, et leur distance s'appelle *excentricité*.

Description par un mouvement continu. — On déduit de cette définition un moyen très-simple de description continue de l'hyperbole. Une règle étant fixée de manière à pouvoir tourner autour d'un point fixe F', qui sera l'un des foyers, on attache un bout d'un fil à l'autre foyer F, et l'autre bout de ce fil à l'extrémité E de la règle. Si alors on fait tourner celle-ci autour du point F' en maintenant le

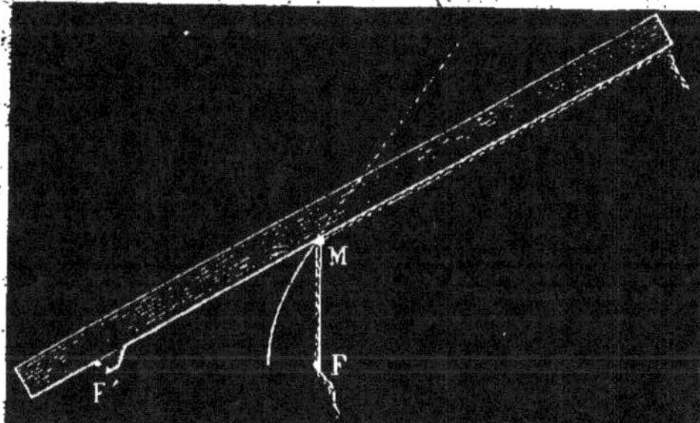

fil tendu contre la règle par la pointe d'un crayon M, on décrira ainsi une portion d'hyperbole.

Il est évident, en effet, que la différence MF'—MF est constante; car elle est égale à la différence de longueur qu'on a laissée entre la longueur du fil et la distance F'E.

Construction de l'hyperbole par points.

Construction de l'hyperbole par points. — Soit à construire l'hyperbole dont les foyers sont situés en F et F', et dont la différence des rayons vecteurs est égale à $2a$.

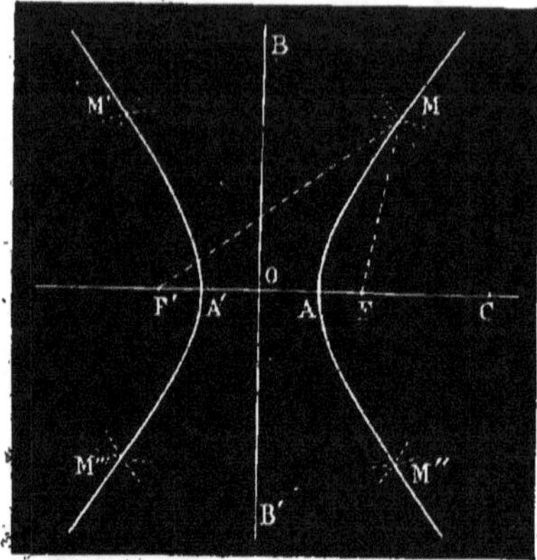

Pour construire des points de cette hyperbole, commençons par chercher le milieu O de la distance FF', et portons à droite et à gauche de ce point des longueurs OA et OA' égales chacune à a. Nous pouvons déjà remarquer que les points A et A' appartiennent à la courbe.

Cela fait, marquons sur la ligne FF' un point quelconque C, puis, avec CA' comme rayon, décrivons du point F' comme centre un arc de cercle ; avec CA comme rayon, décrivons de F un second arc de cercle qui coupera le premier en M. Ce point M appartient à l'hyperbole demandée, car on a

$$MF' - MF = A'C - AC = AA' = 2a.$$

Avec les mêmes ouvertures de compas on construirait de même trois autres points M', M'' et M'''.

Comme pour l'ellipse, on se rendrait facilement compte de la double symétrie de la courbe par rapport à la ligne des foyers et à la perpendiculaire élevée sur le milieu de leur distance.

Il est, je crois, inutile d'insister pour faire comprendre que l'hyperbole doit avoir des points situés à l'infini dans quatre directions.

Caractères d'un point situé en dedans et en dehors de l'hyperbole.

Caractères d'un point situé en dedans et en dehors de l'hyperbole. —

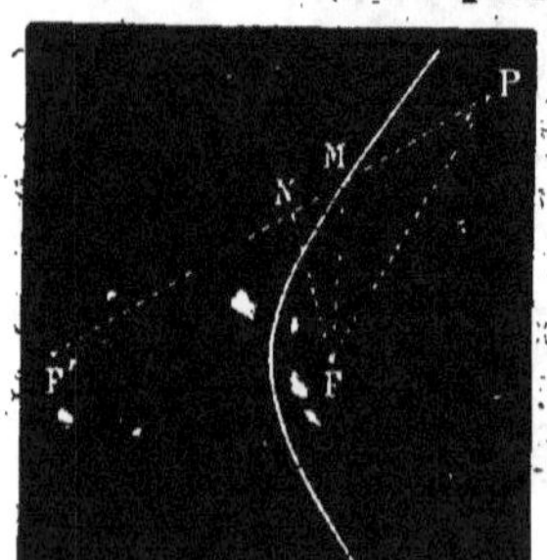

Si pour un point M situé sur l'hyperbole on a

$$MF' - MF = 2a,$$

pour un point P situé en dedans de cette courbe, on aura

$$PF' - PF > 2a ;$$

en effet,

$$PF' - PF = MF' + PM - PF = MF' - (PF - PM) > MF' - MF,$$

car le triangle MPF donne

$$MF > PF - PM.$$

Pour un point N extérieur à la courbe on aura

$$NF' - NF < 2a,$$

car $NF' - NF = MF' - MN - NF = MF' - (MN + NF) < MF'$

car $$MN + NF > MF.$$

TANGENTES ET ASYMPTOTES A L'HYPERBOLE.

THÉORÈME. — *La tangente à l'hyperbole partage en deux parties égales l'angle des rayons vecteurs du point de contact.*

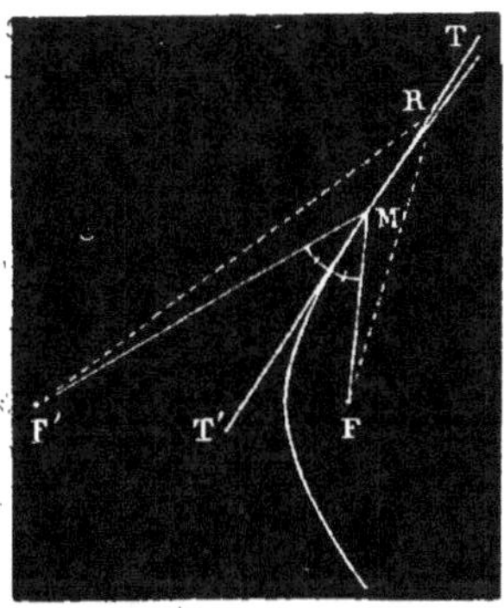

Soit MT la tangente au point M. Tous les points de la tangente devant être en dehors de la courbe, on aura pour un point R quelconque autre que le point de contact

$$R'F' - RF < 2a.$$

Ainsi le point M est le point de la tangente pour lequel la différence $MF' - MF$ est maximum. Il en résulte, d'après ce que nous avons démontré plus haut (I, p. 58), que les lignes MF et MF' font des angles égaux avec la tangente au point M.

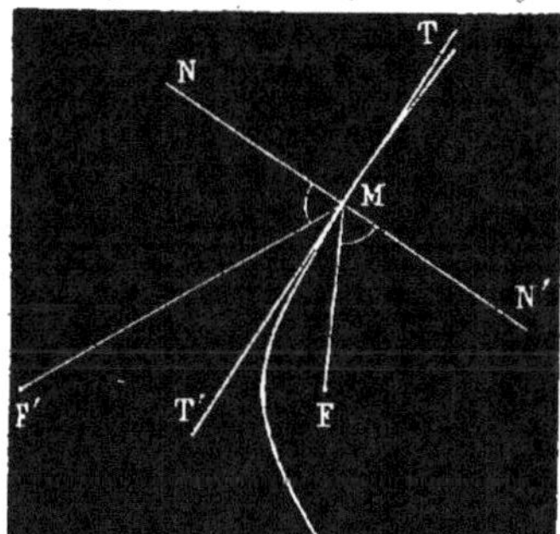

Corollaire. — *La normale à l'hyperbole en un point fait des angles égaux avec les rayons vecteurs de ce point.*

Les deux angles F'MN et FMN' sont égaux, puisqu'ils sont le complément d'angles F'MT' et FMT' égaux.

Scholie. — On peut déduire des propriétés qui viennent d'être démontrées les moyens de construire la tangente à l'hyperbole, soit en un point donné sur la courbe, soit par un point extérieur, soit enfin parallèlement à une droite donnée. Les constructions auraient la plus grande analogie avec celles que nous avons exposées lors de la résolution des mêmes Problèmes pour l'ellipse. Les usages de l'hyperbole étant d'ailleurs moins fréquents que ceux de l'ellipse, nous n'insisterons pas sur ce sujet.

Nous allons seulement étudier la construction des tangentes à l'infini ou *asymptotes* de l'hyperbole, dont la considération est nouvelle pour le lecteur.

Des asymptotes de l'hyperbole.

Nous nous proposons de rechercher ce que devient la tangente à l'hyperbole lorsque le point de contact M s'éloigne à l'infini sur cette courbe.

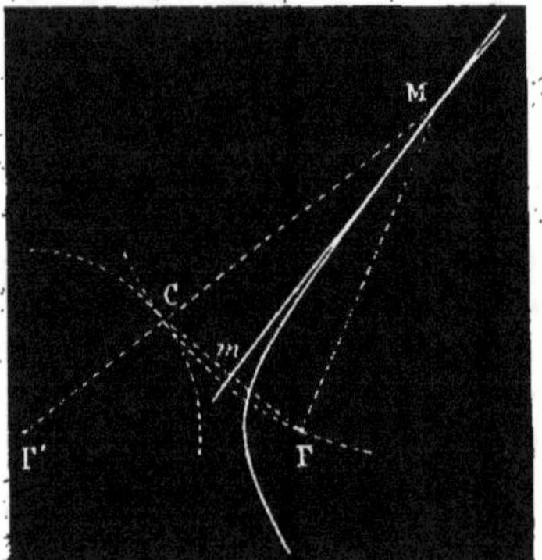

Pour cela, considérons d'abord la tangente en un point M non situé à l'infini, et menons les deux rayons vecteurs de ce point; du point M comme centre décrivons un arc de cercle avec la ligne MF comme rayon. Cet arc de cercle coupera en C le rayon vecteur MF', et on aura $F'C = 2a$, $2a$ représentant la différence constante qui doit exister entre les deux rayons vecteurs d'un point quelconque de l'hyperbole considérée.

Il résulte de là que si du point F' nous décrivons une circonférence ayant pour rayon cette quantité $2a$, elle sera tangente à l'arc FC au point C.

De plus, la tangente étant bissectrice de l'angle FMF', elle sera perpendiculaire sur le milieu m de la corde CF.

Or tout cela est indépendant de la position du point M sur la courbe; seulement, à mesure que ce point

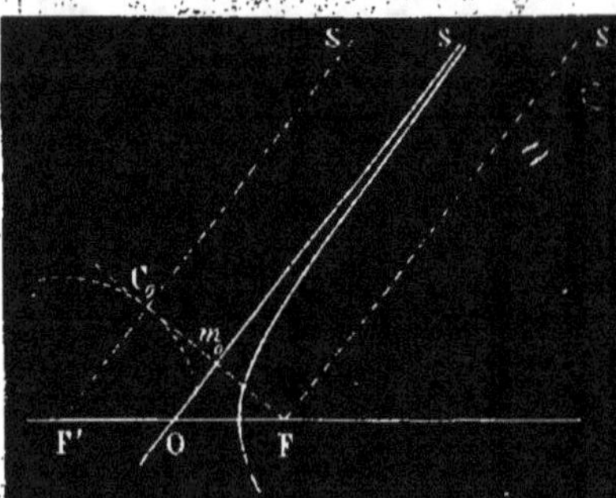

s'éloignera, l'arc CF se rapprochera de sa corde. Lors donc que le point M se sera éloigné en S jusqu'à l'infini, l'arc de cercle CF se confondra avec la droite FC_0 tangente au cercle du rayon $2a$, dont le centre est en F'.

Quant à la tangente, elle devra passer par le milieu m_0 de la ligne FC_0. La tangente à l'hyperbole en un point situé à l'infini sur cette courbe reste donc à une distance finie du reste de la figure, elle satisfait donc bien à la définition donnée des *asymptotes* (p. 276).

Construction des asymptotes. — La figure précédente, en nous montrant l'existence des asymptotes de l'hyperbole, nous permet de les construire.

17.

L'asymptote, étant perpendiculaire sur le milieu de la ligne FC_0, est parallèle à la ligne $F'C_0$; elle doit donc passer par le milieu de la ligne FF', c'est-à-dire par le centre O de l'hyperbole.

Il est alors facile de construire l'asymptote, puisque dans le triangle rectangle $F'C_0$ on connaît $FF' = 2c$ et $F'C_0 = 2a$.

A chaque portion infinie de l'hyperbole correspondra une asymptote; il y a donc quatre asymptotes que la raison de symétrie montre ne former en tout

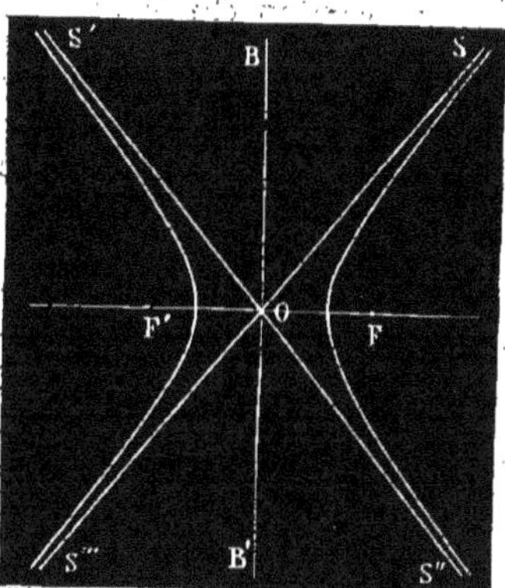

que deux droites $S'S''$ et SS''', dont les angles sont bissectés par les axes de la courbe.

L'aspect général d'une hyperbole dépend de l'angle de ses asymptotes. La figure ci-dessous montre trois hyperboles, dont la première est dite *aplatie*, et la troisième *allongée*.

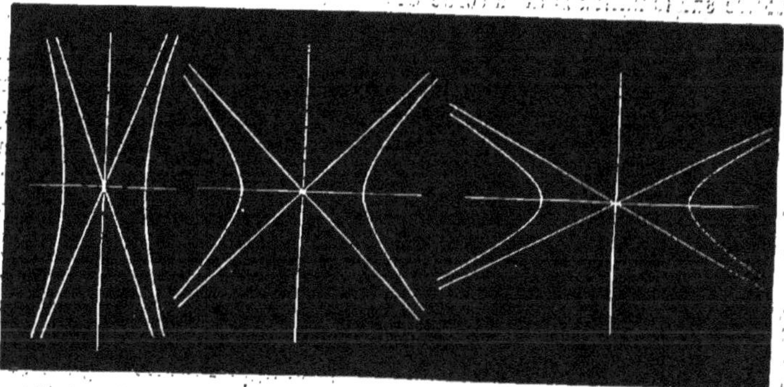

La seconde, dont les asymptotes sont rectangulaires entre elles, est dite *équilatère*.

DE LA PARABOLE.

DÉFINITION DE LA PARABOLE, SA CONSTRUCTION PAR POINTS, ETC.

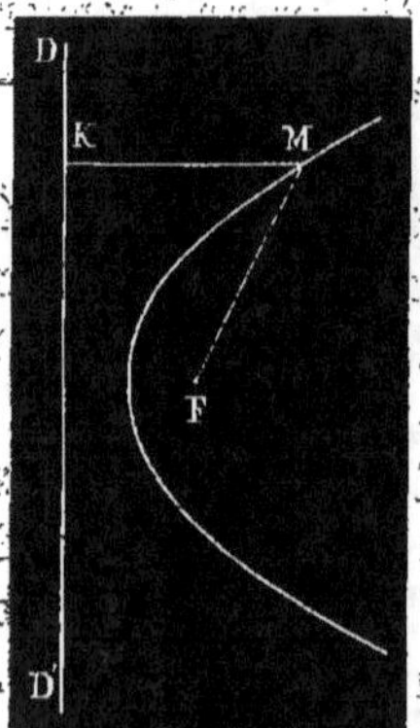

On appelle *parabole* une courbe dont tous les points sont équidistants d'un point F et d'une droite DD'.

Le point F s'appelle *foyer* et la droite DD' *directrice* de la parabole.

Description de la parabole d'un mouvement continu. — On déduit de cette définition un mode très-simple de description de la parabole.

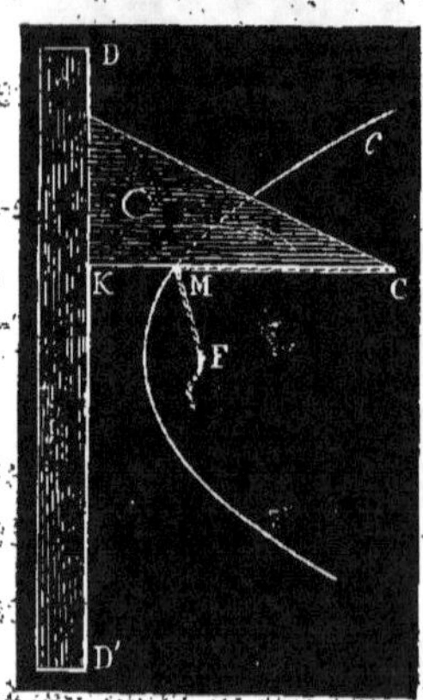

On fixe une règle le long de la ligne qui doit servir ee directrice. On place contre cette règle l'un des côtés de l'angle droit d'une équerre. A l'extrémité C de l'autre côté de cette équerre on attache un fil auquel on donne une longueur égale à ce côté KC ; on fixe l'autre bout de ce fil au point F qui doit servir de foyer à la parabole. Si alors on fait glisser l'équerre le long de la règle en maintenant le fil tendu contre le côté KC au moyen d'un crayon M, la pointe de ce crayon décrira un arc de cercle.

On a en effet constamment $MK = MF$, puisque, d'après les dispositions prises, $KM + MC = MF + MC$.

Il est évident qu'on ne pourra jamais ainsi décrire que des portions plus ou moins étendues de parabole; ces portions seront d'autant plus grandes que le côté KC de l'équerre sera plus long.

Description de la parabole par points. — Du foyer F abaissons une perpendiculaire FD_o sur la directrice. Par un point m de cette ligne menons une parallèle à la directrice, puis du foyer F comme centre avec la longueur mD_o comme rayon, décrivons un arc de cercle qui coupe cette parallèle en un premier point M; ce point appartient à la parabole.

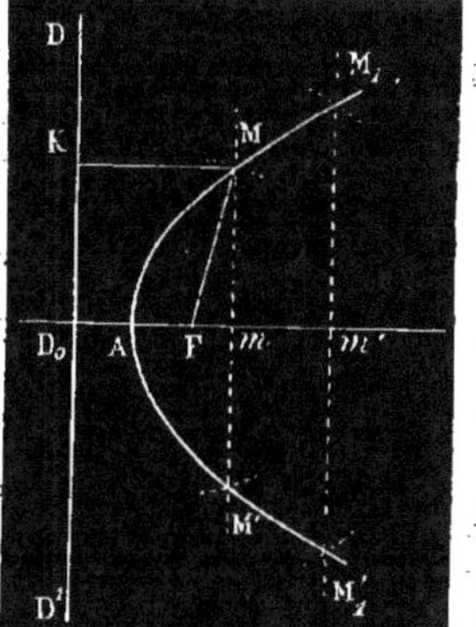

Si en effet nous abaissons MK perpendiculaire sur la directrice, nous avons $MK = mD_o$, et par conséquent $MK = MF$.

Le même arc de cercle que nous venons de décrire fournit un second point M′ situé en dessous de la ligne FD_o et à une distance M′m égale à Mm.

La ligne FD_o est donc un *axe de symétrie* pour la parabole.

Le point A est le *sommet* de la parabole; d'après la définition de cette courbe, on doit avoir $AD_o = AF$.

Le sommet de la parabole est donc situé à égale distance de la directrice et du foyer.

La distance FD_o du foyer d'une parabole à sa directrice s'appelle le *paramètre* de cette parabole.

La connaissance de cette longueur suffit en effet pour déterminer une parabole.

Toutes les paraboles sont semblables. — Soit en effet une parabole AM donnée; si nous supposons cette figure réduite dans un rapport quelconque $\frac{m}{n}$, toutes les lignes homologues de la figure, et notamment la distance FA qui est le demi-paramètre, seront réduites dans le même rapport. Or nous venons

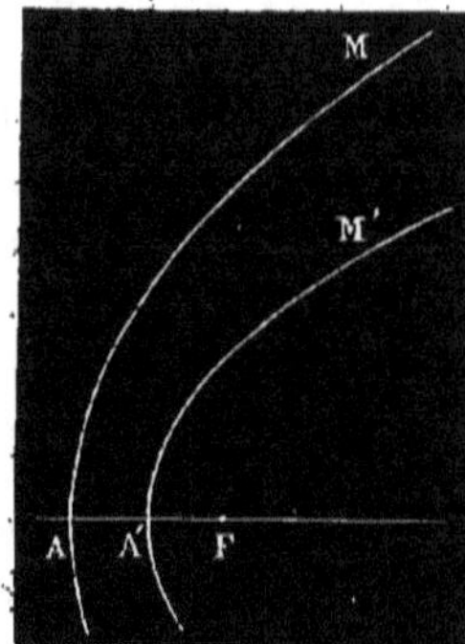

de voir que le paramètre d'une parabole suffisait à la déterminer. Il s'ensuit que, réciproquement une parabole étant donnée, on pourra construire une parabole d'un paramètre quelconque, c'est-à-dire une parabole quelconque, en réduisant ou amplifiant la parabole donnée.

Il faut donc que toutes les paraboles soient semblables.

Caractères d'un point situé en dedans et en dehors de la parabole. — Puisque pour un point M de la parabole on a

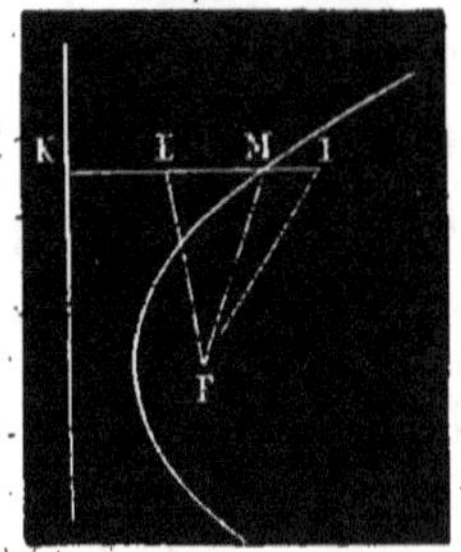

$$MF = MK,$$

pour un point I intérieur on aura évidemment

$$IF < IK,$$

et pour un point E extérieur

$$EF > EK.$$

THÉORÈMES ET PROBLÈMES RELATIFS A LA TANGENTE
ET A LA NORMALE A LA PARABOLE.

THÉORÈME Iᵉʳ.

La tangente à la parabole fait des angles égaux avec le rayon vecteur du point de contact et la parallèle à l'axe menée par ce point.

Si MT est la tangente au point M, démontrer que cette ligne fait des angles égaux avec le rayon vecteur MF et la parallèle

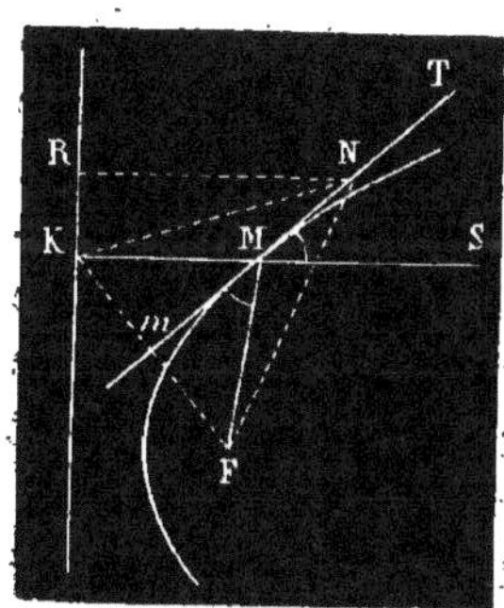

MS à l'axe revient à démontrer que la tangente est la bissectrice de l'angle MFK. Au lieu de cela, nous allons démontrer que la bissectrice de cet angle est tangente en M à la parabole, et pour cela nous allons faire voir que cette ligne n'a aucun point à l'intérieur de la courbe.

Pour le prouver, joignons KF; le triangle MKF sera isocèle d'après la définition de la parabole. La bissectrice de l'angle M doit donc être perpendiculaire sur KF et passer par le milieu m de cette ligne.

Donc pour tout point N de MT on aura $NK = NF$.

D'ailleurs, la perpendiculaire NR abaissée de ce point N sur la directrice est plus petite que NK et par conséquent que NF.

Tout point N de la bissectrice de l'angle FMK est donc tel que l'on a $NR < NF$, tous les points de cette ligne sont donc extérieurs à la parabole, sauf le point M : elle lui est donc tangente.

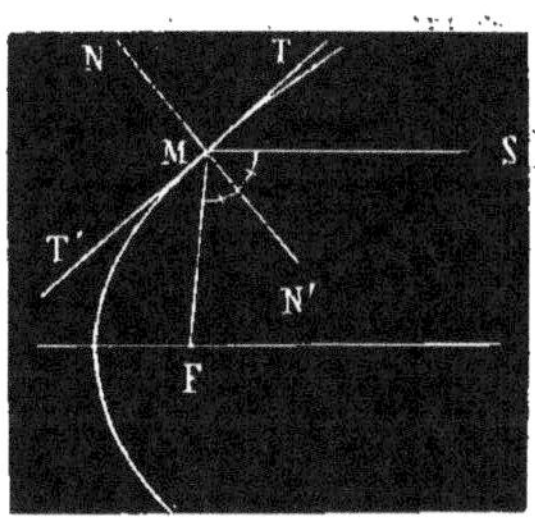

Corollaire 1er. — *La normale en un point à la parabole divise en deux parties l'angle formé par le rayon vecteur de ce point et la parallèle à l'axe qui y passe.*

Les angles FMN' et SMN' sont en effet égaux comme compléments d'angles égaux.

Corollaire 2e. — *La tangente en un point M rencontre l'axe de la parabole à une distance du foyer égale au rayon vecteur du point M.*

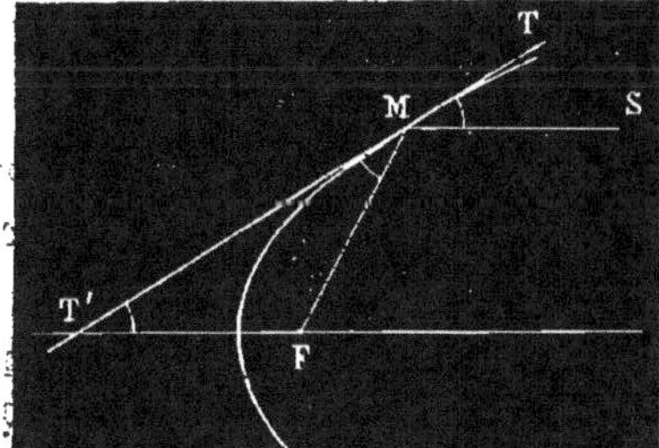

Soit T' le point où la tangente au point M rencontre l'axe de la parabole. Le triangle MT'F est isocèle, car les angles MT'F et TMS sont égaux comme alternes-internes. Il en résulte $T'F = MF$.

THÉORÈME II.

Le lieu des projections du foyer sur les tangentes à la parabole est la tangente au sommet.

Soit MK la parallèle à l'axe menée par un point M de la parabole, MF le rayon vecteur de ce point; joignons KF. Le trian-

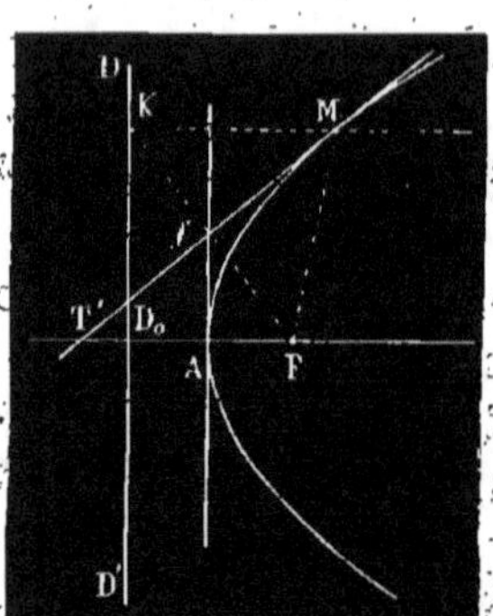

gle KMF étant isoscèle et la tangente en M étant bissectrice de l'angle KMF, elle est perpendiculaire sur le milieu de la ligne KF. Donc réciproquement la ligne KF est perpendiculaire sur la tangente, et le point f est la projection du foyer sur cette tangente.

Mais, en outre, le point f étant le milieu de la ligne KF et le sommet A étant aussi le milieu de FD_o, il suit de là que si on joint Af, cette ligne sera parallèle à D_oK, c'est-à-dire à la directrice, et par conséquent perpendiculaire à l'axe. La ligne Af est donc la tangente au sommet, car nous avons démontré que la tangente à une courbe en un sommet était perpendiculaire à l'axe qui détermine ce sommet (p. 273).

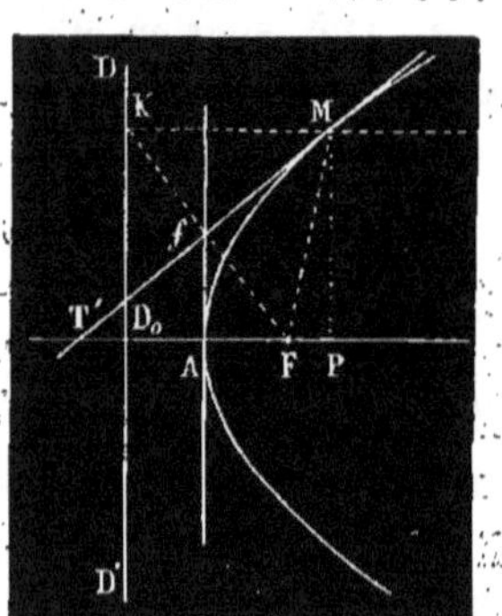

Corollaire 1er. *La sous-tangente T'P est divisée en deux parties égales par le sommet.*

En effet, les lignes Af et MP sont parallèles comme étant toutes deux perpendiculaires à l'axe ; d'ailleurs le point f est le milieu de MT', car le triangle MFT' est isoscèle. Le côté T'P du triangle MPT' est donc partagé en deux parties égales par la ligne Af, c'est-à-dire par la tangente au sommet.

Corollaire 2e. *La parabole n'a pas d'asymptotes.*

Nous voyons en effet qu'à mesure que le point M s'éloigne sur la courbe, il s'élève au-dessus de l'axe, le point K s'en va donc à l'infini sur la directrice, et le point f, qui est toujours au milieu de la distance FK, s'en va aussi à l'infini.

Or la ligne Ff mesure la distance du foyer à la tangente, on voit donc que pour un point M situé à l'infini sur la courbe la tangente est elle-même tout entière à l'infini.

THÉORÈME III.

Dans la parabole, la sous-normale est constante et égale au paramètre.

Si NN' est la normale du point M, nous savons que PN' est ce qu'on appelle la *sous-normale* de ce point.

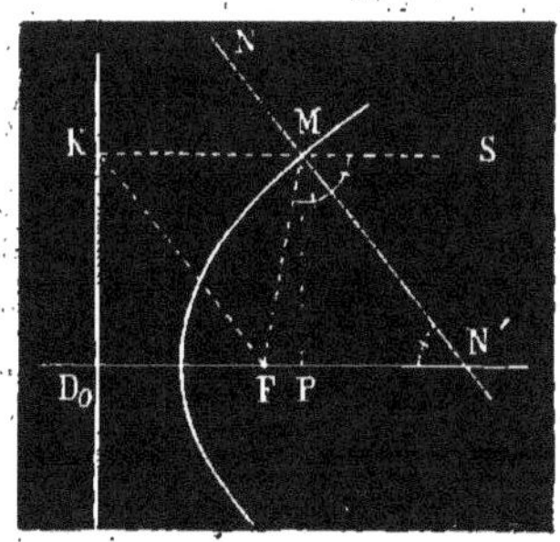

Or, d'après la propriété de la normale à la parabole, l'angle SMN' est égal à l'angle FMN'; d'ailleurs les angles SMN' et MN'F sont égaux comme alternes-internes; il en résulte que le triangle MN'F est isoscèle. On a donc FN' = MF = MK.

D'un autre côté, MK = D_0P, car la figure MPD$_0$K est un rectangle; on a donc FN' = D_0P, et en retranchant FP aux deux termes de cette égalité il reste PN' = D_0F.

Or D_0F est ce que nous avons appelé le *paramètre* de la parabole; donc, etc.

Corollaire 1er. — *L'ordonnée de la parabole rapportée à son axe de symétrie est moyenne proportionnelle entre le double du paramètre et la distance du pied de l'ordonnée au sommet de la courbe.*

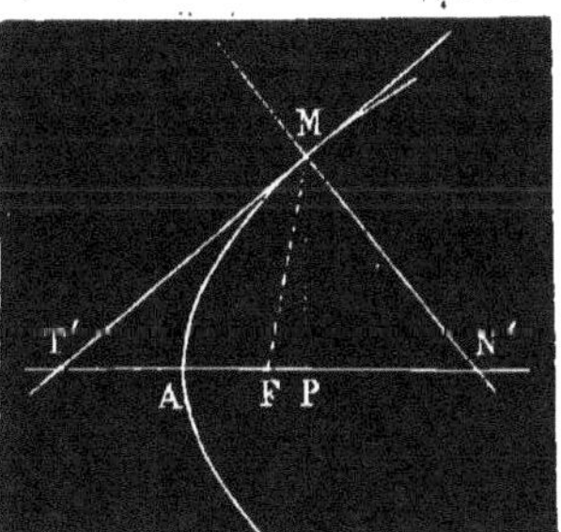

C'est-à-dire que l'on aura

$$\overline{MP}^2 = 4\,AF \cdot AP;$$

car AF est égal au demi-paramètre.

Menons la normale et la tangente d'un même point M, ces

deux lignes couperont l'axe en N' et T'. Comme elles sont rectangulaires entre elles, on aura

$$\overline{MP}^2 = PT'.PN'. \qquad [1]$$

Or   la *sous-normale* PN' = le *paramètre* = 2 AF,

et on a (Th. 2, Coroll. 1er)

$$AP = AT', \quad \text{d'où} \quad PT' = 2 AP,$$

de telle sorte que l'égalité [1] devient

$$\overline{MP}^2 = 2 AP . 2 AF,$$

ce que l'on peut écrire

$$\overline{MP}^2 = 4 AF . AP. \qquad C. Q. F. D.$$

Corollaire 2e. — *La corde de la parabole qui passe par le foyer et qui est perpendiculaire à l'axe est égale au double du paramètre.*

Lorsqu'en effet le point P se confond avec le point F, on a AP = AF, et la valeur de MP^2 devient

$$4 AF . AF;$$

la demi-corde dont il est question est donc égale à 2 AF, et par conséquent la corde entière à 4 AF ou au double du paramètre.

PROBLÈME Ier.

Mener une tangente à la parabole par un point donné sur cette courbe.

Les diverses propriétés de la tangente que nous avons étudiées ci-dessus fournissent autant de constructions de la tangente à la parabole en un point donné.

Comme ces constructions sont très-simples, nous n'y insisterons pas et nous prierons seulement le lecteur de se reporter aux Théorèmes 1 et 2 et à leurs Corollaires.

PROBLÈME II.

Mener une tangente à la parabole par un point extérieur.

Supposons le problème résolu, et soit PM une tangente à la parabole. Nous avons vu que la tangente est perpendiculaire

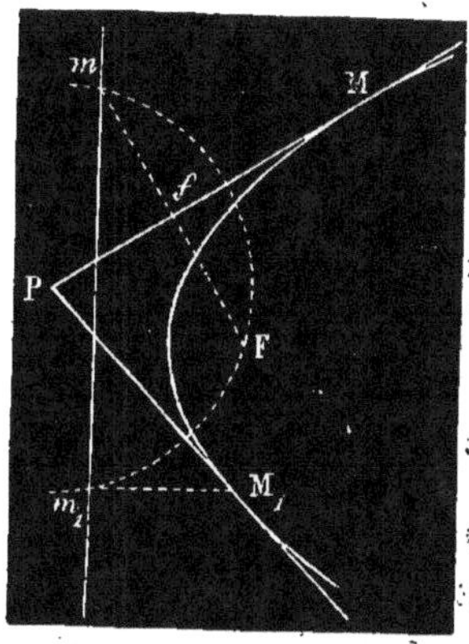

sur le milieu de la ligne Fm abaissée perpendiculairement sur la tangente et prolongée jusqu'à sa rencontre avec la directrice. Il en résulte que la distance Pm est égale à PF.

Pour une autre tangente PM_1 passant par le même point P, on aurait de même $Pm_1 = PF$.

Si donc du point P, comme centre, on décrit une circonférence avec PF comme rayon, on obtiendra, par la rencontre de cette circonférence avec la directrice, les points m et m_1.

Pour achever la construction, on pourra ou bien joindre Fm, chercher son milieu f et le joindre au point P, ou bien élever m_1M_1 perpendiculaire à la directrice, la rencontre de cette ligne avec la parabole donnera le point de tangence.

Scholie. — Si l'on joint Pm, PF et Pm_1, il résulte de tout

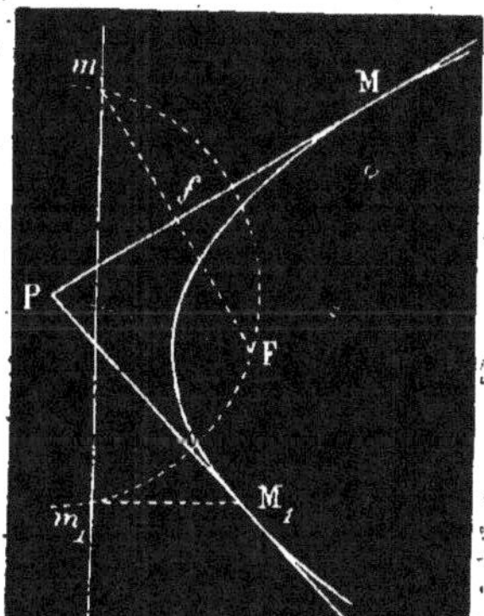

ce que nous avons dit que

$$\text{angle } m\text{PM} = \text{angle MPF}$$

et

$$\text{angle } m_1\text{PM}_1 = \text{angle M}_1\text{PF}.$$

Cela montre que l'angle MPM_1 des deux tangentes issues du point P est la moitié de l'angle mPm_1.

Or, si le point P était sur la directrice, l'angle mPm_1 serait égal à deux droits, et par conséquent l'angle MPM_1 égal à un droit.

Cela démontre ce **THÉORÈME** :

La directrice d'une parabole est le lieu des sommets des angles droits circonscrits à cette parabole.

On peut aussi démontrer facilement, à l'aide de la même figure, que, 1°. la corde qui joint les points de contact M et M_1 passe par le foyer lorsque l'angle MPM_1 est droit; 2° elle est alors perpendiculaire sur la ligne PF.

PROBLÈME III.

Mener une tangente à la parabole parallèlement à une droite donnée RS.

Du foyer abaissons une perpendiculaire sur la ligne RS à laquelle la tangente doit être parallèle; cette perpendiculaire ren-

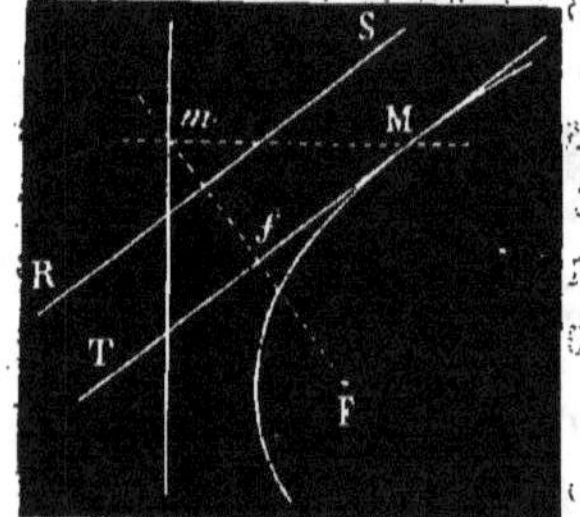

contre la directrice en m; menons mM perpendiculaire à la directrice, et le point M où cette ligne rencontre la parabole sera le point de contact de la tangente cherchée. Pour tracer celle-ci, il n'y aura qu'à joindre le point M au milieu f de la ligne Fm.

Cette tangente sera bien parallèle à la ligne RS, car elle est perpendiculaire à Fm, qui a été menée perpendiculaire à RS.

Remarque. — On voit qu'on ne peut mener à la parabole qu'une tangente qui soit parallèle à une droite donnée.

THÉORÈME IV.

La parabole peut être regardée comme la limite d'une ellipse dont l'un des foyers s'éloigne indéfiniment de l'autre, la distance de ce foyer au sommet voisin restant constante.

Nous avons vu qu'à chacun des foyers d'une ellipse correspondait un cercle décrit de l'autre foyer comme centre avec le grand axe de cette ellipse pour rayon; ce sont les *cercles directeurs* de l'ellipse.

Soit donc une ellipse ayant pour foyers F et F′, et soit $D_o n$ le cercle directeur correspondant au foyer F′. Nous savons (El-

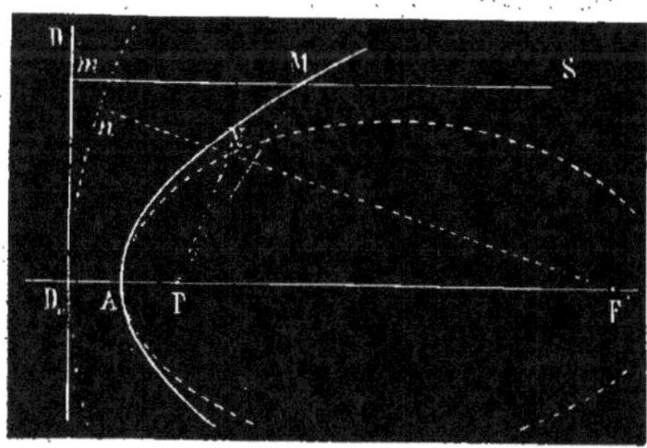

lipse, Th. 2, Sch.) que si on mène le rayon vecteur F′N d'un point quelconque de l'ellipse et qu'on le prolonge jusqu'à sa rencontre en n avec le cercle directeur, on aura $Nn = FN$.

Par conséquent aussi $AD_o = AF$.

Si maintenant nous imaginons que la distance FF′ augmente indéfiniment, la distance AF ne variant d'ailleurs pas, il en résultera que le rayon du cercle directeur devenant infini, l'arc $D_o n$ viendra se confondre avec sa tangente $D_o D$; et si AM est ce que devient l'ellipse pour une distance FF′ infinie, le rayon vecteur MS devient parallèle à la ligne AF, puisqu'il ne la rencontre qu'à l'infini; il devient par conséquent perpendiculaire à la droite $D_o D$. Comme d'ailleurs cette ligne jouit des propriétés du cercle directeur, on a toujours $Mm = FM$.

Or c'est là la propriété fondamentale de la parabole.

Scholie. — Des considérations du même genre permettraient de déduire des propriétés analogues de l'ellipse toutes celles que nous avons démontrées directement pour la parabole.

Nous engageons le lecteur à s'exercer à ces sortes de déductions, qui sont un exercice des plus fortifiants pour l'intelligence en même temps qu'un puissant secours pour la mémoire.

Nous ajouterons que l'on peut également regarder la parabole comme la limite d'une hyperbole dont l'axe transverse augmente indéfiniment.

THÉORÈMES DESTINÉS A ÉTABLIR LA MESURE DE L'AIRE D'UN SEGMENT PARABOLIQUE.

THÉORÈME V.

Dans la parabole, la parallèle à l'axe menée par le point de rencontre de deux tangentes passe par le milieu de la corde qui joint les points de contact.

Soit P le point de rencontre de deux tangentes MP et M_1P, nous avons vu (Probl. 3) que ce point P était équidistant des

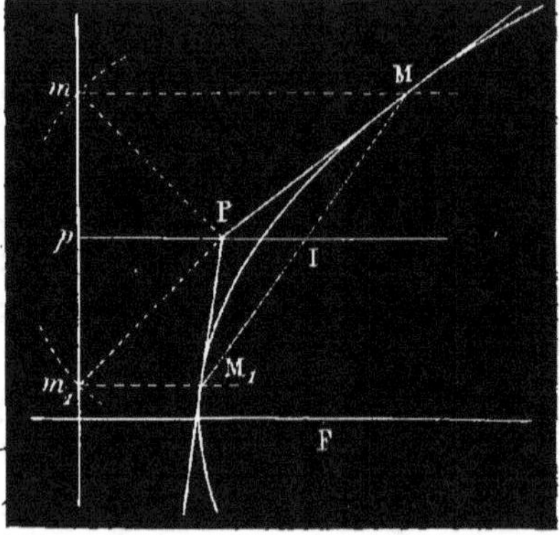

points m et m_1, projections sur la directrice des points de contact M et M_1.

La ligne Pp menée parallèle à l'axe passe donc par le milieu de mm_1. Comme d'ailleurs la ligne Pp est parallèle aux lignes Mm et M_1m_1, elle devra partager la ligne MM$_1$ dans le même rapport que la ligne mm_1.

Le point I est donc le milieu de la corde de contact MM$_1$.

Corollaire. — *Un trapèze Mm'M$_1$m$_1'$ dont les bases sont perpendiculaires à l'axe de la parabole et dont deux sommets M et M_1 sont sur cette courbe a une surface double de celle du triangle PTT$_1$ formé par l'axe et les tangentes aux points M et M_1.*

Si en effet nous menons la ligne PI parallèle à l'axe, nous savons que le point I est le milieu de la corde MM$_1$. Donc la ligne Ii, abaissée du point I perpendiculairement à l'axe, sera égale à la demi-somme des bases $M_1 m_1'$ et Mm' du trapèze.

Or on a

$$\text{triangle } PTT_1 = \frac{1}{2}\, TT_1 . Ii$$

et

$$\text{trapèze } Mm'M_1 m_1' = m'm_1' . Ii.$$

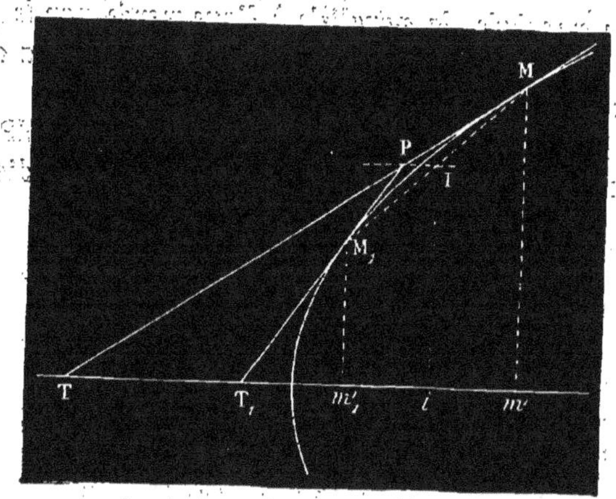

Pour prouver que la surface du triangle est la moitié de celle du trapèze, il suffit donc de faire voir que $mm_1 = TT_1$.

Or nous savons (Th. 2, Coroll. 1er) que les sous-tangentes Tm' et $T_1 m_1'$ sont divisées en deux parties égales par le sommet ; les lignes TT_1 et $m'm_1'$ sont donc égales comme différences de lignes égales. Donc, etc.

THÉORÈME VI.

L'aire d'un segment parabolique, compris entre l'axe et une perpendiculaire Mm *à l'axe, est équivalente aux deux tiers d'un triangle ayant même hauteur et base double.*

Inscrivons dans l'arc de parabole AM une ligne brisée ARQPM. Menons la tangente MT, et soient p', q', r', les points où les tangentes menées aux points P, Q, R, rencontreraient l'axe.

D'après le Corollaire précédent, le trapèze $PpQq$, par exemple, sera le double d'un triangle ayant pour base $p'q'$ et pour hauteur la demi-somme des ordonnées Pp et Qq, et ainsi de suite.

Or, si nous supposons les trapèzes infiniment multipliés et par conséquent aussi les triangles, les uns et les autres couvriront le triangle MmT.

Comme nous venons de voir que chacun des trapèzes était le double du triangle correspondant, la somme des trapèzes sera égale aux deux tiers de ce triangle; le segment parabolique qui en est la limite a donc même mesure.

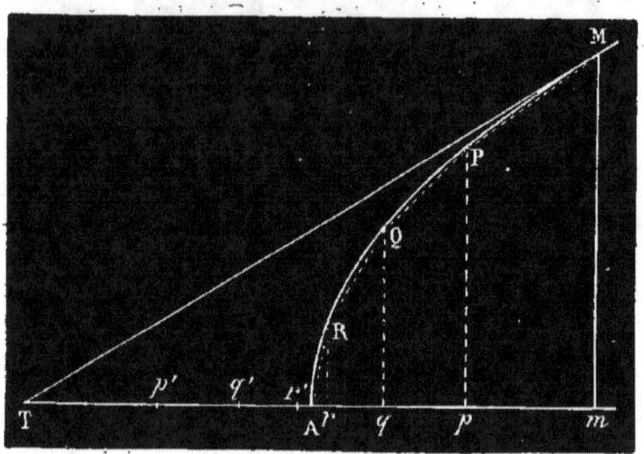

Or le triangle MmT a pour mesure $\frac{1}{2}$ Tm.Mm ou Am.Mm, car le point A est le milieu de Tm.

On aura donc

$$segment\ parabolique\ \text{AM}m = \frac{2}{3}\,\text{A}m\,.\,\text{M}m.$$

TABLE DES MATIÈRES

DE LA

PREMIÈRE PARTIE.

LIVRE II.

LIVRE III.

LIVRE IV.

DES POLYGONES RÉGULIERS ET DE LA MESURE DU CERCLE.

LIVRE V.

ÉTUDE DE QUELQUES COURBES USUELLES.

DE L'ELLIPSE.

DE L'HYPERBOLE.

DE LA PARABOLE.

FIN DE LA TABLE DES MATIÈRES DE LA 1re PARTIE.

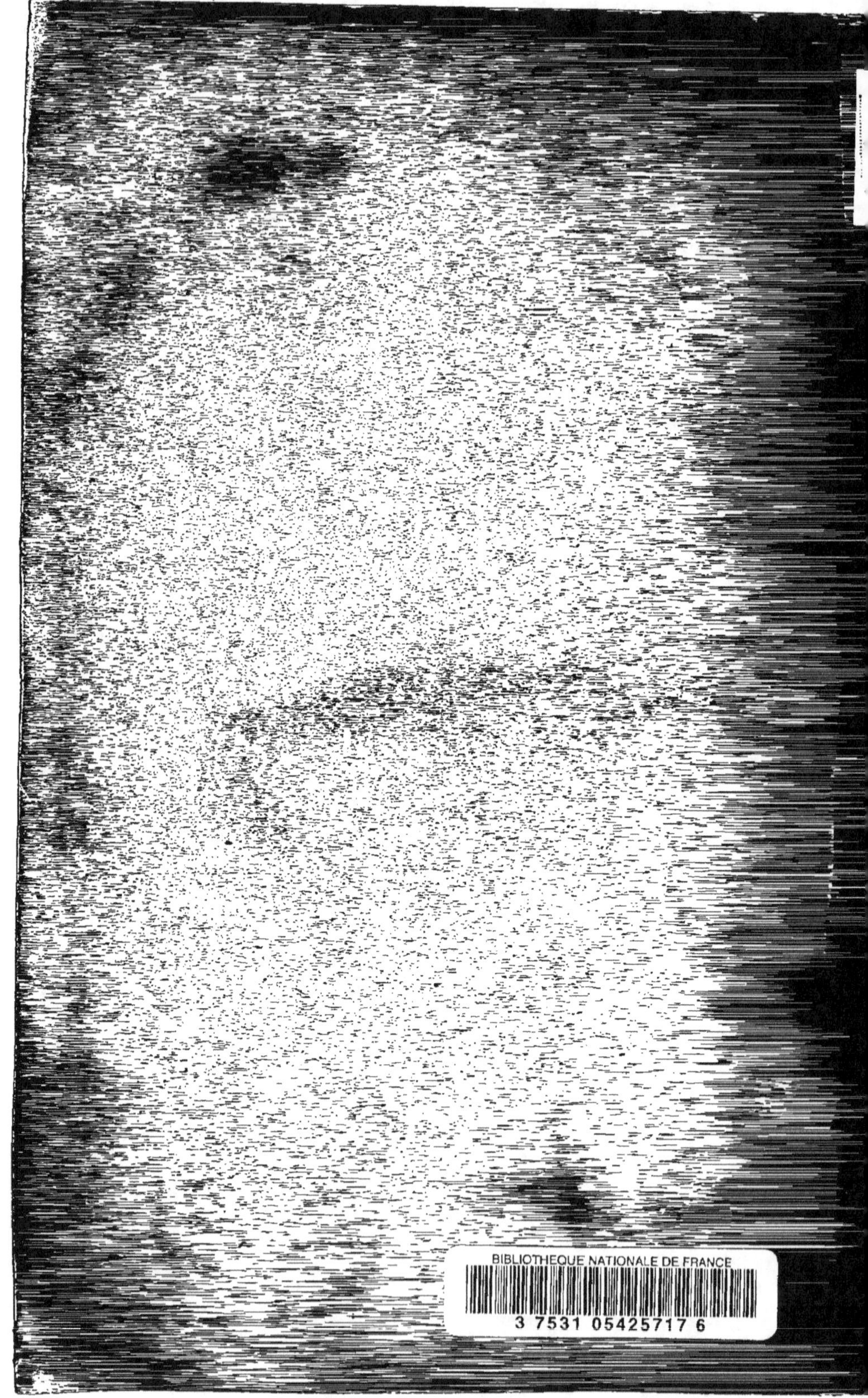